信息安全专业系列教材

信息安全新技术

（第 2 版）

编 著 杨义先 马春光
钮心忻 孙建国

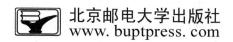

北京邮电大学出版社
www.buptpress.com

内 容 简 介

本书对国内外网络信息安全方面有代表性的最新技术作了系统而详细的总结。全书共 10 章,分别对信息隐藏技术、数字水印技术、多媒体信息伪装技术、入侵检测技术、电子支付技术、网络安全协议、智能卡安全技术、公钥基础设施(PKI)、物联网安全和无线网络安全技术等进行了充分的论述。

本书内容翔实,叙述通俗易懂。可作为通信与电子系统、信号与信息处理、密码学、信息安全、计算机应用等专业的研究生、本科生和大专生相关课程的教学参考书。也可作为从事国家网络信息安全工作人员提高业务水平的实用工具书。同时,本书也可作为国内网络安全、计算机安全和信息安全领域相关人员的技术培训教材。

图书在版编目(CIP)数据

信息安全新技术/杨义先等编著.--2 版.--北京:北京邮电大学出版社,2013.1
ISBN 978-7-5635-3357-2

Ⅰ.①信…　Ⅱ.①杨…　Ⅲ.①计算机网络—安全技术—高等学校—教材　Ⅳ.①TP393.08

中国版本图书馆 CIP 数据核字(2012)第 299273 号

书　　　名:信息安全新技术(第 2 版)
著作责任者:杨义先　马春光　钮心忻　孙建国　编著
责 任 编 辑:张珊珊
出 版 发 行:北京邮电大学出版社
社　　　址:北京市海淀区西土城路 10 号(邮编:100876)
发 行 部:电话:010-62282185　传真:010-62283578
E-mail:publish@bupt.edu.cn
经　　　销:各地新华书店
印　　　刷:北京联兴华印刷厂
开　　　本:720 mm×1 000 mm　1/16
印　　　张:15.5
字　　　数:294 千字
印　　　数:1—3 000 册
版　　　次:2002 年 3 月第 1 版　2013 年 1 月第 2 版　2013 年 1 月第 1 次印刷

ISBN 978-7-5635-3357-2　　　　　　　　　　　　　　　　定　价:32.00 元

前　言

安全是相对的,不安全是绝对的! 在人类进入理想的共产主义社会之前,信息安全问题永远无法回避。

"发展"和"变化"是信息安全的最主要特征,只有紧紧抓住这个特征才能正确地处理和对待信息安全问题。"攻"、"守"双方当前争斗的暂时动态平衡体现了信息安全领域的现状。"攻"、"守"双方的"后劲"决定了信息安全今后的走向。"攻"、"守"双方既相互矛盾又相互统一。其实,在多数情况下"攻"与"守"的角色都是由同一批人员担任。"攻"与"守"始终都是相互促进,循环往复,永无止境。

1. 信息安全越变越重要,安全系统成了无价之宝

刚刚登上总统宝座,奥巴马就迫不及待地在信息安全方面频频发力:2009年美国发布了《网络安全政策评估》报告,认为来自网络空间的威胁已经成为美国面临的最严重的经济和军事威胁之一,保护网络基础设施将是美国维护国家安全的第一要务;2011年美国相继发布了《网络空间可信身份国家战略》、《网络空间国际战略》和《网络空间行动战略》。《网络空间可信身份国家战略》计划用10年左右的时间,建立一个以用户为中心的身份生态体系。《网络空间国际战略》集中阐述美国对互联网未来的看法、目标以及其计划着力推进的七项政策,包括经济、网络安全、执法、军事、互联网管理、国际发展、网络自由等方面。《网络空间行动战略》评估了美国国防部在网络空间领域面临的巨大机遇和严峻挑战,并提出了五项战略行动。其实,除美国之外,如今英国、德国、法国、俄罗斯、日本、韩国、印度等主要国家都已经相继出台了一系列信息安全或网络空间战略,将信息安全上升到国家战略的层面。

在我国,党和政府也高度重视信息安全工作,在党的十八大报告中,也多次明确地强调了信息安全的重要性。比如,第四部分的第三点就提出"……健全信息安全保障体系,推进信息网络技术广泛运用";第六部分的第三点提出"……加强网络社会管理,推进网络规范有序运行";第九部分提出"高度关注海洋、太空、网络空间安全","提高以打赢信息化条件下局部战争能力为核心的完成多样化军事任务能力"等。

的确,在信息时代,知识即意味着财富和实力。信息时代的到来,从多方面影响着国家利益的构成和内涵。信息本身成为国家利益的一个组成部分,信息量成为衡量国家间利益均衡的一个重要参数,对信息的开发、控制和利用成为国家间利益争夺的重要内容。伴随着信息技术与信息产业的发展,网络与信息安全问题及其对经济发展、国家安全和社会稳定的重大影响,正日益突出地显现出来,受到越来越多国家的关注。实际上,在信息化进程中,国家的安全与经济的安全越来越不可分割,经济安全越来越依赖于信息化基础设施的安全程度。高度发达的电子信息系统将成为国家经济发展的重要支柱和动力,成为提高社会生活质量的基础设施,在国家经济安全中有着举足轻重的地位和作用。如果不能保障信息安全,就不可能获得信息化的效率和效益,在国际"信息战"威胁和国内外高技术犯罪的干扰破坏下,社会的经济生活就难以健康、有序地进行,国家的安全更无法确保。网络信息安全已经上升为一个事关国家政治稳定、社会安定、经济有序运行和社会主义精神文明建设的全局性问题。从这一意义上讲,网络信息安全系统的保障能力是21世纪综合国力、经济竞争实力和民族生存能力的重要组成部分。因此,必须努力构筑一个技术先进、管理高效、安全可靠、建立在自主研究开发基础之上的国家信息安全体系,以有效地保障国家安全、社会稳定和经济发展。构筑国家信息安全体系是一项长期的战略任务,也是一项艰巨复杂的系统工程。信息安全需要一切相关高科技的最新成果的支持。在信息安全系统工程中,密码是核心、协议是桥梁、体系结构是基础、安全集成芯片是关键、安全监控管理是保障、检测攻击与评估是考验。

2. 安全标准在不断变化,安全目标需无限追求

如何在设计制作信息系统时就具备保护信息安全的体系结构是人们长期追求的理想,科学合理的安全标准是人们达到此理想目标的"指挥棒"。

美国国防部早在20世纪80年代就针对国防部门的计算机安全保密开展了一系列有影响的工作,后来成立了国家计算机安全中心(NCSC)。1983年NCSC公布了可信计算机系统评价准则(TCSEC),以后,NCSC又出版了一系列有关可信计算机数据库、可信计算机网络指南等。在这些准则中,从用户登录、授权管理、访问控制、审计跟踪、隐通道分析、可信通道建立、安全检测、生命周期保障、文本写作、用户指南等方面均提出了规范性要求,并根据所采用的安全策略、系统所具备的安全功能将系统分为四类、七个安全级别。这些准则对研究导向、规范生产、指导用户选型、提供检查机关评价依据,都起了良好的推动作用。TCSEC运用的主要安全策略是访问控制机制。

TCSEC带动了国际计算机安全的评估研究,20世纪90年代初西欧四国(英、法、荷、德)联合提出了信息技术安全评价标准(ITSEC),它除了吸收TCSEC的成功经验外,首次提出了信息安全的保密性、完整性、可用性的概念,把可信计算机的概念提高到可信信息技术的高度上来认识。ITSEC定义了七个安全级别,即:E6,形式化验证;E5,形式化分析;E4,半形式化分析;E3,数字化测试分析;E2,数字化测试;E1,功能测试;E0,不能充分满足保证。ITSEC还对系统定义了十个安全功能。

1999年6月,国际标准化组织(ISO)和国际电联(IEC)共同批准了由美国、加拿大、英国、荷兰、法国等七国联合研制的信息技术安全评估公共准则(CC),称为ISO/IEC 15408,该准则比以往其他信息安全评估准则更加规范,采用了类别、认证族、认证部件和认证元件的方式来定义。ISO/IEC 15408准则规定了三种评估类别、八个认证类别、七个评估认证级别类别。它共含有11个安全功能类:FAU,安全审计;FCO,通信;FCS,密码支持;FDP,用户数据保护;FIA,标识与鉴别;FMT,安全管理;FRR,隐秘;FPT,TFS保护;FRU,资源利用;FTA,TOE访问;FTP,可信信道/路径。在安全保证部分共提出了7个评估保证级别:EAL1,功能测试;EAL2,结构测试;EAL3,系统测试和检查;EAL4,系统设计、测试和复查;EAL5,半形式化设计和测试;EAL6,半形式化验证的设计和测试;EAL7,形式化验证的设计和测试。

英国BSI/DISC的BDD信息管理委员会也制定完成了自己的安全管理体系,即BS7799标准。该标准是由包括两部分:信息安全管理实施规则和信息安全管理体系规范。第一部分"信息安全管理实施规则"作为基础指导性文件,主要为开发人员作为参考文档使用,从而在内部实施和维护信息安全。包括十大管理要项,36个执行目标,127种控制方法。第二部分"信息安全管理体系规范"则详细说明了建立、实施和维护信息安全管理系统的要求,指出实施组织需要遵循某一风险评估来鉴定最适宜的控制对象,并对自己的需求采取适当的控制。

至今,国际标准化组织已经发布了众多的信息技术安全标准,比如,ISO x系列(x代表后面跟一些数字信息,比如7498-2)、ISO/IEC x、ISO/IEC TR x、ISO/IEC CDx、ISO/IEC DIS x、ISO/IEC DTR x、ISO/IEC FDTR x、ISO/IEC WD x、ISO/IEC PDTR x等。

目前,我国的信息安全标准主要有以下系列:GB/T 15843.x—y(x表示部分系数,y表示年份)、GB 15851—1995、GB 15852—1995等。

如今,有关安全的评测标准方面的研究还在继续,而且还将继续进行下去。信息安全体系是人们希望构建,并用于保障安全的理想追求。但是,由于包括人在内的信息系统是一个动态、时变、智能化、非线性复杂大系统,它涉及因素多,关系复杂。所以,虽然人们为此做出了多年的努力,然而,至今为止,人们所拥有的解决方案仍然是局部的、有限能力的。

3. 安全概念在不断扩展,安全手段需随时更新

人类对信息安全的追求过程是一个漫长的深化过程。人为因素和非人为因素都有可能引起不安全的后果。为了对付非人为因素引起的不安全问题,人们已经研制出了各种各样的纠错编码、容灾备份方案,并取得了良好的效果。而在对付人为因素引起的安全问题方面,情况就更加复杂了。

为了防止敌对的第三方读懂收发信双方的机密通信内容,过去几千年来,人们一直沿用加密和解密技术。直到20世纪60年代末,以加密和解密技术为基础的通信保密一直是信息安全的重点。

电信通信系统的发展使人们意识到电磁泄露也可能造成信息的失密。从而,防电磁幅射的屏闭技术也成了信息安全的一种重要手段。

计算机普及之后,以计算机病毒、非法存取等为代表的计算机安全问题成为了信息安全的新热点。为此,人们研制出了各种反病毒的工具,并采用了多种有效的身份识别和访问控制机制。

20世纪80年代以来,网络化的发展将计算机系统和通信系统融为一体,形成了以因特网为代表的计算机网络系统。随之而来的安全问题就更加复杂多样了。至此,人们才认识到,信息安全的概念远远不限于加密、解密、防泄露、反病毒以及身份认证与访问控制。信息安全的含义,至少应该包括以下方面。

- 信息的保密性:保证信息不被未授权者获取;
- 信息的完整性:保证真实的信息从真实的信源到达真实的信宿;
- 信息的可用性:授权者可以随时使用信息和信息系统的服务;
- 信息的可控性:信息系统的管理者可以控制管理系统和信息;
- 信息行为的不可否认性:每个通信者具有法律生效的证据证明其是否实施过信息交换和获取的行为。

20世纪90年代以来,层出不穷的黑客事件使人们进一步深刻地认识到,仅仅只有被动的保护还不能全面涵盖信息安全的各个方面。因此出现了信息安全的新提法,认为信息安全的概念应该包含信息的保护、检测、反应和恢复四个方面内容。虽然保护信息的保密性、完整性、可用性、可控性和不可否认性是必不可少的安全需求,但是,构建一个安全系统时,应该有相应的检测评估,不要等到黑客进入之后再去亡羊补牢。因此,有必要研究发展检测评估理论、技术和工具,并用它们来实施系统功能的静态分析评价和实时动态检测报警。一旦发现系统的防护能力不足以抵御黑客的入侵,检测系统就立即报警,同时还需要及时地对报警做出反应,以便减少损失,发现入侵者的来龙去脉,及时补救系统漏洞,为捕获入侵者提供线索。如果黑客攻击已经造成了损失,系统还必须拥有恢复的手段,使系统在尽可能短的时间内恢复正常,提供服务。

随着社会信息化步伐的加快,我们有理由相信,信息安全的概念和相应的解决信息安全问题的手段也将会不断地发展。信息安全至少需要"攻、防、测、控、管、评"等多方面的基础理论和实施技术。

4. 安全形势越来越复杂,战略与技术需迅速发展

以捣毁伊朗核电站的震网病毒的出现为标志,信息安全的对抗,已经进入了APT(Advanced Persistent Threat)时代,即,黑客们已经不再是急功近利的"小打小闹"了,而是转战为"高级持续性威胁",此时针对目标系统所发动的网络攻击和侵袭行为已经变成一种蓄谋已久的"恶意威胁",甚至可能是国家行为,它往往要经过长期的经营与策划,并具备高度的隐蔽性。APT的攻击对象也不再仅限于公众网络信息系统,甚至连过去认为封闭性很好、安全度很高的工业控制系统,也在劫难逃。可以预见，今后，诸如洗车、家用电器等都有可能成为黑客们的攻击对象。

另外，以云计算、物联网、大数据系统等为代表的超大型信息系统的出现和普及，将对安全的需求更加多样化，将致使守方的"领土疆界"更加广大，保卫任务更加艰巨。

因此，安全战略必须做相应的调整，比如，由过去的"被动防御"是否需要转换为"主动防御"？由过去的"各人自扫门前雪"是否要转换为"统一清扫瓦上霜"？当然，信息安全是一个复杂的巨系统，战略要考虑，战术也要重视。法律、管理、技术一样也不能少。技术、政策实践与意识、培训与教育三个层面的问题都必须涉及。其中，信息安全技术可能是最具活力的一个方面。信息安全是现代信息系统发展应用带来的新问题，它的解决也需要现代高新技术的支撑，传统意义的方法是不能解决问题的，所以信息安全新技术总是在不断地涌现。本书的目的就是要对信息安全技术领域的若干新技术进行系统介绍。

本书第一版(2002 年 3 月，北京邮电大学出版社出版)涵盖了信息隐藏、数字水印、多媒体信息伪装、电子支付、网络安全协议、智能卡安全、公钥基础设施(PKI)等信息安全新技术。本次再版，在已有内容的基础上，结合近年信息安全技术的新发展，增加了数字矢量地图水印技术、物联网安全、无线局域网安全技术等方面的内容。

本书是灵创团队全体成员，特别是北京邮电大学信息安全中心和哈尔滨工程大学国家保密学院马春光教授课题组(http://machunguang.hrbeu.edu.cn)集体智慧的结晶。本书获得了国家自然科学基金创新群体(70921061)资助，中国科学院、国家外国专家局创新团队国际合作伙伴计划资助，国家自然科学基金(61121061,61161140320,61170271,61070209,61170241)资助，国家重大科技专项(2010ZX03003－003－01,2011ZX03002－005－01)资助，黑龙江省自然科学基金(F201229)资助，哈尔滨市科技创新人才专项资金(2012RFXXG086)资助，黑龙江省教育厅科学技术研究项目(12513049)资助，同时，也是"灾备技术国家工程实验室建设"的成果之一。在本书的写作过程中，博士研究生王九如、钟晓睿、周长利，硕士研究生汪定等提供了丰富的资料，进行了细致的整理和编辑工作。感谢北京邮电大学出版社在本书的立项、撰写、出版过程中给予的各种支持和帮助。

由于作者水平有限，书中难免出现各种失误和不当之处，欢迎大家批评指正。

杨义先
于北京

目　　录

 第 *1* 章

信息隐藏技术

几千年的历史已经证明:密码是保护信息机密性最有效的手段之一。通过使用密码技术,人们将明文加密成他人看不懂的密文,从而阻止了信息的泄露。但是,在如今开放的因特网上,谁也看不懂的密文无疑成了"此地无银三百两"的标签。"黑客"完全可以通过跟踪密文来"稳、准、狠"地破坏合法通信。为了对付这类"黑客",人们采用以柔克刚的思路重新启用了古老的信息隐藏技术,并对这种技术进行了现代化的改进,从而达到了迷惑"黑客"的目的。当然,毋庸讳言,信息隐藏技术在国内外重新受到青睐的另一个重要原因是相关用户希望通过此项技术来回避密码管制的政策风险。

1.1　信息隐藏的历史沿革

随着多媒体技术和 Internet 的迅猛发展,互联网上的数字媒体应用正在呈爆炸式的增长,越来越多的知识产品以电子介质的方式在网上传播。数字信号处理和网络传输技术可以对数字媒体(数字声音、文本、图像和视频)的原版进行无限制的任意编辑、修改、复制和散布,造成数字媒体的知识产权保护和信息安全的问题日益突出,并已成为数字世界的一个非常重要和紧迫的议题。因此,如何防止知识产品被非法复制及传播,也是目前亟需解决的问题。传统的信息安全技术无法解决这些新问题。因此,国际上近几年来开始提出并尝试一种新的关于信息安全的概念,开发设计不同于传统密码学的技术,即将机密资料信息秘密地隐藏于一般的文件中,然后再通过网络传递。由于非法拦截者从网络上拦截下来的伪装后的机密资料并不像传统加密过的文件一样看起来是一堆会激发非法拦截者破解机密资料动机的乱码,而是看起来和其他非机密性的一般资料无异,因而十分容易逃过非法拦截者的破解。其道理如同生物学上的保护色,巧妙地将自己伪装隐藏于环境中,免于被天敌发现而遭受攻击。这一点是传统加解密系统所欠缺的,也是信息隐藏基本的思想。

顾名思义,所谓信息隐藏,就是将秘密信息秘密地隐藏于另一非机密的文件内容之中。其形式可为任何一种数字媒体,如图像、声音、视频或一般的文档等。信息隐藏的首要目标是隐藏的技术要好,也就是使加入隐藏信息后的媒体目标的降

质尽可能小,使人无法看到和听到隐藏的数据,达到令人难以察觉的目的。信息隐藏还必须考虑隐藏的信息在经历各种环境、操作之后而免遭破坏的能力。比如,信息隐藏必须对非恶意操作(如图像压缩和信号变换等)具有相当的免疫力。信息隐藏的数据量与隐藏的免疫力始终是相互矛盾的,不存在一种完全满足这两种要求的隐藏方法。通常只能根据需求的不同有所侧重,采取某种妥协,使一方得以较好的满足,而使另一方作些让步。从这一点看,实现真正有效的信息隐藏的难度较大,很具有挑战性。

信息隐藏技术和密码技术的区别在于:密码仅仅隐藏了信息的内容,而信息伪装不但隐藏了信息的内容而且隐藏了信息的存在。信息隐藏技术提供了一种有别于加密的安全模式,其安全性来自于对第三方感知上的麻痹性。在这一过程中载体信息的作用实际上包括两个方面:①提供传递信息的信道;②为隐藏信息的传递提供伪装。随着计算机网络和多媒体技术的发展,信息隐藏技术的应用也在不断扩展,载体信息的作用也在发生着变化。例如:用于版权保护的数字水印技术,这时的载体信息是具有某种商业价值的信息,而秘密信息则是一些具有特殊意义的标识或控制信息。应该注意到,密码技术和信息隐藏技术并不是互相矛盾、互相竞争的技术,而是互补的。它们的区别在于应用的场合不同、要求不同,但可能在实际应用中需要互相配合。例如:将秘密信息加密之后再隐藏,这是保证信息安全的更好的办法,也是更符合实际要求的方法。

数字化的信息隐藏技术的确是一门全新的技术,但是它的思想其实来自于古老的隐写术。大约在公元前440年,隐写术就已经被应用了。当时,一位剃头匠将一条机密消息写在一位奴隶的光头上,然后等到奴隶的头发长起来之后,将奴隶送到另一个部落,从而实现了这两个部落之间的秘密通信。类似的方法,在20世纪初期仍然被德国间谍所使用。实际上,隐写术自古以来就一直被人们广泛地使用。隐写术的经典手法有很多,此处仅列举一些典型例子:

- 使用不可见墨水给报纸上的某些字母作上标记来向外发送消息。
- 在一个录音带的某些位置加一些不易察觉的回声等。
- 将消息写在木板上然后用石灰水把它刷白。
- 将信函隐藏在信使的鞋底里或妇女的耳饰中。
- 由信鸽携带便条传送消息。
- 通过改变字母笔画的高度或在掩蔽文体的字母上面或下面挖出非常小的小孔(或用无形的墨水印制作非常小的斑点)来隐藏正文。
- 在纸上打印各种小像素点组成的块来对诸如日期、打印机标识符、用户标识符等信息进行编码。
- 将秘密消息隐藏"在大小不超过一个句号或小墨水点的空间里"(1857年)。

- 将消息隐藏在微缩胶片中(1870年)。
- 把在显微镜下可见的图像隐藏在耳朵、鼻孔以及手指甲里(1905年);或者先将间谍之间要传送的消息经过若干照相缩影步骤后缩小到微粒状,然后粘在无关紧要的杂志等文字材料中的句号或逗号上(第一次世界大战期间)。
- 在印刷旅行支票时使用特殊紫外线荧光墨水。
- 制作特殊的雕塑或绘画作品,使得从不同角度看会显出不同的映象。
- 藏头诗,或者歧义性的对联、文章等文学作品。
- 在乐谱中隐藏信息(简单地将字母表中的字母映射到音符)。
- 我国古代还有一种很有趣的信息隐藏方法,即消息的发送者和接收者各有一张完全相同的带有许多小孔的掩蔽纸张,而这些小孔的位置是被随机选择并戳穿的,发送者将掩蔽纸张放在一张纸上,将秘密消息写在小孔位置上,移去掩蔽纸张,然后根据纸张上留下的字和空格编写一段掩饰性的文章。接收者只要把掩蔽纸张覆盖在该纸张上就可立即读出秘密消息。直到16世纪早期,意大利数学家Cardan又重新发现了这种方法,该方法现在被称作卡登格子隐藏法。
- 利用掩蔽材料的预定位置上某些误差和风格特性来隐藏消息。比如,利用字的标准体和斜体来进行编码,从而实现信息隐藏;将版权信息和序列号隐藏在行间距和文档的其他格式特性之中;通过对文档的各行提升或降低三百分之一英寸来表示0或1等等。

信息隐藏研究虽然可以追溯到古老的隐写术,但在国际上正式提出数字化信息隐藏研究则是在1992年。国际上的第一届信息隐藏研究会于1996年在剑桥大学举行,这次会议推动了信息隐藏的理论和技术研究。台湾"国立大学"通信和多媒体实验室也做了大量的工作。1998年在美国俄勒冈州召开了第二届信息隐藏研究会,1999年9月29日至10月1日在德国Dresden召开了第三届信息隐藏研讨会。最近,IEEE ICIP、EUSIPCO的会议中也都研讨了信息隐藏。中国也在1999年12月11日,由北京电子技术应用研究所组织,召开了第一届信息隐藏学术研讨会,2000年6月17日至18日召开了第二届信息隐藏学术研讨会。2000年1月15日至16日,国家863计划智能计算机专家组、中国科学院自动化研究所和北京邮电大学信息安全中心成功举办了数字水印技术研讨会。2001年9月,全国第三届信息隐藏学术研讨会又在西安召开。如今,信息隐藏已经成为当前国际上的研究热点。

信息隐藏技术作为一种新兴的信息安全技术已经被许多应用领域所采用。越来越多的数字视频、声频信号及图像被"贴"上了不可见的标签,这些标签往往携带隐藏了的版权标识或序列号来防止非法复制。军事系统广泛地采用信息安全技术,不只用加密隐藏消息内容,还用信息隐藏技术来隐藏消息的发送者、接收者甚至消息本身。类似的技术还用在移动电话系统及其他的电子媒介系统中。

信息隐藏术也正日益受到研究机构和业界的关注。主要动力来自人们对版权问题的关注。随着音像、图像和其他产品的数字化,数字产品的盗版更加容易,这引起了音乐、电影、书籍和软件发行商的极大关注。因此引发了信息隐藏术的重要分支领域"数字水印"和"数字指纹"的研究。前者可以作为版权争端的法律凭证,用来指控盗版者;后者则可以用来追查盗版者。

数字水印技术为电子数据的版权保护等需要提供了一个潜在的有效手段,因而引起了国际学术界与企业界的广泛关注,是目前国际学术界研究的一个前沿热门方向。数字水印是携带所有者版权信息的一组辨别数据。数字水印被永久地嵌入到多媒体数据中用于版权保护并检查数据是否被破坏。数字水印技术作为在开放的网络环境下保护版权的新型技术,它可以确立版权所有者,识别购买者或者提供关于数字内容的其他附加信息,并将这些信息以人眼不可见的形式嵌入在数字图像、数字音频和视频序列中,用于确认所有权和跟踪行为。另外,它在证据篡改鉴定、数据的分级访问、数据的跟踪和检测、商业和视频广播、互联网数字媒体的服务付费、电子商务的认证鉴定等方面也具有十分广阔的应用前景。自从 1993 年,尤其是 1995 年或 1996 年以来引起了工业界的浓厚兴趣,日益成为国际上非常活跃的研究领域。

尽管版权保护是发展数字水印技术的原动力,但人们发现数字水印还具有其他的一些重要应用,如版权保护、真伪鉴别、隐蔽通信、标识隐含等。这些研究预示着商业上的巨大应用前景。例如:数字水印技术在 DVD 的发行中的应用也有很大的市场潜力。DVD 联盟建议提出一个版权保护方案来加强复制管理,因为现有的 DVD 播放器允许 Vedio 的无限制拷贝不利于版权保护。该建议提出 home vedio 将不作标记,电视广播制品将标识为"一次拷贝",商业音像制品标识为"禁止拷贝",播放器将根据这些标记作出相应的动作。

目前,国外研究信息伪装的学术机构有麻省理工学院的媒体实验室、IBM 等一些机构和一些大学。研究的重点在如何将信息隐藏到图像、声音和文字之中。目前对于信息隐藏应用在数字产品的著作权保护方面(或称为数字水印)的研究较多。瑞士洛桑联邦工技院信号处理实验室和通信研究所、美国的 NEC 研究所等都作出了不少成就。除了学术界的研究之外,也有一些公司开发出一些软件如:Fraunhofer's SYSCOP、HIGHWATER FBI、Digimarc Corporation、DICE's Argent Digital Watermark 等,提供有关数字产品著作权保护的服务。国内研究信息伪装的科研院所有北京邮电大学信息安全中心、中国科学院自动化研究所模式识别国家重点实验室、北方工业大学、清华大学、北京理工大学、北京电子技术应用研究所、国家信息安全测评认证中心等单位。

基于信息隐藏技术而建立起来的一个安全的信息隐藏系统可以用如下的非正式定义来描述：一个安全的信息隐藏系统应该是任何了解系统但不知道密钥的敌手不能得到任何有关已发生的通信的证据（甚至怀疑的范围）。它将遵守一个核心准则：被广泛使用的信息隐藏程序步骤应该公开发布，就像商用的密码算法和协议那样。所以人们可以期望版权标记系统的设计者会公开发布他们使用的系统机制和原理，并且系统的安全性仅依赖于其使用密钥的保密性。

一个理想的信息隐藏系统应该具有以下特性（以载体为静止图像为例）：

（1）隐蔽性。这是信息伪装的基本要求，经过一系列隐藏处理的图像没有明显的降质，隐藏的信息无法看见或听见。

（2）安全性。隐藏的信息内容应是安全的，应经过某种加密后再隐藏，同时隐藏的具体位置也应是安全的，至少不会因格式变换而遭到破坏。

（3）对称性。通常，隐藏信息的隐藏和提取过程具有对称性，包括编码、加密方式，以减少存取难度。

（4）可纠错性。为了保证隐藏信息的完整性，使其在经过各种操作和变换后仍能很好地恢复，通常采取纠错编码方法。

需要指出的是，对信息隐藏技术的不同应用，各自有着进一步不同的具体要求，并非都满足上述要求。信息隐藏技术包含的内容范围十分广泛，可以作如下分类（如图1.1所示）。

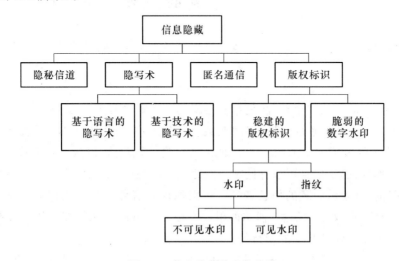

图1.1　信息隐藏技术的分类

（1）隐写术：一般指那些进行秘密通信的技术的总称，通常把秘密信息嵌入或隐藏在其他不易受怀疑的数据中。伪装方法通常依赖于第三方不知道隐蔽通信的存在的假设，而且主要用于互相信任的双方的点到点秘密通信。因此，隐写术一般稳健性较弱。例如：在数据改动后隐藏的信息不能被恢复。

（2）数字水印：数字水印就是向被保护的数字对象（如静止图像、视频、音频等）嵌入某些能证明版权归属或跟踪侵权行为的信息，可以是作者的序列号、公司标志、有意义的文本等等。同隐写术相反，水印中的隐藏信息具有能抵抗攻击的稳健性。即使知道隐藏信息的存在，对攻击者而言，要毁掉嵌入的水印仍很困难（理想的情况是不可能），虽然水印算法的原理是公开的。在密码学中，这就是众所周知的 Kerkhoffs 原理：加密系统在攻击者已知加密原理和算法但不知道相应的密钥的仍是安全的。稳健性的要求使得水印算法中在宿主数据中嵌入的信息要比隐写术中要少。水印技术和隐写术更多的时候是互补的技术而不是互相竞争的。

（3）数据隐藏和数据嵌入：通常用在不同的上下文环境中，它们一般指隐写术，或者指介于隐写术和水印之间的应用，在这些应用中嵌入数据的存在是公开的，但没必要保护它们。例如：嵌入的数据是辅助的信息和服务，它们可以是公开得到的，与版权保护和控制存取等功能无关。

（4）指纹和标签：指水印的特定用途。有关数字产品的创作者和购买者的信息作为水印而嵌入，每个水印都是一系列编码中的唯一的一个编码，即水印中的信息可以唯一地确定每一个数字产品的拷贝，因此，它们被称为指纹或者标签。

1.2 信息隐藏的基本手段

信息隐藏（或称为信息伪装）的手段非常多，从隐藏信息的载体来看，有以下几种。

（1）在文本中隐藏信息

利用语言的自然冗余性，将信息直接编码到文本内容中去；或者将信息直接编码到文本格式中去（比如，调整字间距或行间距）；如果载体文本以固定格式（像 HTML、LATEX 或 Postscript 文件）的形式传输，则信息可以嵌入到格式中而不是消息内容本身，秘密信息可以存储在行间距或列间距中，如果两行之间的距离小于某个门限值，就表示隐藏的信息是"0"，否则隐藏的信息是"1"（类似的方法也可用于传输 ASCII 码文本的信息：偶尔的附加空格字符可以用来构成秘密信息）；将信息编码隐藏在字处理系统的断行处。

在文本消息中能否存在安全和健壮的信息隐藏仍然是一个悬而未决的问题。一个攻击者只需简单地重新调整文本的格式，就可以破坏掉所有嵌入在文本格式中的信息。另外，文本消息可以以各种不同的格式进行存储（像 HTML、TEX's DVI、Postscript、PDF，或者 RTF），从一种格式转化到另一种格式对嵌入的消息也有很大的损害。

（2）利用阈下信道隐藏信息

比如，利用 ElGamal 型数字签名方案（其实别的数字签名方案也行），按如下方式，可以实现隐藏信息的通信。为了生成 ElGamal 密钥，用户首先选择一个素数 p，选择 Z_p^* 的一个生成元 g 和一个随机数 $x < p$。然后用户计算 $y = g^x \bmod p$，于是公钥为三元组 $\langle y, g, p \rangle$，私钥为 x。为了对消息 M 签名，用户首先选择一个随机数 k，且使 k 与（$p-1$）互素，计算 $a = g^k \bmod p$，并从方程：$M \equiv xa + kb \bmod (p-1)$ 求解 b。签名就是 $\langle a, b \rangle$。为验证该签名，验证方程：$y^a\ a^b \equiv g^M \bmod p$。为了在数字签名中隐藏附加的秘密信息，接收者必须获得发送者的私钥 x。为了将秘密消息 M' 与某些无关紧要的消息 M 一起发送，M' 在基本的 ElGamal 方案（也就是，发送者计算 $a = g^M \bmod p$ 并从方程 $M \equiv xa + M'b \bmod (p-1)$ 求解 b）中扮演随机数 k 的角色，签名仍然是 $\langle a, b \rangle$ 并像上述那样进行验证。如果接收者已获得 x，则可以利用扩展的欧几里德算法重构 M'（给予更强的条件）。

（3）利用操作系统中的隐蔽信道来隐藏信息

在一个操作系统里，运行在高安全级别的进程 A 能够向一个磁盘写数据，而运行在低安全级别的另一个进程 B 能够访问其文件表（即由前一个进程创建的所有文件的名字和大小），虽然它没有访问数据本身。这种情形可以导致一个隐蔽信道：进程 A 通过选择合适的文件名和大小来向 B 发送信息。一个 IP 包的时间戳可以用来传输 1 比特数据（偶时间增量发送的包代表逻辑 0，奇时间增量发送的包代表逻辑 1）。以太网物理层的碰撞检测系统可以被修改，因特网控制消息可以被利用等等。

（4）在可执行文件中隐藏数据

可执行文件以这样的方式包含许多冗余信息，如可以安排独立的一串指令，或者选择一个指令子集解决特定的问题。代码迷乱技术最初主要用来保护软件产品的不正当再处理，它能用来在可执行文件中存储额外的信息。这种技术试图把一个程序 P 变换成一个功能等价的程序 P'，而 P' 更难以反向编程，在信息伪装应用中，秘密信息隐藏在所用的一系列变换中。如果 $P \to P'$ 是源程序 P 到目标程序 P' 的一个变换，并满足两个条件：如果 P 未能终止或以一个错误信息终止，则 P' 可以终止也可以不终止，否则 P' 终止并产生与 P 一样的输出。Collberg 等人列出了许多可用来迷乱 Java 代码的技术，它们中有"分支插入"变换和"循环条件插入"变换。第一个变换通过写两个功能等价的代码块引入一个额外的分支，而代码块根据分支条件来选择。第二个变换扩展循环条件使得循环执行总时间不受影响。

（5）在视频通信系统中隐藏信息

在一个综合业务数字网（ISDN）视频会议系统里，可以嵌入一个 GSM 电话对话（带宽高达 8 kbit/s）而不会使视频信号严重降质，从而形成了一个秘密通信。

但是，到目前为止，研究最成熟的信息隐藏载体是图像。所以，下面重点介绍如何将机密信息隐藏进图像中去。

1.2.1 信息隐藏的替换方法

基本的信息隐藏替换系统，就是试图用秘密信息比特替换掉伪装载体中不重要的部分，以达到对秘密信息进行编码的目的。如果接收者知道秘密信息嵌入的位置，他就能提取出秘密信息。由于在嵌入过程中仅对不重要的部分进行修改，发送者可以假定这种修改不会引起被动攻击者的注意。目前，比较常用的替换方法有以下几种。

（1）最低比特位替换

每一幅图像都可以由其位平面来唯一地表示。而位平面中的最低几位比特对人的视觉系统很不敏感，将这些比特替换成机密消息的相应比特就是一种很具有迷惑性的信息隐藏手法。利用此方法在伪装载体中能隐藏数量惊人的信息，即使对载体有影响，也几乎察觉不到。在这类信息隐藏方法中主要使用无损图像格式，并且数据能直接处理和恢复。在这些系统中，除了应用替换手段外，还可采用压缩和加密技术，以提供更好的隐藏数据的安全性。最低比特位替换方法的主要缺点是对伪装载体稍微更改的抵抗力相当脆弱。克服此脆弱性的一种方法是采用伪随机数发生器以相当随机的方式来扩展秘密信息，如果通信双方使用同一个伪装密钥作随机数发生器的种子，那么它们能生成一个随机序列，并且把它们和索引一起按适当的方式生成隐藏信息位置来进行信息传送。从而，可以伪随机地决定两个嵌入位的距离。由于接收者能获得种子和随机数发生器的信息，因此能获得整个元素的索引序列。

（2）伪随机置换

把秘密信息比特随机地分散在整个载体中。由于不能保证随后的消息位按某种顺序嵌入，因此这种技术进一步增加了攻击的复杂度。发信方使用一个伪随机数发生器创建一个索引序列 $j_1, \cdots, j_{\ell(m)}$，并将第 k 个消息比特隐藏在索引为 j_k 的载体元素中。注意由于对伪随机数发生器的输出不加任何限制，一个索引值在序列中可能出现多次，称这种情况为碰撞。如果一个碰撞发生，发信方将可能在一个载体元素中插入多个消息比特，因而破坏了这些信息。如果与载体元素的个数相比，消息比特较少的话，发生碰撞的概率能够被忽略，并且被破坏的比特能使用纠错编码进行重构。当然这仅仅适合很短的秘密信息。例如，如果载体是一个 600×600 像素的图像并且在嵌入过程中选择 200 个像素,那么至少发生一次碰撞的概率大约是 5%。另一方面,如果进行信息传输时使用了 600 个像素,则至少发生一次碰撞的概率增大到 40%左右。因此,只有对非常短的消息,才能忽略碰撞的概率。可以采取一些额外的办法来解决碰撞问题,比如,发信方可以在一个集合 B 中记录所有已经使用过的载体元素。如果在嵌入过程中,一个载体元素以前没有使用过,就把它的索引加入集合 B,并且使用这个元素。但是,如果载体元素索引已经包含在集合 B 中,那么就放弃这个元素并伪随机地选择另一个元素。

（3）图像降级

图像降级是替换系统中的特殊情况,其中图像既是秘密信息又是载体。给定一个同样尺寸的伪装载体和秘密图像,发送者把伪装载体图像灰度(或彩色)值的 4 个最低比特替换成秘密图像的 4 个最高比特。接收者从隐藏后的图像中把 4 个最低比特提取出来,从而获得秘密图像的 4 个最高比特位。在许多情况下载体的降质视觉上是不易察觉的,并且对传送一个秘密图像的粗略近似而言,4 比特足够了。

（4）载体区域和奇偶校验位

称任何一个非空子集 $\{c_1,\cdots,c_{\ell(c)}\}$ 为一个载体区域。通过把载体分成几个不相接的区域,从而可以在一个载体区域中(而不是单个元素中)储存 1 比特信息。一个区域 I 的奇偶校验位能通过公式 $p(I)=\sum\limits_{j\in I}LSB(c_j)\bmod 2$ 计算出来。在嵌入过程中,首先选择 $\ell(m)$ 个不相接区域 $I_i(1\leqslant i\leqslant \ell(m))$,每一个区域在奇偶校验位 $p(I_i)$ 上嵌入一个信息比特 m_i。如果一个载体区域的奇偶验校位与 m_i 不匹配,则将 I_i 中所有值的最低一个比特位进行反转,结果导致 $p(I_i)=m_i$。在译码过程中,计算出所有区域的奇偶校验位,排列起来就可重构消息。另外,使用伪装密钥作为种子,能伪随机地构造载体区域。

（5）基于调色板的图像

在基于调色板的图像中,仅用特定色彩空间的一个颜色子集来对图像着色。每一个基于调色板的图像由两部分组成:一部分是调色板,它定义了 N 种颜色索引对 (i,c_i) 列表,它为一个颜色向量 c_i 指配一个索引 i;另一部分是实际图像数据,它保存每一个像素的调色板索引,而不是保存实际的颜色值。如果整个图像仅使用一小部分颜色值,这种方法大大地减少了文件的尺寸。一般地,在基于调色板的图像中有两种方法对信息进行编码:或操作调色板,或操作图像数据。颜色向量的 LSB 也能用于信息传输。另外,因为调色板不需以任何方式排序,在以调色板保存颜色时,可选择对信息进行编码。因为有 $N!$ 个不同方式对调色板进行排序,所以有足够的能力对一个短信息进行编码。然而,所有使用调色板顺序保存信息的方法都不具有健壮性,任何攻击者都能简单地以不同方式排序调色板而毁坏秘密信息(甚至在视觉上可以不修改图像)。另外,还可以在图像数据中对信息进行编码。

由于调色板上相邻的颜色值在感观上并不接近,这样就不能简单地修改一些图像数据的 LSB。因此,一些信息伪装应用程序(如 ExStego)为使相邻颜色在感观上接近,在开始嵌入处理之前对调色板进行排序。例如,将颜色值根据它们在色彩空间中的欧几里德距离进行保存。由于人类视觉系统对颜色的亮度比较敏感,另一种可行也可能较好的方法是根据颜色的亮度成分对调色板条目进行排序。在排序调色板后,可以放心地修改颜色索引的 LSB。

(6) 量化和抖动

数字图像的抖动和量化也能用于隐藏秘密信息。首先,简单介绍一下预测编码中的量化。在预测编码中,每一个像素的大小是根据它的邻近区域像素值进行预测的。预测值可能是周围像素值的线性或非线性函数。最简单的情况是计算出相邻像素 x_i 和 x_{i-1} 的差值 e_i,并将它送入量化器 Q,由量化器输出差分信号 $x_i - x_{i-1}$ 的一个离散近似值 $\triangle_i$〔即 $\triangle_i = Q(x_i - x_{i-1})$〕。结果,在每一步量化中,都引入一个量化误差。对高度互相关信号,我们能预见 $\triangle_i$ 接近于 0,所以,熵编码器具有很高的效率。熵编码器的作用是,给定数据的随机模型,试图产生最小冗余的编码。在接收端,对差分信号进行反向量化,并加上前一个信号的取样值来重构序列 x_i 的估计。运用预测编码中的量化误差来进行信息隐藏的方法是,通过调整差分信号 $\triangle_i$ 来传送额外信息。在这个信息隐藏方案中,伪装密钥由一个表构成,这个表给每一个可能的 $\triangle_i$ 值分配一个比特。为了在载体信号中保存第 i 个信息比特,计算出量化的差分信号 $\triangle_i$,如果 $\triangle_i$ 与要编码的秘密信息比特不匹配(根据秘密表),则 $\triangle_i$ 由最接近的 $\triangle'_i$ 替换,而 $\triangle'_i$ 的对应比特等于秘密信息比特,最后将得到的 $\triangle'_i$ 送入编码器。在接收端,信息根据差分信号和伪装密钥进行解码。在信号的抖动处理过程中也可插入秘密信息。

(7) 在二值图像中的信息隐藏

二值图像(如数字化的传真数据)以黑白像素分布方式包含冗余。尽管可以实现一个简单的替代系统(例如,某些像素根据某个具体的信息位设置成黑或白),但这些系统很容易受传输错误影响,因而不是很健壮。一个信息隐藏方案的例子是:使用一个特定图像区域中黑像素的个数来编码秘密信息。把一个二值图像分成矩形图像区域 B_i,分别令 $P_0(B_i)$ 和 $P_1(B_i)$ 为黑白像素在图像块 B_i 中所占的百分比。基本做法是:若某块 $P_1(B_i) > 50\%$,则嵌入一个 1,若 $P_0(B_i) > 50\%$,则嵌入一个 0。在嵌入过程中,为达到希望的像素关系,需要修改一些像素的颜色。修改是在那些邻近像素有相反颜色的像素中进行的;在具有鲜明对比性的二值图像中,应该对黑白像素的边界进行修改。所有的这些规则都是为了确保不引起察觉。为了提高整个系统对传输错误和图像修改的健壮性,必须调整嵌入处理。如果在传输过程中一些像素改变了颜色,像诸如 $P_1(B_i)$ 由 50.6% 下降到 49.5%,这种情况就会发生,从而破坏了嵌入信息。因此要引入两个阈值 $R_1 > 50\%$ 和 $R_0 < 50\%$ 以及一个健壮参数 λ, λ 是传输过程中能改变颜色的像素百分比。发送者在嵌入处理中确保 $P_1(B_i) \in [R_1, R_1 + \lambda]$ 或 $P_0(B_i) \in [R_0 - \lambda, R_0]$。如果为达到目标必须修改太多的像素,就把这块标识成无效,即:修改 $P_1(B_i)$ 满足下面两个条件中的任何一个

$$P_1(B_i) < R_0(B_i) - 3\lambda$$

$$P_1(B_i) > R_1(B_i) + 3\lambda$$

然后再为比特 i 伪随机地选择另一个块。在译码过程中,无效的块被跳过,有效的块根据 $P_1(B_i)$ 进行解码。

另一个不同的嵌入方案(RL 方案)是:在传真文档中使用无损压缩系统来对信息编码。根据国际电信联盟 ITU 的建议,传真图像能用游程编码和哈夫曼编码进行混合编码。RL 方案利用这样一个事实:在二值图像中,连续像素具有同种颜色的概率很高。可以用 a_i 指出改变颜色的位置。RL 方法不再显式地对第一个像素颜色进行编码,而是对颜色变化(a_i)的位置和从 a_i 开始的持续同种颜色的像素个数 $\mathrm{RL}(a_i, a_{i+1})$ 进行编码。通过修改 $\mathrm{RL}(a_i, a_{i+1})$ 的最低比特位,可以在一个二值的游程编码图像中嵌入信息。在编码处理中我们修改二值图像的游程长度,若第 i 个秘密消息位 m_i 是 0,令 $\mathrm{RL}(a_i, a_{i+1})$ 为偶数;否则 $\mathrm{RL}(a_i, a_{i+1})$ 为奇数,就表示 m_i 是 1。例如,可通过下面的方式进行:如果 m_i 是 0,而 $\mathrm{RL}(a_i, a_{i+1})$ 是奇数,就把 a_{i+1} 向左移动一个像素。另外,如果 $m_i = 1$ 并且 $\mathrm{RL}(a_i, a_{i+1})$ 是偶数,就把 a_{i+1} 向右移动一个像素。然而如果游程长度 $\mathrm{RL}(a_i, a_{i+1})$ 是 1,这种嵌入方法就会出现问题,如果修改游程长度,就可能丢失数据。因此必须保证这种情况不发生,所以,所有游程长度为 1 的 RL 元素在嵌入处理前被废弃。

(8)利用计算机系统中未使用或保留的空间来隐藏信息

利用没有使用或保留的空间保存秘密信息,提供了一种隐藏信息的方式,并且伪装载体没有视觉上的降质。操作系统保存文件的方式很容易产生已经分配给文件而并未使用的空间。例如,在 Windows 95 操作系统中,没有压缩地格式化成 FAT16(MS-DOS 兼容)格式的驱动器,典型地使用 32 KB 的簇。这意味着分配给文件的最小空间是 32 KB,如果一个文件尺寸只有 1 KB,那么额外的 31 KB 就被"浪费"了。这"额外"空间能用于隐藏信息,并不显示在目录中。在图像或声音的文件头中未使用的空间也能用于隐藏"额外"数据。

另一种在文件系统中隐藏信息的方法是创建一个隐藏分区。如果系统正常启动,则无法看见这些分区。然而,许多情况下,运行一个磁盘配置实用程序(如 DOS 的 FDISK)就能发现隐藏分区。

OSI 网络协议模型具有能隐藏信息的特性。穿过因特网进行信息传输的

TCP/IP 包在包头中有未使用空间。TCP 包头有 6 个未使用(保留)比特,IP 包头有两个保留比特。在每一个通信通道中传送成千上万个包,如果不进行检查,就能提供一个良好的秘密通信信道。大量可获得的伪装工具和其使用的简易性,使得执法部门不得不留意通过正在网上传输的网页图像、声音和其他文件进行非法数据传播。

1.2.2　信息隐藏的变换方法

虽然通过修改 LSB 嵌入信息的方法比较容易,但它们对极小的伪装载体修改都具有极大的脆弱性。一个攻击者想完全破坏秘密信息,只需简单地应用信号处理技术。在许多情况下,即使由于有损压缩的很小变化也能使整个信息丢失。

在信号频域嵌入信息比在时域嵌入信息更具有健壮性。现在已知的比较健壮的伪装系统实际都是运作在某种频域上的。变换域方法是在载体图像的显著区域隐藏信息,比 LSB 方法能够更好地抵抗攻击,例如压缩、裁剪和一些图像处理。它们不仅能更好地抵抗各种信号处理,而且还保持了对人类感官的不可觉察性。目前有许多变换域的隐藏方法。一种方法是使用离散余弦变换(DCT)作为手段在图像中嵌入信息;还有一种使用小波变换。变换可以在整个图像上进行,也可以对整个图像进行分块操作,或者是其他的变种。然而,图像中能够隐藏的信息数量和可获得的健壮性之间存在着矛盾。许多变换域方法是与图像格式不相关的,并且能承受有损和无损格式转换。

下面详细介绍由北京邮电大学信息安全中心设计实现的一种基于小波变换的信息隐藏方案(称为 CY 方案)。

CY 隐藏算法:为简便起见我们用 O 代表要保护的秘密图像(简称为密图),用 P' 代表事先选定的可公开的图像(简称为明图),且设定 O 和 P' 均为大小相同的矩形图像。CY 隐藏算法可分为四个步骤:初始化、小波变换、矢量量化和加密隐藏。

1. 初始化

置明图 P' 的每个像素的后 r 位(从 LSB 位计)为 1。

$$r = \left| \frac{2 \times d \times b_1 + n \times b_2 + n_O \left| \log_2 n_P \right|}{s \times (s-1)} \right|$$

其中:s 是明图 P' 的行数;d 是矢量的维数;b_1 是矢量每一维分量的位长;n 是需要加密的参数个数;b_2 是参数的位长;n_O 及 n_P 定义见下文中矢量量化部分。初始化后的明图 P' 记为 P。

2. 小波变换

分别对 O 及 P 进行小波变换。所采用的小波基为 Daubechies 正交小波。基于小波变换的编码方法是一种特殊的子带编码方法,小波变换与子带编码的根本区别是小波滤波器是正则的,且具有一定的光滑性。由于小波变换具有较好的时频局域化特性,能实现对高频信号的短时观察和对低频信号的长时观察,所以小波变换非常适用于图像数据的处理。根据 S. Mallat 的塔式分解及重构算法,图像的每一级二维小波变换的结果有四个:近似图像,垂直方向细节图像,水平方向细节图像和对角线方向细节图像,而且输出图像的行列数减少一半(如果不考虑边界扩展)。图像的小波变换将图像分解成为不同尺度空间上、不同频率分辨率上的一系列子图像,而原图像的信息主要包含在近似子图像中,因此,在分别对 O 及 P 两级二维离散小波变换(DWT)后,仅对它们的近似子图像 A_O 及 A_P 进行处理,这样也大大减少了所需处理的数据量。

3. 矢量量化

(1)矢量划分

把 A_O 及 A_P 划分成矢量集 $\{O_1, O_2, \cdots, O_{n_O}\}$ 及 $\{P_1, P_2, \cdots, P_{n_P}\}$,划分时均用同一块尺寸,且块尺寸满足 $w = h$ (w 为块宽度, h 为块长度,单位均为像素)。两个矢量集内的每个矢量的维数均为 $d = w \times h$,令 n_O 为密图近似图像对应的矢量数; n_P 为明图近似图像对应的矢量数,由于 O 和 P 大小相同,所以 $n_O = n_P$ 。

(2)投影排序

生成两个 d 维空间的随机矢量 G 和 D,分别称为变换原点和投影方向。利用下面的公式计算 $\{P_1, P_2, \cdots, P_{n_P}\}$ 的一维投影值:

$$W(P_i) = \sum_{j=1}^{d} |P_{ij} - G_j| \times D_j$$

按投影值由小到大的顺序将 $\{P_1, P_2, \cdots, P_{n_P}\}$ 重新排序得到 $\{P'_1, P'_2, \cdots, P'_{n_P}\}$,即在 $\{P'_1, P'_2, \cdots, P'_{n_P}\}$ 中 $W(P'_i) \leqslant W(P'_{i+1})$ 。

对 $\{O_1, O_2, \cdots, O_{n_O}\}$ 则用下面的公式进行投影变换:

$$W(O_i) = \sum_{j=1}^{d} |P_{ij}|$$

按投影值由小到大的顺序重新排序后得到 $\{O'_1, O'_2, \cdots, O'_{n_O}\}$ 。

(3)编码

由于 $\{O_1, O_2, \cdots, O_{n_O}\}$ 和 $\{P_1, P_2, \cdots, P_{n_P}\}$ 是近似子图像中的矢量,对应的 $W(O_i)$ 及 $W(P_i)$ 反映了在当前尺度空间上的近似子图像中的能量大小。因此,可以将 $\{P'_1, P'_2, \cdots, P'_{n_P}\}$ 视为码本,直接与 $\{O'_1, O'_2, \cdots, O'_{n_O}\}$ 一一对应,即认为图像 P 在尺度空间上的能量分布近似代表了图像 O 在相应的尺度空间的能量分布。记下相应的 $\{O_1, O_2, \cdots, O_{n_O}\}$ 与 $\{P_1, P_2, \cdots, P_{n_P}\}$ 的对应关系 $\{I_1, I_2, \cdots, I_{n_O}\}$,这就是所需的编码结果。

4. 加密隐藏

（1）加密

为了提高描述密图 O 的数据安全性，还需要采取一些加密措施来保护它们。由 $\{I_1, I_2, \cdots, I_{n_O}\}$ 的生成过程可知，首先要加密一些重要的参数：二维小波变换的级数 l，所取的近似图像 A_P 及 A_O 的大小 $s_1 \times s_2$，w，h，n_O，n_P，G 和 D。如果没有它们就无法恢复密图，而且它们的数据总长要比 $\{I_1, I_2, \cdots, I_{n_O}\}$ 的小得多。因此，采用 DES 算法将这些参数加密为 l^c，s_1^c，s_2^c，w^c，h^c，n_O^c，n_P^c，G^c，D^c，实际上，由于 $s_1 = s_2$，$w = h$，$n_O = n_P$，还可进一步减少所需加密的数据量。加密后的这些参数的安全性与所采用的 DES 算法的安全性相同。考虑到 $\{I_1, I_2, \cdots, I_{n_O}\}$ 的数据量较大，直接采用 DES 算法所需的时间太长，因此，采用另一简单有效的方法来加密：将 $\{I_1, I_2, \cdots, I_{n_O}\}$ 视为一个比特流 I，再生成一个由 GDGD… 所组成的比特流 X，这里，X 的长度必须同 I 相等，然后进行如下运算：$I^c = I \oplus X$，此处 " $\oplus$ " 代表逐比特异或运算。由于逐比特异或运算简单迅速，因此，可很快得到加密结果 I^c。由于 G 和 D 是由 DES 算法加密的，因此 I^c 的安全性也有保证。

（2）隐藏

因为在恢复码本和 $\{I_1, I_2, \cdots, I_{n_O}\}$ 时需要 l，s_1，s_2，w，h，n_O，n_P，G，D 等参数，所以把加密后的这些参数隐藏在 P 的第一行中，以便于在解密时先恢复它们。然后再把 G^c，D^c 和 I^c 隐藏在 P 的剩余的 $s-1$ 行中。隐藏的方法如下：将要隐藏的数据都看作 1 比特流，从该比特流中依次取出 r 位与 P 中像素的后 r 位作位与运算，得到最终的 P^c。由于 P 的每个像素的 r 位为 1，因此，逐位与之后，P 的每个像素的后 r 位就是所隐藏的数据。由于仅仅改动了每个像素的 r 位（取 $r = 2$ 已足够），因此，隐藏了加密数据的 P^c 与 P 几乎没有什么区别，可以仅传送 P^c 给合法的接收者，达到了迷惑潜在的拦截者、保护密图的目的。

CY 解密算法：假定合法的接收者事先已从秘密信道收到密钥，知道发送者采用的小波基，而且知道被加密的参数的位长以及加密数据的总比特数。CY 解密算法与加密算法基本上是对称的。CY 解密算法可分为参数提取、逆初始化、解密参数、矢量重建和图像重建等过程。

① 参数提取：从接收到的 P^c 中对每个像素逐位与 r 个 1，提取出 l^c，s_1^c，s_2^c，w^c，h^c，n_O^c，n_P^c，G^c，D^c 和 I^c。

② 逆初始化：将 P^c 的每个像素的 r 位设置为 1 得到 P。

③ 解密参数：利用 DES 算法和密钥解密出 l，s_1，s_2，w，h，n_O，n_P，G 和 D。根据 G 和 D 又可从 I^c 解密出 $\{I_1, I_2, \cdots, I_{n_O}\}$。这样就解密了明图 P^c 中的描

述明图 O 的数据。

④ 矢量重建和图像重建:对 P 进行 l 级二维小波变换,得到其近似图像 A_P,根据 w 和 h 将其划分为含 n_P 个 d 维矢量的矢量集 $\{P_1,P_2,\cdots,P_{n_P}\}$。由 $\{P_1,P_2,\cdots,P_{n_P}\}$ 和 $\{I_1,I_2,\cdots,I_{n_O}\}$ 即可得到密图 O 的小波近似图像 A_O 的重建图像 A_O',最后对 A_O' 进行逆小波变换即可重建具有原来密图 O 大小的恢复密图 O'。

CY 方案的实验结果:为了验证 CY 信息隐藏方案的可行性和有效性,我们进行了三组实验,实验中的明图 P' 和密图 O 均为 512×512 的 256 级灰度的图像,明图 P' 均取'Lena'。为了衡量图像的质量,分别计算所得到图像的 PSNR(Peak Signal-to-Noise Ratio)。

$$\text{PSNR} = 10\log\frac{255^2}{\text{MSE}}; \ \text{MSE} = \frac{1}{M \times N}\sum_{i=1}^{M}\sum_{j=1}^{N}(S'(i,j) - S(i,j))^2$$

在此式中,M,N 分别为 S' 的行像素数及列像素数。

第一组实验中作为密图的'Peppers'及作为明图 P' 的'Lena'分别见图 1.2 和图 1.3。对 O 和 P' 进行 2 级二维小波变换,矩形块的宽和高均为 2,即取 $l=2$,$w=h=2$。隐藏了明图信息的 P^*,其相对于 P' 的 PSNR$=49.895\ 8$ db,仅凭肉眼几乎无法区别 P^* 和 P'。从 P^* 中解密恢复出的密图 O' 见图 1.5,其相对于密图 O 的 PSNR$=20.981\ 0$ db。为了比较 l 及 w,h 改变后恢复出的密图 O' 的质量,取 $l=1,w=h=2$,则从 P^* 恢复出的密图 O' 见图 1.4,其相对于密图 O 的 PSNR$=22.831\ 3$ db。

图 1.2 隐藏了密图信息的明图'Lena'
PSNR$=23.938\ 4$ db

图 1.3 恢复的密图'Peppers'
PSNR$=21.131\ 2$ db

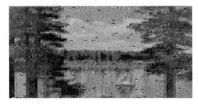

图 1.4 恢复的密图'Sailboat'
PSNR$=18.527\ 8$ db

图 1.5 恢复的密图'Airplane'
PSNR$=12.870\ 1$ db

第二组实验中密图为'Sailboat',第三组实验中密图为'Airplane',所得到的结果见表 1.1,PSNR 的计算与第一组实验中的计算相同。

表 1.1　实验结果

	第一组密图:Peppers		第二组密图:Sailboat		第三组密图:Airplane	
	O' 的 PSNR(db)	O' 的主观质量	O' 的 PSNR(db)	O' 的主观质量	O' 的 PSNR(db)	O' 的主观质量
$L=1,w=2$	22.8313	好	19.8469	好	13.7833	好
$L=1,w=4$	19.5334	一般	17.7306	一般	13.2807	一般
$L=2,w=2$	20.9810	较好	18.5805	较好	13.5831	较好
$L=2,w=4$	18.3480	较差	16.8725	较差	13.0563	较差

因为取 $l=2,w=h=2$ 时恢复出的密图 O' 的主观质量较好(见图 1.6,图 1.7)且由于进行了 2 级小波变换,近似图像仅为原图大小的 1/16,所以需要加密的 $\{I_1,I_2,\cdots,I_{n_O}\}$ 为取 $l=1,w=h=2$ 时的 1/4,所以可得出结论:在 CY 隐藏术中,取 $l=2$, $w=h=2$ 是合理的。另外,从表 1.1 中可以看出,变换参数相同时对不同的密图 O,恢复的效果也有所不同。

图 1.6　密图'Water'

图 1.7　恢复的密图'Water'

PSNR=13.2684 db

利用相位编码方法进行信息隐藏也是变换隐藏技术的一种。它更适合于在数字声音中隐藏信息。由于人类的听觉系统是特别敏感的,声音文件中千万分之一的扰乱都能被觉察出来,所以在数字声音中隐藏信息的难度更大。幸运的是,人类听觉系统对声音的相位不太敏感,于是便可以通过载体信号相位谱的一个相位转换来代表一个数据。载体信号 c 分成由 N 个短序列 $c_i(n)$ 构成的序列,其中 $c_i(n)$ 长为 $\ell(m)$,然后进行 DFT 变换,并调用下面公式得到傅里叶变换的幅度 $A_i(k)$ 和相位 $\phi_i(k)$:

$$A_i(k)=\sqrt{\text{Re}[F\{c_i\}(k)]^2+\text{lm}[F\{c_i\}(k)]^2}$$

和

$$\phi_i(k)=\arctan\frac{\text{lm}[F\{c_i\}(k)]}{\text{Re}[F\{c_i\}(k)]}$$

由于两个连续信号片段间的相位变动很容易被检测出来,因此它们的相位差需要在伪装信号中保持不变。结果,嵌入过程仅在第一个信号片段的相位向量中插入一个秘密消息:

$$\tilde{\phi}_0(k)=\begin{cases}\pi/2, & m_k=0\\-\pi/2, & m_k=1\end{cases}$$

并用原来的相位差创建一个新的相位矩阵

$$\tilde{\phi}_1(k)=\tilde{\phi}_0(k)+[\phi_1(k)-\phi_0(k)]$$
$$\vdots$$
$$\tilde{\phi}_N(k)=\tilde{\phi}_{N-1}(k)+[\phi_N(k)-\phi_{N-1}(k)]$$

然后,发送者使用新的相位矩阵 $\tilde{\phi}_i(k)$ 和原来的傅里叶幅度 $A_i(k)$ 通过逆傅里叶变换来构造伪装信号。由于修改了 $\phi_0(k)$,因而也就修改了所有随后信号片段的绝对相位,同时保证了它们的相对差不变。在恢复秘密信息之前,必须采用某种同步。假定知道序列长 $\ell(m)$,接收者就能计算 DFT,并能检测出相位 $\phi_0(k)$。

北京邮电大学信息安全中心已经实现了一种声音替换系统(将一段话音隐藏进另一段话音中),有关详细情况将在第3章介绍。

回声隐藏法也是一种有代表性的变换技术,它试图在离散信号 $f(t)$ 中引入回声 $f(t-\Delta t)$,生成伪装信号 $c(t)$ 来隐藏信息:$c(t)=f(t)+af(t-\Delta t)$。在信号中,通过修改信号和回声间的延迟 Δt 来对信息进行编码。在编码阶段,发送者可以选择 Δt 或 $\Delta t'$。选择 Δt,是在信号中编入代码"0";选择 $\Delta t'$,是在信号中编入代码"1"。延迟时间 Δt 或 $\Delta t'$ 是以人听不到回声信号为准则进行选取的。基本的回声隐藏方案仅在一个信号中嵌入一个比特,因此连续载体信号在编码处理前先分成 $\ell(m)$ 块。连续的块之间用一些不用的取样点隔开,并且间隔大小是随机选取的,这样使得检测和提取秘密信息更加困难。在每一块中,嵌入一个秘密比特,最后,将所有的信号块连成一串。从伪装信号中提取秘密信息前,必须采取某种同步措施,接收者必须能重构 $\ell(m)$ 个信号块,其中每个信号块发送者可用来嵌入一个秘密信息比特的。然后,每一个信号片段通过信号倒频谱的自相关函数进行解码。

1.2.3 信息隐藏的扩频方法

在20世纪50年代,为了实现一种拦截概率小、抗干扰能力强的通信手段,人们提出了扩展频谱(SS)通信技术。扩展频谱技术定义为这样一种传输方式:"信号在大于所需的带宽内进行传输。带宽扩展是通过一个与数据独立的码字完成的,并且在接收端需要该码字的一个同步接收器,以便进行解扩和随后的数据恢复"。尽管传输信号的能量可以很大,但在每一个频段上的信噪比很小。即使部分信号在几个频段丢失,其他频段仍有足够的信息可以用来恢复信号。因此,检测和(或)

删除一个 SS 信号是很困难的。这种情况与伪装隐藏系统很相似,伪装隐藏系统就是试图在整个载体中扩展秘密信息,以达到不可觉察的目的。由于扩展信号很难删除,所以基于 SS 的隐藏方法都具有可观的健壮性。

在基于扩频方法的信息隐藏系统中,通常使用两个特殊的 SS 变体:直接序列扩频和跳频扩频方案。在直接序列扩频方案中,秘密信息与一个伪随机序列调制,扩展倍数是一个称为片率的常量,然后叠加在载体上。另一方面,在跳频方案中,载体信号的频率从一个频率向另一个频率进行跳变。

下面详细介绍北京邮电大学信息安全中心设计完成的一种基于扩频技术的信息隐藏系统(称为 CYM 多址隐藏系统),它能够将多幅图像隐藏在同一幅图像中。

为简便起见,称要保护的秘密图像为密图,称可公开的图像为明图。在 CYM 隐藏系统实现如下:假设要同时传送四幅密图给四个不同的接收者 R1,R2,R3,R4。密图的编码结果分别为 I_1,I_2,I_3,I_4,它们均为 $1\times n$ 的向量。为了能从复合编码结果中正确恢复出 I_1,I_2,I_3,I_4,避免编码结果之间的互相干扰,需要对它们进行正交变换。比如,采用四阶 Hadamard 正交变换。

令复合编码结果 $[I_m]=[I_1^T I_2^T I_3^T I_4^T]$,对 $[I_m]$ 进行正交变换:$[I_m]=[I_m]\times[H_4]$,其中 $[H_4]$ 为四阶 Hadamard 矩阵,$[I_m]$ 为 $n\times 4$ 维的矩阵。将 $[I_m]$ 按行顺序取出而得到的一维序列 I_m 即是我们最终要隐藏在明图中的复合编码结果。四个接收者收到隐藏有复合编码结果的明图,接收者事先应知道自己的密图识别号。这里,简化为一一对应的关系,即指定 R_1 接收密图 1,R_2 接收密图 2,R_3 接收密图 3,R_4 接收密图 4。四个接收者中的任何一个 $R_i(i=1,2,3,4)$ 按下式恢复相应的密图 i 的编码结果:$I_i^T=4[I_m]\times H_{4i}$,其中 H_{4i} 为 $[H_4]$ 矩阵的第 i 列向量。将 Hadamard 矩阵的列(行)向量视为地址码,则 $I_i^T=4[I_m]\times H_{4i}$ 实质上就按地址码的不同而区分出了密图,也就是图像的码分多址。

CYM 多址隐藏系统的加密算法:多址隐像术的加密算法可分为五个步骤:初始化、小波变换、量化编码、正交复合、加密隐藏。我们利用明图 P 来同时传送四幅同样大小的密图 O_1,O_2,O_3,O_4。

(1) 初始化:置图像 P 的每个像素的 r 位(从 LSB 位计)为 1。此步骤同前面的 CY 算法。

(2) 小波变换:分别对 O_1,O_2,O_3,O_4 及 P' 进行小波变换。小波基为 Daubechies 正交小波。由于小波变换的多分辨特性,它将图像分解成为不同尺度空间上,不同频率分辨率上的一系列子图像,而原图像的信息则主要包含在近似图像中,因此,我们在分别对 O_1,O_2,O_3,O_4 及 P' 进行两级二维离散小波变换后,仅对它们的近似图像 $A_{o1},A_{o2},A_{o3},A_{o4}$ 及 $A_{p'}$ 进行处理。

(3) 量化编码:将 $A_{oi}(i=1,2,3,4)$ 及 $A_{p'}$ 划分成块矢量集 $\{O_{1i},O_{2i},\cdots,O_{n_Oi}\}$ 及

$\{P_1, P_2, \cdots, P_{n_P}\}$。划分时均用同一块尺寸。编码步骤同 CY 算法中的编码步骤。最后,在编码结果中记下相应的 $\{O_{1i}, O_{2i}, \cdots, O_{n_Oi}\}$ 与 $\{P_1, P_2, \cdots, P_{n_P}\}$ 的对应关系 $I_i = \{I_{1i}, I_{2i}, \cdots, I_{n_Oi}\}$。这样,不仅用小波变换和矢量编码使明图 $O_i(i=1,2,3,4)$ 得到压缩,而且用明图 P 描述了它们。

4. 正交复合:先由 $I_i(i=1,2,3,4)$ 构成 $[I_m]$,然后,根据公式 $[H] \times [H]^T = N[I]$ 对 $[I_m]$ 进行正交变换,再按行排列即得到了正交复合的编码结果 I_m。

为了提高描述密图 $O_i(i=1,2,3,4)$ 的数据的安全性,在隐藏之前还需要采取一些加密措施来保护它们。加密隐藏步骤同 CY 算法中的描述。这之后就得到了隐藏有加密数据的明图 P^c。

这样,可通过公共网络传送的 P^c 中就隐藏了四幅图像的正交复合信息,即完成了全部的加密过程。

CYM 多址隐藏系统的解密算法:假定合法的接收者事先已从秘密信道收到密钥,知道发送者采用的小波基,而且知道被加密的参数的位长。解密时首先从接收到的明图 P^c 中用逐位"与"r 个 1,取出加密的参数和 G^c, D^c, I_m^c,再将明图 P^c 的每个像素的 r 位设置为 1 得到 P'。然后,利用 DES 算法和密钥将解密出加密的参数,其中包括 G 和 D。根据 G 和 D 又可从 I_m^c 解密出 $\{I_1, I_2, \cdots, I_k\}$。这样就解密出了明图 P^c 中的描述密图 $O_i(i=1,2,3,4)$ 的数据 I_m。根据公式 $I_i^T = 4[I_m] \times H_{4i}$,从正交复合编码结果中取出相应的编码结果 $I_i(i=1,2,3,4)$。再对明图 P' 进行 l 级二维小波变换,得到其近似图像 $A_{P'}$,根据 w 和 h 将其划分为含 n_P 个 d 维矢量的矢量集 $\{P_1, P_2, \cdots, P_{n_P}\}$。由 $\{P_1, P_2, \cdots, P_{n_P}\}$ 和 $I_i = \{I_{1i}, I_{2i}, \cdots, I_{n_Oi}\}$ 即可恢复出密图 $O_i(i=1,2,3,4)$ 的小波近似图像 A_{Oi},对 A_{Oi} 进行逆小波变换即可重建密图 O_i'。

CYM 多址隐藏系统的实验结果:为了研究 CYM 多址隐藏系统的可行性和有效性,我们进行如下实验。明图 P 和密图 $O_i(i=1,2,3,4)$ 均为 512×512 的 256 级灰度的黑白图像。实验中密图 O_1 为 'Peppers',O_2 为 'Sailboat',O_3 为 'Water',O_4 为 'Airplane'。明图 P 为 'Lena'。分别对 $O_i(i=1,2,3,4)$ 和 P 进行 2 级二维小波变换,矩形块的大小取为 2×2。用 PSNR 衡量从 P^c 中恢复出的密图 $O_i'(i=1,2,3,4)$ 的质量。所得到的结果见表 1.2。

表 1.2 实验结果

四幅密图	Peppers	Sailboat	Water	Airplane
恢复密图的 PSNR(db)	21.1312	18.5278	13.2684	12.8701

明图为 'Lena',隐藏了密图信息(加密数据)的 'Lena' 如图1.8所示。从两者的对比中发现,它们的差别的确很难用肉眼区别,图 1.8 所示的 PSNR = 23.9384db。密图

'Peppers'及恢复的密图'Peppers'如图 1.3 和图 1.9 所示。密图'Sailboat'及恢复的'Sailboat'如图 1.4 和图 1.10 所示。密图'Water'及恢复的密图'water'如图 1.12 和图 1.13 所示。密图'Airplane'及恢复的'Airplane'如图 1.5 和图 1.11 所示。从表 1.2 可以看出,多址替像术对不同的密图的恢复效果是不同的。显然,密图'Peppers'比密图'Airplane'的恢复效果好很多,这和密图的小波能量分布同明图'Lena'的小波能量分布的相似程度有关。

图 1.8　隐藏了密图信息的明图'Lena'

PSNR＝23.9384 db

图 1.9　恢复的密图'Peppers'

PSNR＝21.1312 db

图 1.10　恢复的密图'Sailboat'

PSNR＝18.5278 db

图 1.11　恢复的密图'Airplane'

PSNR＝12.8701 db

图 1.12　密图'Water'

图 1.13　恢复的密图'Water'

PSNR＝13.2684 db

1.2.4　基于统计知识的信息隐藏

所谓"1-比特"隐藏方案就是一种典型的基于统计知识的信息隐藏方法。此方法可以在数字载体中嵌入一个比特,统计隐藏技术就是以"1-比特"隐藏方案为基础的。具体描述如下:若传送是"1",就对载体的一些统计特性显著地进行修改,否则就对载体原封不动。所以接收者必须能区分哪些修改了和哪些没有修改。然而,统计隐藏技术在许多情况下的应用是很困难的。首先,必须找到一个好的检验统计量,它能区别修改的和未修改的块。另外,对"通常"的载体,必须知道检验统计量分布,这是相当困难的。在实际应用中,为了决定分布的相近公式,都要作出许多假设。

1.2.5 基于变形技术的信息隐藏

与信息隐藏的替换系统相比,变形技术在解码时要求已知原始图像信息。发信方为得到一个伪装对象,对载体按某种次序进行修改,这种次序是它根据需要传送的秘密信息而定的。收信方为重构发信方施加隐藏秘密消息采用的修改次序,必须测量与原来载体的差异。在许多应用中,由于接收者必须要得到原始图像,所以这样的系统并不实用。若"黑客"也能获得原来的载体,他就能很容易地检测到载体的修改,并且能获得秘密通信的证据。若嵌入和提取函数是公开的并且没有伪装密钥保护,"黑客"也可能完全重构秘密信息。

1.2.6 基于神经网络的信息隐藏

设图像 B 是一幅秘密图像,A 是一幅无关紧要的明图,它们的大小相同,我们希望将秘密图像 B 隐藏在图像 A 中进行安全传输。现在我们利用上述神经网络学习算法将明图 A 训练成秘密图像 B,记录下所有的权值,并形成数据文件,将该数据文件作为二进制比特流隐藏到明图的冗余空间中。

基于神经网络的图像信息隐藏算法可以简要地用下述步骤描述。

设图像 A 是明图,B 是秘密图像,其大小相同:

步骤 1 将图像 A 的图像数据的 ℓ 个最低比特位清 0;

步骤 2 选择学习效率为 $\dfrac{1}{\ell}$ 的神经网络结构,将图像 A 学习训练成秘密图像 B,学习训练后,记录下所有的权值并形成数据文件(为二进制形式);

步骤 3 将数据文件和神经网络描述参数形成的比特流隐藏在图像 A 的图像数据的 ℓ 个最低比特位(隐藏前可选择对比特流加密);

步骤 4 将隐藏权值后的图像 A 传送给接收方,接收方从中提取出权值,将图像 A 的 ℓ 个最低比特位清 0,按网络结构参数设置神经网络,计算出秘密图像 B。

还需要作两点补充说明。(1)若训练出来的秘密图像要达到很好的质量,则要选择 1/2 的学习效率的神经网络,而此时权值偏多,隐藏后影响明图视觉质量。一种策略就是选择一个比秘密图像大的明图,选取其中与秘密图像同样大小的图像块,低位清 0 后,进行神经网络学习,而权值隐藏在整个明图中。(2)上面讲述的全是基于灰度图像,其实对于彩色图像,一种简单方法是按 RGB 三种颜色进行图像

数据分解,选择三个神经网络,每一种按灰度图像的方法进行处理;另一种方法是三种颜色数据统一在一个神经网络中学习训练,显然这种方法与灰度图像情形相比要么样本偏多,要么网络规模偏大,这对网络学习时间有重要影响,当然由于三种颜色数据之间有较好的相关性,统一学习比分开学习可能效率要高些,真正的结论还有待于实验结果的完成。

1.2.7 基于七巧板游戏的信息隐藏

七巧板是我国一种古老的游戏,其基本原理是对一个正方形作如图 1.14 所示的切分。

图 1.14　七巧板切分示意图

利用切分得到的七个图案可以拼凑生成新的图形,如图 1.15 所示,据统计,目前已经拼凑出 1 600 个有意义的图形。

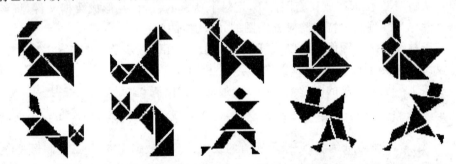

图 1.15　七巧板游戏组成的图案

可以看出,七巧板游戏仅仅通过基本块的简单旋转或平移,即可组成不同的图案,其中每个基本块有着固定的形状和颜色。如下快速 Tangram 算法是基于七巧板进行信息隐藏的关键算法。

快速 Tangram 算法:

假设 A 和 B 是两幅灰度图像,并将图像 A 变换成图像 B。

步骤 1　将图像 A 和图像 B 都按像素划分为 4×4 的小图像块,并记为:
$$A = \{A_i, i = 0, 1, 2, \cdots\}, B = \{B_i, i = 0, 1, 2, \cdots\}。$$

步骤 2　对每一小块 A_i、$B_i(i = 0, 1, 2, \cdots)$,进行下列局部均化操作:

$$\begin{bmatrix} a_{11} & a_{12} & a_{13} & a_{14} \\ a_{21} & a_{22} & a_{23} & a_{24} \\ a_{31} & a_{32} & a_{33} & a_{34} \\ a_{41} & a_{42} & a_{43} & a_{44} \end{bmatrix} \longrightarrow \begin{bmatrix} s_1 & s_1 & s_2 & s_2 \\ s_1 & s_0 & s_0 & s_2 \\ s_4 & s_0 & s_0 & s_3 \\ s_4 & s_4 & s_3 & s_3 \end{bmatrix}$$

其中：

$$s_1 = \frac{1}{3}(a_{11}+a_{12}+a_{21}), s_2 = \frac{1}{3}(a_{13}+a_{14}+a_{24}),$$

$$s_3 = \frac{1}{3}(a_{34}+a_{44}+a_{43}), s_4 = \frac{1}{3}(a_{31}+a_{41}+a_{42}),$$

$$s_0 = \frac{1}{4}(a_{22}+a_{23}+a_{32}+a_{33});$$

从实验结果来看，上述局部均化操作带来的失真，人眼感觉可以接受。并且此后每一个小块的像素数据都用一个五元组 $(s_0, s_1, s_2, s_3, s_4)$ 表示。

步骤3 对图像 B 任意给定一个小图像块 B_j，设它的像素数据对应的五元组为 $(s_0^{B_j}, s_1^{B_j}, s_2^{B_j}, s_3^{B_j}, s_4^{B_j})$。按照下列步骤在 $\{A_i, i=0,1,2,\cdots\}$ 中寻找最佳匹配的小图像块，从 $i=0$ 开始，逐个刻画 A_i 和 B_j 之间的关系，以寻找符合要求的最好的匹配关系。

① 对小图像块 A_i，记其五元组为 $(s_0^{A_i}, s_1^{A_i}, s_2^{A_i}, s_3^{A_i}, s_4^{A_i})$，考虑小图像块的"旋转"，于是可产生另外四个五元组：

$$(s_1^{A_i}, s_2^{A_i}, s_3^{A_i}, s_4^{A_i}, s_0^{A_i}), (s_2^{A_i}, s_3^{A_i}, s_4^{A_i}, s_0^{A_i}, s_1^{A_i}),$$

$$(s_3^{A_i}, s_4^{A_i}, s_0^{A_i}, s_1^{A_i}, s_2^{A_i}), (s_4^{A_i}, s_0^{A_i}, s_1^{A_i}, s_2^{A_i}, s_3^{A_i})$$

这样小图像块 A_i 共对应 5 个五元组。

② 对所有的 (A_i, t)（简记其对应五元组为 $\{S_0, S_1, S_2, S_3, S_4\}$），可通过下列两种方法之一来寻找 A_i 与 B_j 之间的最佳线性匹配关系。

方法1：对于上述五元组，考虑线性变换 $T: kS_i + b$，其中 $b \in \{0, 1, \cdots, \min\{S_i\} - 1\}$，$k \in \{1/5, 1/4, 1/3, 1/2, 1, 2, \cdots, k_0\}$，为保证 $kS_i + b$ 的值小于 255，k 的最大取值为 $k_0 = \left| \dfrac{255 - [\min\{S_i\} - 1]}{\max S_i} \right|$，这样（经过旋转和变换之后），得到 $5 \times \min\{S_i\} \times (k_0 + 5)$ 个五元组。将这 $5 \times \min\{S_i\} \times (k_0 + 5)$ 个五元组看成该子块的特征集合。对小图像块 B_j 按同样的方法求出对应的 $5 \times \min\{S_i\} \times (k_0 + 5)$ 个五元组构成的特征集合。在这两个特征集合中寻找误差最小的一对五元组：(1)若该最小误差小于等于事先给定的误差控制阈值 ε，则 A_i 就是 B_j 所寻找到的最佳匹配块，根据该对五元组记录下两个小图像块的旋转位置、线性变换参数 k 与 b，并综合出相对 $(s_0^{B_j}, s_1^{B_j}, s_2^{B_j}, s_3^{B_j}, s_4^{B_j})$ 的三个参数——旋转位置 t、k^*、b^*，以及 A_i 的位置 i，这四个参数表征了 A_i 与 B_j 之间最佳线性匹配关系，并将这四个值赋给小图像块 B_j，以作为变换 T_i 的描述，这样就完成了 B_j 的最佳匹配的寻找工作；(2)若该最小误差大于阈值 ε，则继续考虑下一个小图像块 A_{i+1}，重复上述步骤，直到找到最

佳线性匹配块,如果确实寻找不到最佳线性匹配块,则记录下前面搜索过程中误差最小的一对五元组,并以此构造 B_j 的"最佳"线性匹配。

方法 2:对 A_i 的五个五元组中的每一个五元组 $\{S_0,S_1,S_2,S_3,S_4\}$,与 B_j 对应的五元组 $(s_0^{B_j},s_1^{B_j},s_2^{B_j},s_3^{B_j},s_4^{B_j})$,利用最小二乘估计计算出一个线性关系式 $y=k \cdot x+b$,设其总误差为 Δ,记录下 5 个估计式中总误差最小的那个线性关系式的 k 与 b、相应的旋转位置以及总误差 Δ:(1)若 Δ 小于等于事先给定的阈值,则 A_i 是 B_j 的最佳匹配块,记录下相应的 k 与 b、旋转位置、A_i 的位置,并将这四个值赋给 B_j,以作为变换 T_j 的描述,这样就完成了 B_j 的最佳匹配寻找工作;(2)若 Δ 大于事先给定的阈值,则继续考虑下一个小图像块 A_{i+1},重复上述步骤,直到找出最佳线性匹配块,如果确实寻找不到最佳线性匹配块,则记录下前面搜索过程中误差最小的一对五元组,并以此构造 B_j 的"最佳"线性匹配。

步骤 4 对于 B 中的每个小图像块 B_j,根据步骤 3 都能够找到 A 中的小图像块 A_i 和相应的变换 T_i。只需利用公开图像 A 和映射关系 $\{T_i\}$ 就可以得到图像 B 的近似图像 B′,只要误差阈值控制得适当,就可以使 B′ 和 B 在视觉上的差异很小。

基于快速 Tangram 算法的图像信息隐藏:根据上述快速 Tangram 算法,一个小块图像的 16 个像素点,按最低 2 位隐藏,可以有 32 个比特隐藏位,而变换 T_j 的描述参数有四个:旋转(用 3 bit)、线性系数 k(用 5 bit)、常数项 b(用 7 bit)、匹配块所在位置(与图像大小有关系,比如 128×128 图像,用 10 bit 表示),总共 25 bit,所以可以完全隐藏。隐藏算法的简要步骤是:设秘密图像为 B,明图为 A,A 可以与 B 大小不同,最好大一些,以增加最佳匹配机会:

步骤 1 将明图 A 最低两位清 0,得到图像 A′;

步骤 2 按照快速 Tangram 算法,给秘密图像 B 中的每一个小块在 A′ 中搜索最佳线性匹配块,并记录最佳线性匹配的描述参数;

步骤 3 对所有的最佳线性描述参数进行编码;

步骤 4 按 LSB 方法将编码后的比特隐藏到图像 A 最低 2 比特中,得到图像 A″;

步骤 5 接受方得到图像 A″ 后,提取描述参数,并利用 A′,就可计算出图像 B′,它就是秘密图像 B 的近似。从而完成了对秘密图像 B 的安全传输工作。

到此,本书简要地介绍了几种有代表性的信息隐藏方法。其实信息隐藏的手段千变万化,种类繁多,而且随着信息隐藏理论与技术研究的不断深入,今后还将会出现更多、更新的信息隐藏方法。这自然也就引出了一个很具有挑战性的问题,那就是如何判断一个公开信息中是否隐藏着别的保密信息。下一节将在此方面作一些努力。

1.3 信息隐藏的分析

信息隐藏分析的目的就是如何判断一个看似普通的信息中是否隐藏有别的机密信息。信息隐藏分析与信息隐藏显然是矛盾的两个方面。到目前为止,人们在信息隐藏的研究方面已经取得了不少有意义的成果,但是在信息隐藏分析方面的研究工作才刚刚开始。

所有的图像信息隐藏技术都能描述成下面的简单公式。在一幅图像中存在一个人眼不敏感性测度,即能根据人的感觉特性把图像的信息量分成两部分。一部分信息量记作 t,对这部分信息量处理时不会引起感觉上的降质;另一部分信息量记作 p,对它操作时会引起可感知的降质。那么一个可用于信息隐藏的载体(C)的信息量的等式是:$C = p + t$。对隐藏信息者和破坏隐藏信息的攻击者来说,他们都能知道 t 的大小。只要 t 属于不可觉察区域,那么存在攻击者所使用的某个 t',使得 $C' = p + t'$ 并且 C 和 C' 间没有明显的差别。这种攻击可用于擦除或替换掉区域 t。如果秘密信息以某种方式隐藏在某种媒体中,致使攻击者不能检测到秘密信息,那么攻击者可以以同样的阈值加入或去掉一些另外的信息,这将覆盖或删掉嵌入的秘密信息。在载体比较敏感的区域中嵌入信息,能更好地抵抗攻击,但是由于存在隐藏信息导致的人为痕迹,反而暴露了隐藏信息。尽管人类感觉系统不容易察觉到某种程度的变形和降质,但它确实存在。这种变形对"正常"载体来说是异常的,在被发现的时候,它就能够说明隐藏信息的存在。不同的隐藏工具使用着不同的隐藏信息的方法,不了解所使用的工具和伪装密钥(如果有的话),进行信息检测是很复杂的。然而,一些隐藏方法具有某些固有的特征,这些特征可用来标识所用的方法和工具。

信息隐藏的目标是避免传送秘密信息时引起怀疑,从而使秘密信息不可检测。若引起了怀疑,那么就说明隐藏失败了。隐藏分析是发现隐藏的消息并使这些消息无效的一种技术。

信息隐藏分析与密码分析有许多相似之处。密码分析者试图读懂加密信息,信息隐藏分析者试图检测隐藏信息的存在。在密码分析中,是对部分明文(也可能没有明文)和部分密文进行分析。在信息隐藏分析中,是在载体对象、伪装对象和可能的部分消息之间进行比较。密码技术的最终结果是密文,而信息隐藏技术的最终结果是伪装对象。被隐藏的信息可以加密也可以不加密,若隐藏信息是加密的,那么即使是隐藏信息被提取出来了,为了明白嵌入信息,也还需要应用密码破译技术。

与密码分析类似,一些基本的信息隐藏分析方法可以按如下情形分类:

- 唯隐藏对象攻击。只可获得伪装对象进行分析。
- 已知载体攻击。可以获得原始的载体和伪装对象。
- 已知消息攻击。在某种意义上,攻击者可以获得隐藏的消息。针对系统,分析伪装对象相应隐藏信息的模式有利于将来的攻击。即使已知消息,同样非常困难,甚至可以认为难度等同于唯伪装对象攻击。
- 选择伪装对象攻击。知道伪装工具(算法)和伪装对象。
- 选择消息攻击。伪装分析专家用某个伪装工具或算法对一个选择的消息产生伪装对象。这个攻击的目标是确定伪装对象中相应的模式特征,它可以用来指出具体使用的伪装工具或算法。
- 已知伪装载体和伪装对象攻击。已知伪装算法(工具),并且可获得原始载体和伪装对象。

对隐藏信息的攻击和分析可能有几种形式:检测隐藏信息、提取隐藏信息、破坏隐藏信息。

(1) 检测隐藏信息

多媒体为隐藏信息提供了极好的载体。然而,隐藏信息可能造成一些失真,选择合适的伪装工具和载体是成功隐藏信息的关键。甚至隐藏少量的信息,就可能使声音失真和图像总体上降质。"可觉察的噪声"能够泄露隐藏信息的存在。回声和阴影信号能减少听见噪声的可能性,但是它们只需少量的处理就能检测到。

在评估信息隐藏技术中使用的许多图像时,就看标示隐藏信息的特征是否变得很明显。这些特征可以是调色板的不常规的排序,也可以是颜色索引中两种颜色间的关系,或者是夸大的"噪声"。一种用于识别这些模式的方法,是对载体图像和伪装图像进行比较,并注意视觉上的差异(已知载体攻击)。当对载体图像和伪装图像进行比较时,很容易注意到细微的变化。下面的例子介绍了如何检测在BMP图像格式中隐藏的信息。

BMP图像文件格式的信息隐藏检测。BMP图像文件一般包括三个部分:图像文件信息、调色板数据、图像数据。其中图像文件信息包括BMP文件信息和BMP图像信息。经过分析和实验,我们发现在不影响图像正常显示的情况下,BMP图像文件能进行信息隐藏的地方至少有以下几种:

- 在图像文件尾可附加任意长度的数据,称之文件结构法。
- 若有调色板,则利用该数据区可隐藏少量信息。
- 在文件图像数据部分可进行各种信息隐藏,如利用LSB法和频域法隐藏数据。

针对以上三个可能隐藏信息的地方,检测隐藏信息的方法也各不相同。

1）针对文件结构法的检测

由于隐藏的数据只是物理地加在文件的尾部，这必然增加文件尺寸。这个文件尺寸称之为实际文件尺寸。对此，可以采取把文件用以显示的图像数据重新读出，并重构 BMP 图像文件，或利用图像文件的文件头信息和图像信息计算出这个 BMP 图像文件仅需的尺寸，这个文件尺寸称之为有效文件尺寸。把实际文件尺寸和有效文件尺寸进行比较，若它们之差大于一定的阈值（阈值用以解决不同图像软件生成的 BMP 的细微差别，可进行实验来确定），就可判断此文件隐藏了信息，而且把隐藏的信息截取下来。若它们之差小于给定的阈值，则可下结论，基于文件结构没有隐藏信息。

2）针对调色板数据区隐藏信息的检测

调色板数据区一般固定为 256×4 字节，空间较少，可隐藏的信息量很少。该数据区大致有两种隐藏方式：第一种方式是直接修改该数据区的每一个字节的最低位；第二种方式是先统计图像数据区使用的颜色情况，凡是在图像数据区没有使用的颜色位置都可全部用来隐藏信息。其对应的检测方法是：先统计图像数据区没有使用的颜色位置，然后把这些位置的比特提取出来进行分析。这里面有一个关键问题很难解决，就是没有隐藏信息与隐藏密文信息表面上几乎无法区分，需要对调色板数据进行进一步的统计分析，以找出其与密文统计上的差异。

3）针对 LSB 法的检测

由于图像文件图像数据区空间很大，尤其是真彩图像，空间冗余也较大，所以可隐藏的信息数量很多。

针对 LSB 法隐藏，检测过程中存在三大挑战：

① 低比特位置的确定问题：隐藏信息者究竟利用哪几个低比特位进行信息隐藏？

② 数据加载的顺序问题：隐藏信息者能够以自己设定的任意位置顺序隐藏秘密数据，检测者如何提取这些秘密数据？

③ 隐藏的数据可读性：隐藏信息者能够以某种加密方式对要隐藏的数据进行预处理（加密），然后隐藏到图像数据中去。然而加密方法即使被知道，加密密钥也是不可预知的，也就无法弄懂其意义，只是一堆乱码。所以当按 LSB 法提取出一串比特流，如何判定它们是隐藏了秘密数据还是根本就没有隐藏数据？

针对上述挑战可以采取适当的对策，在某种程度上实现隐藏信息的检测分析。

（2）提取隐藏信息

一旦检测到某个载体信息中被隐藏有机密信息，接下来的工作显然就是如何将这些机密信息提取出来。这是一个比检测问题更难的课题，如果隐藏者当初使用了加密手段（先将信息加密之后，再进行隐藏），那么信息提取就更困难了。蛮力

攻击当然是一种不可忽略的手段,因为目前还没有一种普适的提取方法。

例如:在8比特调色板中隐藏信息的缺省储存区域是8位图像的LSB和24位图像的第四个LSB(也就是从右数第四位)。BMP文件有一个54字节的头,24位图像数据紧跟着文件头。而8位图像需要一个调色板,文件头后的1024字节则用作调色板。由于Hide4PGP在位平面中连续地嵌入信息,通过提取伪装图像中的位比特就能获得嵌入文本。如果是隐藏明文并使用Hide4PGP中的缺省设置,对于24位BMP文件,就能从第54字节开始第四个LSB来提取和恢复嵌入信息,对于一个8位BMP文件,可以从1078字节开始提取LSB来显示隐藏的明文信息。选择哪几个比特位隐藏信息,有几个选项可以考虑。在许多8位图像中,在比特位中隐藏信息能产生可视噪声。为克服这一点,加入了调色板操作选项,这些选项考虑对经常使用的调色板条目进行备份或对相近颜色进行排序。通过调色板排序,Hide4PGP把相近颜色成对地放在一起。调色板的修改大大地改进了所产生的载体图像的外观效果,但这又加上了这种伪装工具所特有的属性,并提示攻击者可能有隐藏信息。复制条目的数目总是一个偶数,这是一个能用于标示Hide4PGP特征的特点。

(3)破坏隐藏信息

如果是"宁可错杀一千,不能放走一个",那么与隐藏检测和提取相比,破坏隐藏信息就显得容易多了。例如:以添加空格和"不可见"字符形式在文本中隐藏的信息,当用字处理器打开时,很容易暴露。额外的空格和字符也能很快地从文本文档中去掉。隐藏的信息也可以被覆盖掉。如果信息被加进某些媒体后,加进的信息不能被检测,那么在同样的门限内,存在一定数量的可以被加进或移去的另外的信息,这些信息将覆盖或删除嵌入的秘密信息。

一些破坏隐藏信息的方法可能需要对伪装图像进行大量修改。由于位平面方法使用了图像的LSB,它很容易因为小的图像压缩处理而改变,因此在使用位平面方法情况下,很容易破坏嵌入信息。对采用变换域工具的数据隐藏的破坏就需要付出更多的努力。许多变换域方法的目标是使隐藏信息成为图像整体的一部分,唯一可以移去或破坏嵌入信息的方法,就是严重地破坏图像,而破坏后的图像对攻击者来说就没用了。

破坏或删除图像中的隐藏信息来自于各种图像处理技术。用LSB方法插入数据,简单使用有损压缩技术,如JPEG,就足以能破坏嵌入信息。用这种方法作图像压缩,人眼是看不出多大变化的,但不再包含隐藏信息了。对变换域隐藏的信息,破坏嵌入信息的可读性则需要更实质性的处理。许多图像处理技术,如扭曲、裁剪、旋转和模糊化能产生足够大的失真来破坏嵌入信息。这些图像处理技术组合起来使用,可以测试除了LSB之外的信息隐藏技术的健壮性。

1.4　信息隐藏的主要应用

信息隐藏的最直接应用就是机密通信。在发信端,将待保护的信息隐藏进公开的信息中,再通过公开信道传给收信方。在收信端,根据事先约定好的信息隐藏提取法从收到的信息中提取出机密信息。现在,能够实现机密通信的方法已经不少了,比如,加密通信、扩展频谱调制、流星散射传输、跳频通信等。与加密通信类似,基于信息隐藏的机密通信也可以分为三类:无密钥信息隐藏通信、私钥信息隐藏通信和公钥信息隐藏通信。

1. 无密钥信息隐藏通信系统

如果一个信息隐藏通信系统不需要预先交换一些秘密信息(如隐藏用的密钥),就称之为无密钥信息隐藏通信系统。在数学上,嵌入过程可描述为一个映射 $E:C \times M \rightarrow C$,这里 C 是所有可能载体的集合,M 是所有可能秘密消息的集合。提取过程也看作一个映射 $D:C \rightarrow M$,从载体中提取秘密消息。很显然,必须满足 $|C| \geqslant |M|$。发送和接收双方都必须能够得到嵌入算法和提取算法,但这些算法不能对外公布。严格地说,一个无密钥信息隐藏通信系统可以定义为:对一个四元组 $\Sigma = \langle C,M,D,E \rangle$,其中 C 是所有可能载体的集合,M 是所有可能秘密消息的集合,且满足 $|C| \geqslant |M|$,$E:C \times M \rightarrow C$ 是嵌入函数,$D:C \rightarrow M$ 是提取函数,若满足性质:对所有 $m \in M$ 和 $c \in C$,恒有 $D(E(c,m)) = m$,则称该四元组为无密钥信息隐藏通信系统。

在所有实用信息隐藏系统中,集合 C 应选择为由一些有意义的、但表面上无关紧要的消息所组成,这样通信双方在交换信息的过程中不至于引起怀疑。嵌入过程定义为这样一种方式:使载体对象和伪装对象在感觉上是相似的。

在无密钥信息隐藏通信系统中,以前未被使用过的载体对发送者来讲应该是保密的(也就是说,攻击者不能获得用来作秘密通信的载体)。比如,发送者可以通过使用录音或扫描技术来制作载体。对每一次通信过程,载体是随机选择的。比随机选择一个载体更好的方法是:发送者也可以浏览未被使用过的载体数据库,并从中选择一个,使得嵌入过程对它的修改最少。

信息隐藏技术还可以与传统密码学结合到一起,即发送者在嵌入处理之前对秘密消息进行加密处理。很显然,这种结合方式增加了整个通信过程的安全性,因为攻击者很难检测到嵌入在载体中的密文(密文外表本身具有相当的随机特性)。然而,强健的信息隐藏系统并不需要预先加密处理。

2. 私钥信息隐藏通信系统

在无密钥信息隐藏通信系统中,系统的安全性完全依赖于它自己的保密性,这在现实中是很不安全的。所以必须假定"黑客"知道发信方和收信方用于信息传输的算法。理论上讲,"黑客"能够从发信方和收信方之间发送的每一个载体对象中提取秘密信息。一个私钥信息隐藏通信系统的安全性应该仅依赖于由发信方和收信方协议的某些秘密信息,也就是伪装密钥。不知道这个密钥,任何人都不能从伪装对象中提取秘密信息。

一个私钥信息隐藏通信系统类似于私钥密码:发送者选择一个载体 c 并使用密钥 k 将秘密信息嵌入到 c 中。如果嵌入过程中使用的密钥对接收者来说是已知的,则他就可以逆向操作这个过程并提取出秘密信息,而不知道这个密钥,任何人都不可能得到被隐藏信息的证据。另外,载体 c 和伪装对象之间感觉上是相似的。严格地说,一个私钥信息隐藏通信系统可以定义为:对一个五元组 $\Sigma = \langle C, M, K, D_K, E_K \rangle$,其中 C 是所有可能载体的集合,M 是所有可能秘密消息的集合,且满足 $|C| \geqslant |M|$,K 是所有可能密钥的集合,$E_K : C \times M \times K \rightarrow C$ 是嵌入函数,$D_K : C \times K \rightarrow M$ 是提取函数,若满足性质:对所有 $m \in M, c \in C$ 和 $k \in K$,恒有 $D_K(E_K(c, m, k), k) = m$,则称该五元组为私钥信息隐藏通信系统。

私钥信息隐藏通信系统需要某些密钥的交换,显然这种额外秘密信息的传输打乱了不可视通信的原始意图。

3. 公钥信息隐藏通信系统

就像公钥密码系统一样,公钥信息隐藏通信系统不依赖于密钥的交换。公钥信息隐藏通信系统需要使用两个密钥:一个私钥和一个公钥。公钥存储在一个公开数据库中,并且公钥用于信息嵌入过程,而私钥用于重构秘密信息。

建立公钥信息隐藏通信系统的一种方式是使用公钥密码系统。假设发信方和收信方已经约定了某些公钥密码算法的公钥(这也是一个比较合理的假设)。公钥信息隐藏利用这样一个客观事实:信息隐藏通信系统里的解码函数能适用于任何载体,而不管它是否已包含了秘密信息。在没有隐藏信息的情形下,解码的结果会是秘密消息集合中的一个随机元素,称为载体的"自然随机性"。如果这种自然随机性与某些公钥密码系统产生的密文是统计上不可区分的,就可以通过嵌入密文而不是未加密的秘密消息来建立一个安全的信息隐藏系统。

除了上述的机密通信之外,信息隐藏技术还有不少其他应用。

信息隐藏技术是攻击"多安全级别"系统的基础。一个病毒或其他有恶意的代码先从"低安全级别"到"高安全级别"传播它自己,然后使用操作系统中的隐蔽信道下载数据,或者将信息直接隐藏到那些不再列入保密范围的数据中去。

信息隐藏技术也适用这样一些场合:需要有在从事某一行为时能隐匿自己身份的能力,比如公平选举、个人隐私、责任限额等。例如,有人设计了一种隐藏式的文件系统,其特点是:如果一个用户知道文件的名字,他就能找回这个文件,但如果不知道文件的名字,他甚至不能得到文件存在的证据。

信息隐藏技术可用于实现匿名通信,它在下列场合是非常需要的:一个合法用户在在线选举中个人投票、提出政治主张、购买性用品、保护在线自由发言,以及使用电子现金等。

医疗工业尤其是医学图像系统可以受益于信息隐藏技术。它们使用诸如 DI-COM(医用数字图像与通信)之类的标准,该标准中图像数据与诸如患者的姓名、日期和医师等标题说明是相互分离的。有时候患者的文字资料与图像的连接关系会丢失,所以将患者的姓名嵌入到图像数据中可能是一个很有用的安全措施。另一凸显出来的与医疗工业有关的技术是在 DNA 序列中隐藏信息,这种技术可以用来保护医学、分子生物学、遗传学等领域的知识产权。

在多媒体应用的环境中还提出了许多信息隐藏的其他应用。很多情形下可以使用那些为版权标记所开发的技术。另一些情形下,可以使用改进的技术方案,或者使用发表在技术刊物上的一些思想。这些情形包括以下几种。

① Web 上对授予著作权的资料的自动监控:一个自动的程序搜索 Web 以寻找带有版权标记的资料,通过这种手段来识别可能的非法使用。另一种使用的技术是从因特网上下载图像,然后计算它们的一个摘要,并将这个摘要与注册在数据库中的摘要进行比较。

② 无线传输的自动监听:一台计算机监听一座无线基站,并寻找标记信号,该标记用来表征已经广播过的某一段音乐或广告 。

③ 数据附加:为了公众利益附加信息。这些信息可以是关于作品的细节、注解、其他频道,或者是购买信息。于是,正在汽车里收听无线电的人只要简单地按一个按钮就可以订购 CD 盘。这些信息也可以是被隐藏的信息,这些信息用来对图像或音乐轨道进行索引,以便提供更有效的从数据库恢复图像和音乐文件的手段。

④ 防篡改:隐藏在数字对象中的信息可以是一段签名过的数字对象的"摘要",这些隐藏的信息能用来防止或检测非授权的修改。

当前,信息隐藏技术最热门的应用领域就是下面将要介绍的数字水印。

第2章

数字水印技术

很难相信用过百元大钞的人不知道"水印"为何物。但是,要想说清楚"水印"在虚拟世界中的对应物——"数字水印",确实还需要花费一些笔墨。

2.1 数字水印概论

2.1.1 数字水印基础

数字水印就是永久镶嵌在其他数据(宿主数据)中具有可鉴别性的数字信号或模式,而且并不影响宿主数据的可用性。数字水印是信息隐藏技术最重要的一个分支,也是目前国际学术界研究的一个前沿热门方向。它可为计算机网络上的多媒体数据(产品)的版权保护等问题提供一个潜在的有效解决方法。如果没有稳健性的要求,数字水印与信息隐藏从本质上来说是完全一致的。在绝大多数情况下我们希望添加的水印信息是不可察觉的或不可见的,但在某些使用可见数字水印的特定场合,版权保护标志不要求被隐藏,并且希望攻击者在不破坏数据本身质量的情况下无法将水印去掉。发展数字水印技术的原动力是为了提供多媒体数据的版权保护,但人们发现数字水印还具有一些其他的重要应用,如数字文件真伪鉴别、网络的秘密通信和隐含标注等。不同的应用对数字水印的要求是不尽相同的,一般认为数字水印应具有如下特点。

1. 安全性

数字水印中的信息应是安全的,难以被篡改或伪造,同时,有较低的虚警率。

2. 可证明性

水印应能为受到版权保护的信息产品的归属提供完全和可靠的证据。水印算法识别被嵌入到保护对象中的所有者的有关信息(如注册的用户号码、产品标志或有意义的文字等)并能在需要的时候将其提取出来。水印可以用来判别对象是否受到保护,能够监视被保护数据的传播、真伪鉴别以及非法拷贝控制等。

3. 不可感知性

不可感知包含两方面的意思:一方面是指视觉上的不可见性,即因嵌入水印导致图像的变化对观察者的视觉系统来讲应该是不可察觉的,数字水印的存在不应明显干扰被保护的数据,不影响被保护数据的正常使用,最理想的情况是水印图像与原始图像在视觉上一模一样,至少是肉眼无法区别,这是绝大多数水印算法所应达到的要求;另一方面水印用统计方法也是不能恢复的,如对大量的用同样方法和水印处理过的信息产品,即使用统计方法也无法提取水印或确定水印的存在。

4. 稳健性

数字水印必须难以(希望不可能)被清除。当然,从理论上讲,只要具有足够的知识,任何水印都可以去掉。但是,如果只能得到部分信息,如水印在图像中的精确位置未知,那么破坏水印将导致图像质量的严重下降。特别地,一个实用的水印算法应该对信号处理、通常的几何变形(图像或视频数据),以及恶意攻击具有稳健性。它们通常包括以下几种。

(1)图像压缩

图像压缩算法是去掉图像信息中的冗余量。水印的不可见性要求水印信息驻留于图像不重要的视觉信息中,通常为图像的高频分量。而一般图像的主要能量均集中于低频分量上。经过图像压缩后,高频分量被当作冗余信息清除掉,因此有的文献将水印嵌入图像的最显著的低频分量中或使用带低通特性的水印,虽然这可能会降低图像的质量。

(2)滤波

图像中的水印应该具有低通特性,即低通滤波(如均值滤波和中值滤波)应该无法删掉图像中的水印,事实上当前很多针对水印的攻击行为是用滤波完成的。

(3)图像量化与图像增强

一些常规的图像操作,如图像在不同灰度级上的量化、A/D 和 D/A 转换、重采样、亮度与对比度的变化、直方图修正与均衡,均不应对水印的提取和检测有严重影响。

(4)几何失真

几何失真包括图像尺寸大小变化、图像旋转、裁剪、删除或增加图像线条以及反射等。很多水印算法对这些几何操作都非常脆弱,容易被去掉。因此研究水印在图像几何失真的稳健性也是人们所关注的。

虽然目前已经提出的水印算法能够解决上面给出的部分操作,但能够解决所有的稳健性问题的算法还没有出现。

数字水印的加载和检测过程如图 2.1 和图 2.2 所示。需要指出的是,随着数字水印方案的不同,水印的加载和检测过程是不完全相同的,因此,有一些水印算法的水印插入和检测过程将和图 2.1 和图 2.2 有所不同。

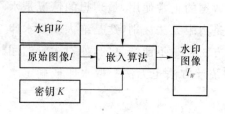

图 2.1 水印嵌入算法

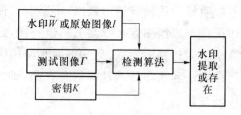

图 2.2 水印的检测算法

数字水印算法通常包含两个基本方面:水印的嵌入和水印的提取或检测。水印可由多种模型构成,如随机数字序列、数字标识、文本以及图像等。从稳健性和安全性考虑,常常需要对水印进行随机化以及加密处理。

设 I 为数字图像,W 为水印信号,K 为密钥,那么处理后的水印 $\widetilde{W}$ 由函数 F 定义如下:$\widetilde{W}=F(I,W,K)$。如果水印所有者不希望水印被他人知道,那么函数 F 应该是非可逆的。在水印的嵌入过程中,设有编码函数 E,原始图像 I 和水印 $\widetilde{W}$,那么水印图像 I_w 可表示如下:$I_w=E(I,\widetilde{W})$,其中 $\widetilde{W}=F(I,W,K)$。

水印提取是水印算法中最重要的步骤。若将这一过程定义为解码函数 D,那么输出的可以是一个判定水印存在与否的 0-1 决策,也可以是包含各种信息的数据流,如文本、图像等。如果已知原始图像 I 和有版权疑问的图像 $\hat{I}_w$,则有:

$$W^*=D(\hat{I}_w,I)$$

或者

$$C(W,W^*,K,\delta)=\begin{cases}1, & W \text{ 存在} \\ 0, & W \text{ 不存在}\end{cases}$$

其中:W^* 为提取出的水印,K 为密码,函数 C 做相关检测,δ 为决策阈值。这种形式的检测函数是创建有效水印框架的一种最简便的方法。检测器的输出结果可在法庭上作为版权保护的潜在证据。那么这实际上要求水印的检测过程和算法应该完全公开。对于假设检验的理论框架,可能的错误有如下两类。

第一类错误:检测到水印但水印实际上不存在。该类错误用虚警率(误识率)P_{fa} 来衡量。

第二类错误:没有检测到水印而水印实际存在,用漏检率(拒绝错误率)P_{rej} 表示。

总错误率为 $P_{err}=P_{fa}+P_{rej}$,且当 P_{rej} 变小时检测性能变好。但是检测的可靠性则只与虚警率(误识率)P_{fa} 有关。注意到两类错误实际上存在竞争行为。

2.1.2 数字水印分类

由于当前有太多的人正从事数字水印的研究,已经出现了众多数字水印方案,也有许多公司已推出了数字水印的产品,所以我们无法罗列所有数字水印算法和方案,只能从分类的角度对现存的数字水印方案进行概要介绍。

任何数字水印方案都有三个基本要素:水印本身的结构、加载(嵌入)水印的地方或者说加载水印的策略、水印的检测。水印的结构一般包括两部分:一是水印所含的具体信息,如版权所有者、使用者等信息;二是伪随机序列或类噪声序列以标识水印的存在与否。大多数的数字水印方案的水印结构中仅包括其中之一,这和水印的实现方法及使用场合有关。而水印的具体检测方法相对较少且简单,通常都是采用直接检测或相关检测,也有采用最大后验概率检测的水印方案。数字水印算法的性能相当程度上取决于所采用的加载策略及方法。

1. 从加载方法的不同上分类

根据数字水印的加载方法的不同,水印可分为两大类:空间域水印和变换域水印。

(1) 空间域数字水印

早期的水印算法从本质上来说都是空间域上的,水印直接加载在数据上。代表性的方法有如下几种。

① 最低有效位方法(LSB法)

该方法利用原数据的最低几位来隐藏信息(具体取多少位,以人的听觉或视觉系统无法察觉为原则)。LSB方法的优点是,计算速度通常比较快,而且很多算法在提取水印和验证水印的存在时不需要原始图像,但可嵌入的水印容量也受到了限制,采用此方法实现的水印是很脆弱的,无法经受一些无损和有损的信息处理,抵抗图像的几何变形、噪声和图像压缩的能力较差,而且,如果确切地知道水印隐藏在几位 LSB 中,则水印也很容易被擦除或绕过。

② Patchwork 方法及纹理块映射编码方法

这两种方法都是 Bender 等提出的。Patchwork 方法是随机选择 N 对象素点 (a_i, b_i),然后将每个 a_i 点的亮度值加 1,每个 b_i 点的亮度值减 1,这样整个图像的平均亮度保持不变。适当地调整参数,Patchwork 方法对 JPEG 压缩、FIR 滤波以及图像裁减有一定的抵抗力。但该方法嵌入的信息量有限。纹理块映射将一块纹理映射至与其相似的纹理上去,视觉不易察觉。该算法的隐蔽性较好,并且对有损的 JPEG 和滤波、压缩和扭转等操作具有抵抗能力,但仅适用于具有大量任意纹理区域的图像,而且不能完全自动完成。

③ 文档结构微调方法

水印信息通过轻微调整文档中的以下结构来完成编码,包括:垂直移动行距;水平调整字距;调整文字特性(如字体)。基于此方法的水印可以抵抗一些文档操作,如照相复制和扫描复制,但也很容易被破坏,而且仅适用于文档图像类。

(2) 变换域数字水印

基于变换域的技术可以嵌入大量比特数据而不会导致可察觉的缺陷,这类技术一般基于常用的图像变换,基于局部或是全局的变换,如 DCT、小波变换、

Fourier-Mellin、Fourier 变换、分形或其他变换域等)。从目前的情况看,变换域方法正日益普遍。因为变换域方法通常都具有很好的稳健性,对图像压缩、常用的图像滤波以及噪声均有一定的抵抗力。并且一些水印算法还结合了当前的图像和视频压缩标准(如 JPEG、MPEG 等),因而有很大的实际意义。在设计一个好的数字水印算法时,往往还需要考虑图像的局部统计特性和人的视觉特性,以提高水印的稳健性和不可见性。

与空间域的数字水印方法比较,变换域的数字水印方法具有如下优点:①在变换域中嵌入的水印信号能量可以发布到空间域的所有像素上,有利于保证水印的不可见性;②在变换域,人类视觉系统的某些特性(如频率掩蔽效应)可以更方便地结合到水印编码过程中;③变换域的方法可与国际数据压缩标准兼容,从而实现在压缩域内的水印算法,同时,也能抵抗相应的有损压缩。

2. 从外观上分类

从外观上看,数字水印可分为两大类:可见水印和不可见水印。更准确地说应是可察觉水印和不可察觉水印,这是对图像而言的。通常采用上述提法来概括所有媒体上的水印。

(1) 可见数字水印

最常见的例子是有线电视频道上所特有的半透明标识,其主要目的在于明确标识版权,防止非法的使用,虽然降低了资料的商业价值,却无损于所有者的使用。

(2) 不可见水印

将数字水印隐藏,视觉上不可见(严格说应是无法察觉),目的是为了将来起诉非法使用者,作为起诉的证据,以增加起诉非法使用者的成功率,保护原创造者和所有者的版权。不可见数字水印往往用在商业的高质量图像上,而且往往配合数据解密技术一同使用。不可见水印根据稳健性可再细分为稳健的不可见水印和脆弱的不可见水印。

① 稳健的不可见水印

稳健的不可见水印是插入图像中的不引起通常观察下的可发现的缺陷,它必须能经受信号处理包括像素操作。它在验证一幅是否被盗用的图像时是非常有用的(注意区别验证所有权和证明所有权的差异,通过数字水印来证明一幅图像的所有权意味着还满足其他要求,此外,还需要有合法使用数字水印的标准方法)。数字水印的数字检测应能验证图像的来源。

② 脆弱的不可见水印

脆弱的不可见水印自然也是不可见水印,但它的特点是,数字图像经处理后,所加载的水印就会被改变或毁掉。脆弱的不可见水印往往用在证明图像的真实性,检测或确定图像内容的改动等方面的应用。例如,如果图像中的水印被发现有了变动,则证明了图像遭到篡改。

不可见的数字水印还可以进一步地分为可逆的数字水印、不可逆的数字水印和半可逆的数字水印等。

3. 从检测方法上分类

从水印的检测方法上分类,可以有秘密水印和公开水印。如果在检测水印时,需要参考未加水印的原图像,则这类数字水印方案称为秘密水印。反之,如果在检测中无须参考未加水印的原图像,则这类水印方案则被称为公开水印方案。秘密水印方案有多种模型提取水印,但通常不能与水印在网络和数字图书馆上的自动验证结合起来。公开水印方案基本上只提取水印的统计特性,并确定水印的存在与否。就应用前景而言,公开水印系统更有前途,但该方法面临如何提供可靠的版权保护证据以及如何解决稳健性等问题。

我们知道,密码算法根据密钥的不同分为私钥算法和公钥算法。类似地,数字水印算法中也可根据所采用的用户密钥的不同分为私钥水印和公钥水印。私钥水印方案在加载水印和检测水印过程中采用同一密钥,因此,需要在发送和接收双方中间有一个安全通信通道以确保密钥的安全传送。而公钥水印则在水印的加载和检测过程中采用不同的密钥,由所有者用一个仅有其本人知道的密钥加载水印,加载过水印的通信可由任何知道公开密钥的人来进行检测。也就是说任何人都可以进行水印的提取或检测,但只有所有者可以插入或加载水印。

4. 根据载体不同分类

根据数字水印的载体的不同,可以分类为:静止图像水印、视频水印、声音水印和文本水印等。

(1) 静止图像水印

这是目前讨论最多的一种水印。当然,有些静止图像水印算法还可以用于其他媒体,这取决于水印算法所采用的技术。静止图像水印主要利用图像的冗余信息和 HVS 的特点来加载水印。

(2) 视频水印

它是加载在视频媒体上的水印。为了保护视频产品和节目的制作者的合法利益,视频水印从实现算法上来说同静止图像水印并无根本的差别。但对视频水印算法的实时性的要求是必要的,而且应能处理连续帧序列,此外还要考虑到视频编码及人类视觉系统对视频的特性。

(3) 声音水印

加载在声音媒体上的水印可以保护声音数字产品,如 CD、广播电台的节目内容等。声音水印也主要利用音频文件的冗余信息和 HAS(Human Audio System)的特点来加载水印。声音水印的四种基本方法是:低比特位编码方法,相位编码方

法,扩频嵌入方法和回声隐藏方法。

(4) 文档水印

这里的文档是指图像文档,之所以单独列出来是因为文档水印独具特点,而且往往仅适用于文档图像。文档水印基本上是利用文档所特有的特点,水印信息通过轻微调整文档中的以下结构来完成编码,包括:垂直移动行距;水平调整字距;调整文字特性(如字体)等。文档水印所用的算法一般仅适用于文档图像类。

2.1.3 数字水印的攻击方法

在研究数字水印攻击时,应该只考虑那些并不严重导致图像失真的方法。因为如果没有这个假设,那么总是可以寻找到某种成功的攻击方法,包括完全删除水印图像。数字水印的众多攻击方法可以归为四大类:稳健性攻击、表达攻击、解释攻击和合法攻击。

1. 稳健性攻击

这类攻击其实是直接攻击,目的在于擦除或除去在标记过的数据中的水印而不影响图像的使用。这类攻击修改图像像素的值,大体上可再细分为两种类型:信号处理攻击法和分析(计算)攻击法。

典型的信号处理攻击法包括无恶意的和常用的一些信号处理方法,例如:压缩、滤波、缩放、打印和扫描等。信号处理攻击法包括通过加上噪声而有意修改图像,以减弱图像水印的强度。人们也称为简单攻击(也可称为波形攻击或噪声攻击),即只是通过对水印图像进行某种操作,削弱或删除嵌入的水印,而不是试图识别水印或分离水印。这些攻击方法包括线性或非线性滤波、基于波形的图像压缩(JPEG、MPEG)、添加噪声、图像裁减、图像量化、模拟数字转换。虽然目前出现的水印算法可以分别抵抗一些基本的图像操作(如旋转、裁减、重采样、尺寸变化和有损压缩等),但对同时施加这些操作或随机几何变换却无能为力。应该指出,人们通常有这样的误解:一个幅度很小的水印可以通过加上类似幅度的噪声来除去。实际上,相关检测器对随机噪声这类攻击是很稳健的。因此,在实际应用中,噪声并不是严重的问题,除非噪声相对于图像来说幅度太大或者噪声同水印是相关的。

分析(计算)攻击法包括在水印的插入和检测阶段采用特殊方法来擦除或减弱图像中的水印。也可称为删除攻击,即针对某些水印方法通过分析水印数据,估计图像中的水印,然后将水印从图像中分离出来并使水印检测失效。这类攻击往往是利用了特定的水印方案中的弱点。此类攻击的一个例子是共谋攻击,它用同一图像嵌入了不同水印后的不同版本组合而产生一个新的"嵌入了水印"图像,从而减弱水印的强度。

抵抗上述稳健性攻击的方法在于:水印的算法是要公开的。因此,算法的安全性应依靠与内容相关或无关的密钥及算法本身特性。攻击者无法得到密钥,就无法擦除水印。需要指出的是,这里的密钥同密码学中的严格的密钥概念是不同的,密码学中的密钥在攻击者已知加密算法,已知密文和已知明文攻击下都是非常难以解出的,水印中的密钥尚无如此严格的要求。

2. 表达攻击

此类攻击有别于稳健性攻击之处在于它并不需要除去数字产品内容中嵌入的水印,它是通过操纵内容从而使水印检测器无法检测到水印的存在。也可称之为同步攻击(检测失效攻击),即试图使水印的相关检测失效或使恢复嵌入的水印成为不可能。这种攻击一般是通过图像的集合操作完成的,如图像仿射变换、图像放大、空间位移、旋转、图像修剪、图像裁减、像素交换、重采样、像素的插入和抽取以及一些几何变换等。这类攻击的一个特点是水印实际上还存在于图像中,但水印检测函数已不能提取水印或不能检测水印的存在。例如,表达攻击可简单地通过不对齐一个嵌入了水印的图像来愚弄自动水印检测器(如基于 Web 的智能代理或 Webcrawler 等),实际上在表达攻击中并未改变任何图像像素值。现有的一些图像及视频水印方案中,图像中除嵌入水印外还需嵌入一个登记模式以抵抗几何失真,但在应用中,这个登记模式往往成了水印方案的致命弱点。如果正常的登记过程被攻击者所阻止,那么,水印的检测过程就无法进行而失效。

对一个成功的表达攻击而言,它并不需要擦除或除去水印。为了战胜表达攻击,水印软件应有与人的交互才能进行成功的检测。或者,检测算法应设计成为更聪明的能容纳通常的表达模式,尽管实现这样的智能算法在工程上仍是非常困难的。

3. 解释攻击

在一些水印方案中,可能存在对检测出的水印的多个解释。例如,一个攻击者试图在同一个嵌入了水印的图像中再次嵌入另一个水印,该水印有着与所有者嵌入的水印相同的强度,由于一个图像中出现了两个水印,所以会导致所有权的争议。在解释攻击中,图像像素值或许被改变或许不被改变。此类攻击往往要求对所攻击的特定的水印算法进行深入彻底的分析,也称之为迷惑攻击,即试图通过伪造原始图像和原始水印来迷惑版权保护。这种攻击实际上使数字水印的版权保护功能受到了挑战。

在解释攻击中,攻击者并没有除去水印而是在原图像中"引入"了自己的水印,从而使水印失去了意义,尽管他并没有真正地得到原图像。在这种情况下,攻击者同所有者和创造者一样拥有发布的图像的所有权的水印证据。对统计水印技术同样可进行解释攻击,尽管在统计水印技术的检测阶段不需要原图像。这种独特的

攻击利用了水印方案的可逆性,这个特性使攻击者可以加上或减去水印。潜在的补救解决方法包括在插入水印过程中,加入一个原图像的单向 HASH 函数,使攻击者除去水印而不产生视觉上可察觉的降质是不可能的。

4. 合法攻击

这类攻击同前三类攻击都不同,前三类可归类为技术攻击,而合法攻击则完全不同。攻击者希望在法庭上利用此类攻击。合法攻击可能包括现有的及将来的有关版权和有关数字信息所有权的法案。因为在不同的司法权中,这些法律有可能有不同的解释。合法攻击还可能包括所有者和攻击者的信用,攻击者使法庭怀疑数字水印方案的有效性的能力。除了这些之外,可能还和其他一些因素紧密相关,如所有者和攻击者的金融实力的对比、专家的证词、双方律师的能力等。理解和研究合法攻击要比理解和研究技术上的攻击要困难得多。作为一个起点,首先应致力于建立一个综合全面的法律基础,以确保为正当的使用水印和利用水印技术提供保护。同时,避免合法攻击导致降低水印应有的保护作用。合法攻击是难以预料的,但是一个真正稳健的水印方案必须具备这样的优点:攻击者使法庭怀疑数字水印方案的有效性的能力降至最低。

理解这些攻击有助于我们提出更好的数字水印方案,它们将不仅仅依靠提高水印强度来增加稳健性,而且也通过增强它们抵御这些攻击的能力来增加稳健性。认识到现有的水印技术的缺点和局限性,再结合对这些技术面临攻击时的性能所做的透彻的分析和评估,最终将导致对该领域的更广泛更深入的研究。

2.2　典型的数字水印算法

本节重点介绍几种数字水印新算法。

2.2.1　基于模数运算的数字水印算法

这是一种可以有效地防止图像压缩、受损等因素带来的信息丢失的数字水印算法。它的数字水印加载过程如下。

设原始图像和二值水印图像分别为 OI 和 WI。$\{OI=\{oi(i,j),1\leqslant i,j\leqslant N\}$,$oi(i,j)$代表原始图像第 i 行第 j 列像素的灰度值。$WI=\{wi(i,j),1\leqslant i,j\leqslant M\}$,$wi(i,j)$代表水印图像的第 i 行第 j 列像素的灰度值。这里,$M=N/4$。水印的加载分如下几步进行。

(1) 随机置换:为了加强该水印算法的建壮性,确保图像部分受到破坏后,仍能全部或部分地恢复水印图像,首先要对水印图像进行随机置换。同样,为了确保水印图像只能被合法的用户检测出,还要求用户输入一个密钥 K,由 K 控制生成两个 $1\sim M$ 的随机置换 P_{row} 和 P_{col}。并按式(2.1)对 WI 进行随机置换:

$$WI'(i,j)=WI(P_{\text{row}}(i),P_{\text{col}}(j)),1\leqslant i,j\leqslant M \qquad (2.1)$$

(2) 分块:将 WI' 分为 $(M/2)\times(M/2)$ 个 2×2 的方块 $BWI'_{m,n}$,同时将原始图像 OI 分解为 $(N/8)\times(N/8)$ 个 8×8 的方块 $BOI_{m,n}$,$(1\leqslant m,n\leqslant N/8)$。

(3) 频域变换:为加强水印对 JPEG 等压缩编码的抵抗能力,要对每一个 $BOI_{m,n}$ 进行二维 DCT 变换:

$$BOI'_{m,n}=DCT(BOI_{m,n}) \qquad (2.2)$$

(4) 数据隐藏:对每一个 $BWI'_{m,n}$ 和 $BOI_{m,n}$ 按以下方式进行处理:

① 对 $BOI'_{m,n}(i,j)$ 取小于 $BOI'_{m,n}(i,j)$ 的最大整数 $FBOI'_{m,n}(i,j)$;

② 计算 $MFBOI'_{m,n}$:

$$MFBOI'_{m,n}(i,j)=(FBOI'_{m,n}(i,j)) \bmod (4\times G) \qquad (2.3)$$

G 为某一整数,通常 G 不应过大;

③ 若 $BWI'_{m,n}(t)=0$,则修改 p_t^0,p_t^1,p_t^2,p_t^3,p_t^4,p_t^5(如图 2.3 所示):

$$BOI''_{m,n}(p_t^s)=BOI'_{m,n}(p_t^s)+5\times G-MFBOI'_{m,n}(p_t^s),s=1,2,3,4,5 \qquad (2.4)$$

若 $BWI'_{m,n}(t)=1$,则修改 p_t^0,p_t^1,p_t^2,p_t^3,p_t^4,p_t^5:

$$BOI''_{m,n}(p_t^s)=BOI'_{m,n}(p_t^s)+7G-MFBOI'_{m,n}(p_t^s),s=1,2,3,4,5 \qquad (2.5)$$

以上 $1\leqslant i,j\leqslant8$,$t=1,2,3,4$。选择在中频分量编码是因为在高频编码易于被各种信号处理方法所破坏,而在低频编码则由于人的视觉对低频分量很敏感,对低频分量的改变易于被察觉。

(5) 逆变换:将修改后的 $BOI''_{m,n}$ 进行逆 DCT 变换

$$IBOI''_{m,n}=IDCT(BOI''_{m,n}) \qquad (2.6)$$

并按照原来顺序重新组合得到 OI',即为加载水印之后的图像。

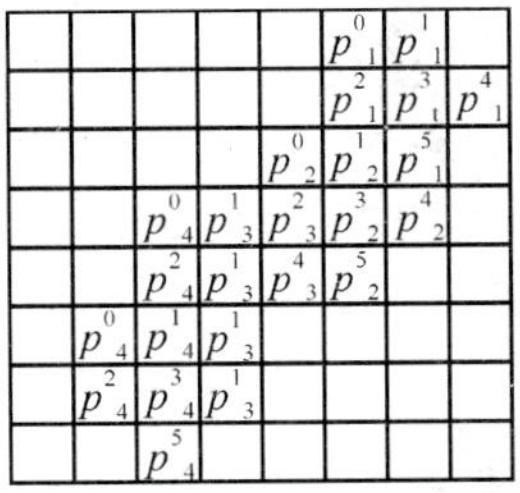

图 2.3　水印加载的中频区域

该算法的数字水印的检测就是以上水印加载的逆过程。

(1) DCT 变换:将待检测的图像 EOI 分解为 8×8 的方块 $BEOI_{m,n}$,$1=m,n=$

$N/8$,并对每一个方块进行二维 DCT 变换,

$$BEOI'_{m,n} = DCT(BEOI_{m,n}) \tag{2.7}$$

计算小于 $BEOI'_{m,n}(i,j)$ 的最大整数 $FBEOI'_{m,n}(i,j)$ 和 $MFBOI'_{m,n}$:

$$MFBEOI'_{m,n}(i,j) = (FBEOI'_{m,n}(i,j)) \bmod (4G) \tag{2.8}$$

(2) 数据检测:对每一个 $MFBEOI'_{m,n}$ 中的 p_t^0, p_t^1, p_t^2, p_t^3, p_t^4, p_t^5,如果满足: $MFBEOI'_{m,n}(p_t^i) > 2G$ 的数目大于 3,则 $BEWI_{m,n}'(t) = 1$,否则 $BEWI_{m,n}'(t) = 0$。将 $BEWI_{m,n}'$ 合并为一个完整图像 EWI'。

(3) 根据输入的密钥 K 生成两个 $1\sim M$ 的随机置换 P_{row} 和 P_{col}。并按式(2.9) 对 EWI' 进行逆随机置换:

$$EWI(P_{row}(i), P_{col}(j)) = EWI'(i,j), 1 \leqslant i,j \leqslant M \tag{2.9}$$

EWI 就是检测到的水印。

由于本算法在加载水印之前,先对原始图像进行了二维 DCT 变换,将水印数据加载到频域的中频部分,因而可以有效地抵抗 JPEG 等压缩编码的破坏。同时,由于本算法将一位水印数据隐藏到六个 DCT 系数中,并根据这六个 DCT 系数来判断所隐藏的数值,因而在一定程度上又增加了该算法的稳健性。

利用本小节给出的数字水印算法,我们对两幅标准测试图像 Lena 和 Airplane(如图2.4、图 2.5 所示)进行了仿真实验,所用水印图像为图 2.6。结果表明,本算法具有良好的性能,可以有效地防止由于图像受损带来的水印信息的丢失。

图 2.4　Lena 原始图像

图 2.5　Airplane 原始图像

图 2.6　水印图像

图 2.7　加载水印后的 Lena

图 2.8　加载水印后的 Airplane

图 2.9　由图 2.7 恢复的水印

图 2.10　由图 2.8 恢复的水印

图 2.11　图 2.7 的图像受到损坏

图 2.12　图 2.8 的图像只被保留不到 1/4

图 2.13　由图 2.11 恢复的水印

图 2.14　由图 2.12 恢复的水印

根据实验结果,可以看出本小节提出的基于 DCT 变换和模数运算的数字水印算法具有如下几个优点:

(1) 水印隐藏的效果好,凭借人类的视觉系统无法看出与原图像的差别;

(2) 可以有效地抵抗 JPEG 等有损压缩的破坏;

(3) 可以依靠部分图像检测水印,在图像受到损坏的情况下,仍可以检测到水印信息;

(4) 检测水印时受到密钥的限制,不知道密钥的人无法正确恢复水印;

(5) 检测水印时不需要原始图像。

2.2.2　多方共享版权的数字水印方案

所谓多方共享版权的数字水印方案就是当一个数字媒体作品是多方共同创作或多方共同拥有版权时,任何一方或少数几方都不能向数字媒体中嵌入或提取数字水印,只有当所有各方共同参与时,才能嵌入或提取水印信息。这种数字水印方案除了上述特点外,其他特点可与普通数字水印的要求相同。下面介绍两类多方共享的数字水印方案。

1. 有可信水印中心的多方共享版权的水印方案

假设图像 I 由 n 个成员 U_1、U_2、$\cdots$、U_n 共同创作或共同所有。他们应该共同享有图像 I 的版权,并且必须防止任何一个成员或一部分成员单独从图像 I 获取利益。由于普通的数字水印方案只是保护图像免遭外部人员侵犯版权,而没有考虑版权所有者的其他意图,所以普通的数字水印方案不能直接满足如下要求:每个成员或部分成员不能单独拥有原版图像 I,也不能单独执行水印的嵌入和水印的提取或检测,必须所有的成员一起合作才能恢复原版图像 I 以及产生水印嵌入和水印提取或验证所必需的参数,然后进一步完成水印的嵌入和提取或验证。

假设 T 是一个可信的数字水印中心,它向客户提供水印的嵌入和水印的提取或检测服务。服务时对客户的临时秘密信息或密钥进行安全保护。服务完成后彻底销毁秘密信息或密钥。同时假设 T 可以提供一些额外的基本安全服务。

设可信水印中心 T 有一个密码学上的 (n,n) 秘密共享方案和一种安全的对称密钥加密算法,有一套公开且可靠的带秘密参数或密钥的水印算法。U_1,U_2,…,U_n 共同委托 T 向图像 I 嵌入水印,必要时共同委托 T 提取或验证水印。

第一阶段:水印嵌入过程。

步骤 1:每个成员 U_i 将自己的 ID_i 传送给可信水印中心 T,并将他们共同拥有的图像 I 和欲嵌入的水印信号模式 w 通过安全信道传送给可信水印中心 T;

步骤 2:可信水印中心 T 根据所接收到的图像 I、水印信号模式 w、各成员 ID_i,产生图像 I 的加密密钥 k_I、水印信号 w 的变换密钥 k_w、水印嵌入过程所使用的密钥 k。

步骤 3:可信水印中心 T 利用一个 (n,n) 秘密共享方案(比如一元 n 阶多项式模式),针对 k_I、k_w、k,根据成员 ID_1,ID_2,…,ID_n,(1) 计算出:(ID_1,k_{I1}),(ID_2,k_{I2}),…,(ID_n,k_{In}),使这 n 个二元数组恰好可按该 (n,n) 秘密共享方案恢复图像加密密钥 k_I;(2) 计算出:(ID_1,k_{w1}),(ID_2,k_{w2}),…,(ID_n,k_{wn}),使它们按该 (n,n) 秘密共享方案恢复水印变换密钥 k_w;(3) 计算出:(ID_1,k_1),(ID_2,k_2),…,(ID_n,k_n),使它们按该 (n,n) 秘密共享方案恢复水印嵌入密钥 k。

步骤 4:可信水印中心利用 k_w 对水印信号 w 进行变换(具有可逆性)得到 w^*,根据选定的水印嵌入算法使用密钥 k 将 w^* 嵌入到图像 I 中,得到加水印后的图像 I^*,并进行图像 I、水印 w、版权的注册处理。

步骤 5:可信水印中心利用密钥 k_I 对图像 I 进行加密,或以 k_I 作为伪随机发生器的种子对图像 I 进行扰乱,得到"图像 $I^{\#}$"。

步骤 6:可信水印中心将七元组 $(ID_i,k_{Ii},k_{wi},w,k_i,I^*,I^{\#})$ 通过安全信道传送给成员 U_i,$i=1,2,…,n$。

步骤 7:可信水印中心删除上述处理过程中的一切数据内容,尤其是涉及的原始图像和各种密钥,要彻底毁除。这一步对本协议非常重要。

第二阶段:水印提取或验证过程

一旦 n 个成员需要对某一幅图像 I^* 进行提取水印或验证水印时,他们必须将各自掌握的数据信息 (ID_i,k_{Ii},k_{wi},k_i) 通过安全信道传送给可信水印中心,可信水印中心利用 (n,n) 秘密共享方案恢复出图像解密密钥 k_I(若水印提取或验证需要原始图像的话)、水印信号逆变换密钥 k_w、水印提取或验证密钥 k。这里假定水印嵌入过程所使用的各种密钥与水印提取或验证所使用的密钥相同。然后按对应的水印提取或验证算法进行水印提取或验证,并产生结论。可信水印中心将水印检测结论传送给各成员或其他有关人员。

2. 无可信水印中心的多方共享版权的水印方案

前述的多方共享版权的水印方案的安全性完全建立在可信水印中心的可信基础之上。数字水印中心一旦不遵守信誉规则,建立在其上的水印方案将会彻底无效,所以需要考虑不存在可信水印中心的情形下,设计一种数字作品多方共享版权的水印方案。

假设图像 I 是由 n 个成员 $U_1,U_2,\cdots,U_n$ 共同创作或共同拥有的,他们对图像 I 共同拥有版权。为保护共同的版权,他们相互合作设计一个算法可公开的水印嵌入和水印检测或验证的系统。该系统的设计过程如下。

步骤1:选择一个通用可靠的水印算法,在该算法中水印的嵌入和水印的提取或验证都需要使用密钥或者秘密参数。

步骤2:设计一个图像和水印信号扰乱器(或称加密与解密器),其算法具有对称性(即可逆性),类似于对称密钥算法,且算法安全性依赖于所使用的密钥。最简单的一种实现方法是采用伪随机发生器,其种子就是密钥。

步骤3:这是最为关键的一步,设计一个安全参数生成部件,它有 n 个输入,分别是 n 个成员各自输入的密钥,输入过程是分 n 次进行,每次一个成员输入他的密钥,其他成员回避。它的输出结果是一个安全参数,它可以与 n 个成员输入顺序有关,也可与输入顺序无关。安全参数生成部件可采用单向 Hash 算法来实现。当安全参数生成部件的输出结果用作上述两个系统所需要的密钥时,直接通过可信信道传送给这两个系统,不能让任何人采用任何手段获取这个安全参数,这可以通过分析整个系统是否存在设计漏洞和现场监督来实现。安全参数生成部件与水印系统、图像或水印信号扰乱器相连接时,也要求连接通道上防止任何比特泄露。

步骤4:设计一个安全的系统运行过程中临时数据的删除算法,以避免运行过程中重要信息泄露。

利用上述设计的各种系统部件,下面设计一个实现多方共享版权的水印方案,它分两个阶段实施:

第一阶段:水印嵌入过程和图像扰乱处理,其流程如图 2.15 和图 2.16 所示。

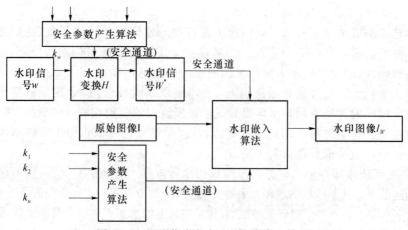

图 2.15　无可信水印中心的水印嵌入算法

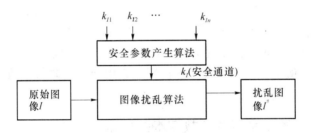

图 2.16 图像扰乱算法

具体步骤如下。

步骤 1：n 个成员共同选择一个水印信号 w，并且每个成员保存一份。成员 U_i 为自己选择三个密钥：k_{wi}, k_i, k_{Ii}，并且要求长期秘密保存，这里 $i = 1, 2, \cdots, n$。

步骤 2：按照图 2.15 的水印算法要求，输入原始图像 I，每个成员各自输入自己的水印变换 H 的密钥 k_{wi} 和水印嵌入算法密钥 $k_i(i = 1, 2, \cdots, n)$，输出加水印图像 I_w。

步骤 3：按照图 2.16 的图像扰乱算法要求，输入原始图像 I，每个成员各自输入自己的图像扰乱密钥 $k_{Ii}(i = 1, 2, \cdots, n)$，结果输出扰乱图像 $I^\#$，并将扰乱图像 $I^\#$ 发给每个成员。

步骤 4：将上述处理过程的系统内部的现场数据进行彻底清除，并删除原始图像 I。

步骤 5：向水印机构申请版权、水印信号 w、扰乱图像 $I^\#$ 的注册处理。

经过上述过程，每个成员手中只掌握自己的三个密钥 k_{wi}、k_i、k_{Ii}，水印信号 w 和扰乱图像 $I^\#$，其他信息都在水印嵌入完成后现场删除。

第二阶段：水印提取或验证过程，系统流程图如图 2.17 所示。

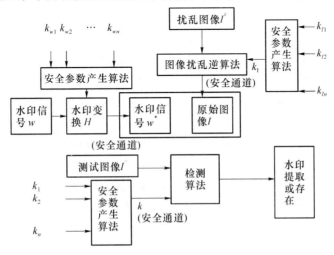

图 2.17 无可信水印中心的水印检测算法

当需要提取或验证水印时,n 个成员相互合作,按照图 2.16 水印检测系统的要求输入他们各自相应的密钥,以及相关的信息,并产生检测结果,以及将水印检测结果传送给有关人员。需要提醒的是,在整个版权保护期间,在水印提取或验证时不能泄露原图像 I 和 w^*,以及一些检测过程中使用的临时参数,每个成员保护好自己的密钥并防止泄露。

2.2.3 基于中国剩余定理的数字水印算法

此数字水印算法的原理是:首先,将水印信息分存生成 n 份信息,各份之间没有任何包含关系,然后将图像欲嵌入水印的区域分成 n 部分,每一部分区域嵌入一份水印分存信息,一旦需要提取水印,只需从加水印后的图像中任意选取 $t(t \leqslant n)$ 个嵌入区域,提取出 t 份水印分存信息,由中国剩余定理就可以恢复原始水印信息。根据该算法的实验结果可知,该算法具有隐藏效果好、可以依靠部分图像提取水印、水印难以伪造、水印提取时不需要原始图像等优点,并且该水印算法还具有很好的安全性。

为了介绍此数字水印算法,先复述中国剩余定理和基于中国剩余定理构造如下秘密分存 (n,t) 门限方案。

中国剩余定理:设 $m_1, \cdots, m_t$ 是两两相约的正整数,那么,对任意整数 $a_1, \cdots, a_t$,则一次同余方程组:

$$x \equiv a_j (\bmod \ m_j), 1 \leqslant j \leqslant t$$

必有解,且在模 m 下解数唯一,同余方程组的解为

$$x \equiv M_1 M_1^{-1} a_1 + \cdots + M_t M_t^{-1} a_t (\bmod \ m)$$

这里 $m = m_1 m_2 \cdots m_t, m = m_j M_j (1 \leqslant j \leqslant t)$,以及 M_j^{-1} 是满足

$$M_j M_j^{-1} \equiv 1 (\bmod \ m_j), 1 \leqslant j \leqslant t$$

的一个整数(即是 M_j 对模 m_j 的逆)。

基于中国剩余定理构造如下秘密分存 (n,t) 门限方案:设 k 是一个要分存的秘密整数,选一素数 $p > k$,另选一组两两互素的整数 $m_1, m_2, \cdots, m_n$,并满足与 p 互素的条件,不妨设 $m_1 < m_2 < \cdots < m_n$,此外还要同时满足:$m_1 m_2 \cdots m_t > pm_n m_{n-1} \cdots m_{n-t+2}$ 令 $l < |m_1 m_2 \cdots m_t / p|$,作

$$L = k + lp < p + lp = (l+1)p \leqslant m_1 m_2 \cdots m_t \tag{2.10}$$

令

$$L \equiv k_i (\bmod \ m_i), 1 \leqslant i \leqslant n \tag{2.11}$$

k_i 即是分存后的结果。可以证明:若得到其中任意 t 个 k_i 便可恢复出 k。根据中国剩余定理,方程组:

$$L \equiv k_{i_j} (\bmod \ m_{i_j}), i = 1, 2, \cdots, t$$

模 $m_{i_1} m_{i_2} \cdots m_{i_t}$ 下有唯一解 $k = L - pl$。

若是只有 $k_{i_1}, k_{i_2}, \cdots, k_{i_{t-1}}$，即少于 t 个 k_i，则无法准确恢复出 L，也就无法恢复出 k。这一方案称为 Asmuth-Bloom 体系。

基于中国剩余定理数字水印算法主要有以下几个步骤。

1. 水印信息预处理

水印信息可以是图像、文字、或其他编码意义的形式，但在水印嵌入过程中，都将其看作二进制比特流。

水印信息预处理步骤如下。

（1）对水印信息比特流进行加密，其目的是使水印信息接近随机噪声，以增强水印算法的健壮性。若水印为一幅图像，则对水印图像进行置乱也可以达到同样的效果。

（2）将加密后的水印信息比特流按 8 比特进行切割，转化为十进制数据。这一步主要是考虑到中国剩余定理处理的是正整数，以及方便构造 Asmuth-Bloom 体系。

（3）按 Asmuth-Bloom 体系选取合适的 m_i、p、t、l、n，加密后的水印信息为 k，按式（2.10）和式（2.11）对水印进行分存，水印被扩充为与加密后水印大小相等的 n 份。n 值选取时要参考原始图像和水印数据的比例，考虑水印容量，防止水印嵌入时发生越界；如果水印数据值 k 在 $0 \sim 255$ 之间，为满足 Asmuth-Bloom 体系，p 值应大于 255，m_i 值均应大于 p。出于安全性考虑，m_i、p、t、l、n 要求保密。

2. 水印嵌入过程

由于水印信息应该嵌入在视觉比较敏感的图像部件上，因此水印信息嵌入在图像 DCT 域的中频系数上比较合适。假设欲加水印的图像为灰度图像，记为 O，要嵌入的水印信息为 W。水印分存后相应的 n 份信息分别记为 $W^{(1)}, W^{(2)}, \cdots,$ $W^{(n)}$，这里 $W^{(i)}(i = 1, \cdots, n)$ 看作是 0、1 比特流，不妨设它们都为 q 比特长。

水印嵌入步骤如下。

（1）将要加水印的图像分割为 n 个矩形区域块 $O^1, O^2, \cdots, O^n$（大小相当）。

（2）对每个图像区域块 O^i，再按像素分为 8×8 的像素块 $O^i\_B_j(j = 1, 2, \cdots,$ $m)$。因为在每一块中隐藏 9 比特信息，这里要求 $m > |q/9|$（若不合适，则调整水印大小），i 取遍 $1, 2, \cdots, n$。

（3）对每个像素块 $O^i\_B_j$ 进行 DCT 变换：$O^i\_B_j^{(1)} = \text{DCT}(O^i\_B_j)$。

（4）对 $O^i\_B_j^{(1)}$ 按下列方式取中频系数组：记为 p_u^v，其中 $1 \leqslant u \leqslant 3, 1 \leqslant v \leqslant 9$，如图 2.18 所示。

						p_1^1	p_2^1
					p_1^2	p_2^2	p_3^1
				p_1^3	p_2^3	p_3^2	
			p_3^4	p_2^4	p_2^5	p_3^3	
		p_1^6	p_2^6	p_2^5	p_1^5		
p_1^8	p_1^8	p_1^7	p_3^6	p_3^7			
p_1^9	p_3^8	p_2^7	p_3^7				
p_2^9	p_3^9						

图 2.18　中频系数组

(5) 水印分存信息比特嵌入,步骤如下。

- 将水印分存的第 i 份 $W^{(i)}$ 从头开始按 9 比特分段,取出其中第 j 段,记为 $W^{(i)}(j,1),W^{(i)}(j,2),\cdots,W^{(i)}(j,9)$,显然,$W^{(i)}(j,v)=1$ 或 $0(v=1,2,\cdots,9)$。

- 对 $O^i\_B_j^{(1)}$ 的中频系数组:$p_u^v(u=1,2,3;v=1,\cdots,9)$,如图 2.18 所示,根据 $W^{(i)}(j,v)(v=1,2,\cdots,9)$ 的值进行修改:首先计算 $M_v=\mathrm{Max}\{p_1^v,p_2^v,p_3^v\}$,$m_v=\mathrm{Min}\{p_1^v,p_2^v,p_3^v\}$,且使 M_v-m_v 大于某一给定的阈值(若不满足,适当调整 p_1^v,p_2^v,p_3^v 三个值的大小),然后按如下方式修改中频系数组:若 $W^{(i)}(j,v)=1$,则令 $p_2^v=M_v$;若 $W^{(i)}(j,v)=0$,则令 $p_2^v=m_v$;这里 $v=1,2,\cdots,9$。

- $O^i\_B_j^{(1)}$ 修改中频系数后记为 $O^i\_B_j^{(2)}$。

(6) 对 $O^i\_B_j^{(2)}$ 进行 DCT 反变换:$O^i\_B_j^*=\mathrm{IDCT}(O^i\_B_j^{(2)})$。

当水印分存信息 $W^{(i)}$ 嵌入完成后,按照原来的顺序重组 $O^i\_B_j^*$ 就得到加水印后的图像块 O_w^i。其他块按同样的方法对应的水印分存信息,这样就完成了水印分存信息的嵌入工作。

3. 水印提取过程

水印的提取算法实际上就是水印分存嵌入算法的逆向算法。由于前面提到的原因,恢复水印时并不需要获得全部 n 份分存后的水印信息,只要获得其中 t 份就可以。水印提取主要有以下几个步骤。

(1) 对携带分存水印信息的图像按分存模式分为 n 块,从中任意选择 t 块,记为 $O^1,O^2,\cdots,O^t$,对每一块 $O^d(d=1,2,\cdots,t)$,按像素划分为 8×8 的块 $O^d B_j(j=1,2,\cdots,m)$。

(2) 对每一个 $O^d B_j$,进行 DCT 变换,得到 8×8 的系数矩阵 $O^d B_j^{(1)}$,按图2.18的方式提取中频系数组。

(3) 根据 $O^d B_j^{(1)}$ 的中频系数组的数值分布状况,按下列方式提取 $O^d B_j$ 中嵌入的水印分存信息的比特:先计算 $p^v=(p_1^v+p_2^v+p_3^v)/3$,

若 $p_2^v > p^v$，则 $W^{(i_d)}(j, v) = 1$；若 $p_2^v < p^v$，则 $W^{(i_d)}(j, v) = 0$。

（4）将 O^{i_d} 所提取的 $W^{(i_d)}(j, v)$ 按顺序组合得到第 i_d 份水印分存信息 $W^{(i_d)}$，并按长度为 10 比特长切割，转化为十进制数据，仍记为 $W^{(i_d)}$。

（5）将所获得的 t 份水印分存信息 $W^{(i_1)}, W^{(i_2)}, \cdots, W^{(i_t)}$，结合所对应的 m_{i_1}，$m_{i_2}, \cdots, m_{i_t}$，根据中国剩余定理计算出加密或置乱的水印 W'。

（6）通过解密算法恢复出原始水印 W。

下面是对上述数字水印算法仿真的一些结果。在我们的实验中水印采用二值图像，分存时令 p 和 l 对所有实验数据都不变。实验结果如图 2.19～图 2.26 所示。

图 2.19　原始图像

图 2.20　嵌入水印分存信息后的图像

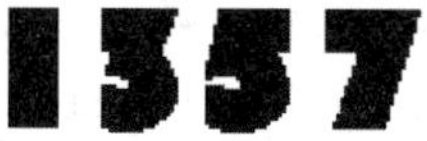

图 2.21　原始水印

图 2.22　从图 2.20 中提取的水印

图 2.23　对图 2.19 加高斯噪声

图 2.24　对图 2.19 进行大块剪切

2.25　从图2.23中提取的水印　　　　2.26　从图2.24中提取的水印

上述基于中国剩余定理的数字水印分存算法,由于水印分存后信息量扩大很多,又要同时隐藏在一幅图像中,而且隐藏在DCT域的中频系数区段,所以在该算法中最大可能地挖掘中频系数的隐藏空间。实验结果表明,该算法具有很好的隐藏性、安全性、健壮性。其安全性主要由加密算法和分存算法保证;水印检测提取时不需要原图,可以根据部分图像恢复水印;抗剪裁攻击能力强,当图像受到大面积的剪裁损坏后,水印信息仍能准确恢复;抗噪声能力也很强,在噪声对图像有一定的降质后,仍然能较好地恢复出水印信息。该算法的不足之处在于分存算法将水印数据扩张,相对减少图像可容纳的水印信息量,水印恢复时涉及模数逆的运算,需要增大一些计算量和计算时间。

2.3　数字水印算法应用

不同的应用需求造就了不同的水印技术。按水印的用途,我们可以将数字水印划分为票据防伪水印、版权保护水印、篡改提示水印和隐蔽标识水印。

票据防伪水印是一类比较特殊的水印,主要用于打印票据和电子票据的防伪。一般来说,伪币的制造者不可能对票据图像进行过多的修改,所以,诸如尺度变换等信号编辑操作是不用考虑的。但另一方面,人们必须考虑票据破损、图案模糊等情形,而且考虑到快速检测的要求,用于票据防伪的数字水印算法不能太复杂。

版权标识水印是目前研究最多的一类数字水印。数字作品既是商品又是知识作品,这种双重性决定了版权标识水印主要强调隐蔽性和健壮性,而对数据量的要求相对较小。

篡改提示水印是一种脆弱水印,其目的是标识宿主信号的完整性和真实性。

隐蔽标识水印的目的是将保密数据的重要标注隐藏起来,限制非法用户对保密数据的使用。

多媒体技术的飞速发展和因特网的普及带来了一系列政治、经济、军事和文化问题,产生了许多新的研究热点,以下几个引起普遍关注的问题构成了数字水印的研究背景。

1. 数字作品的知识产权保护

数字作品(如电脑美术、扫描图像、数字音乐、视频、三维动画)的版权保护是当前的热点问题。由于数字作品的拷贝、修改非常容易,而且可以做到与原作完全相同,所以原创者不得不采用一些严重损害作品质量的办法来加上版权标志,而这种明显可见的标志很容易被篡改。

"数字水印"利用数据隐藏原理使版权标志不可见或不可听,既不损害原作品,又达到了版权保护的目的。目前,用于版权保护的数字水印技术已经进入了初步实用化阶段,IBM 公司在其"数字图书馆"软件中就提供了数字水印功能,Adobe公司也在其著名的 Photoshop 软件中集成了 Digimarc 公司的数字水印插件。然而实事求是地说,目前市场上的数字水印产品在技术上还不成熟,很容易被破坏或破解,距离真正的实用还有很长的路要走。

2. 商务交易中的票据防伪

随着高质量图像输入输出设备的发展,特别是精度超过 1 200 dpi 的彩色喷墨、激光打印机和高精度彩色复印机的出现,使得货币、支票以及其他票据的伪造变得更加容易。

据美国官方报道,仅在 1997 年截获的价值 4 000 万美元的假钞中,用高精度彩色打印机制造的小面额假钞就占 19%,这个数字是 1995 年的 9.05 倍。目前,美国、日本以及荷兰都已开始研究用于票据防伪的数字水印技术。其中麻省理工学院媒体实验室受美国财政部委托,已经开始研究在彩色打印机、复印机输出的每幅图像中加入唯一的、不可见的数字水印,在需要时可以实时地从扫描票据中判断水印的有无,快速辨识真伪。

另外,在从传统商务向电子商务转化的过程中,会出现大量过渡性的电子文件,如各种纸质票据的扫描图像等。即使在网络安全技术成熟以后,各种电子票据也还需要一些非密码的认证方式。数字水印技术可以为各种票据提供不可见的认证标志,从而大大增加了伪造的难度。

3. 声像数据的隐藏标识和篡改提示

数据的标识信息往往比数据本身更具有保密价值,如遥感图像的拍摄日期、经/纬度等。没有标识信息的数据有时甚至无法使用,但直接将这些重要信息标记在原始文件上又很危险。数字水印技术提供了一种隐藏标识的方法,标识信息在原始文件上是看不到的,只有通过特殊的阅读程序才可以读取。这种方法已经被国外一些公开的遥感图像数据库所采用。

此外,数据的篡改提示也是一项很重要的工作。现有的信号拼接和镶嵌技术可以做到"移花接木"而不为人知。因此,如何防范对图像、录音、录像数据的篡改攻击是重要的研究课题。基于数字水印的篡改提示是解决这一问题的理想技术途径,通过隐藏水印的状态可以判断声像信号是否被篡改。

4. 隐蔽通信及其对抗

数字水印所依赖的信息隐藏技术不仅提供了非密码的安全途径,更引发了信息战尤其是网络情报战的革命,产生了一系列新颖的作战方式,引起了许多国家的重视。

网络情报战是信息战的重要组成部分,其核心内容是利用公用网络进行保密数据传送。迄今为止,学术界在这方面的研究思路一直未能突破"文件加密"的思维模式。然而,经过加密的文件往往是混乱无序的,容易引起攻击者的注意。网络多媒体技术的广泛应用使得利用公用网络进行保密通信有了新的思路,利用数字化声像信号相对于人的视觉、听觉冗余,可以进行各种时(空)域和变换域的信息隐藏,从而实现隐蔽通信。

数字水印技术为数字产品的知识产权保护提供了一种工具。但是在真正的实用过程中,情况很复杂。虽然制定水印加载和检测环节的实施方案是关键,但是还需要考虑如下一些问题:是否需要水印密钥来控制水印的生成? 加载水印应由谁来进行? 由谁鉴别水印的存在与否? 这些问题都直接关系着水印的安全。比较常见的情况包括如下几种。

(1) 水印的加载和检测可由任何用户进行,无需水印密钥。最早的水印的加载和检测过程无需密钥,但这类水印的安全依赖于水印算法的秘密性。一旦水印算法公开,水印便极易被擦除。

(2) 水印的加载和检测都由所有者进行,所有者选择并且保存密钥。这会给人造成黑匣子的感觉,很难让局外人相信。

(3) 水印的加载由所有者进行,所有者选择并保存水印密钥。检测则由公众进行。当发生版权纠纷时,由所有者出示水印密钥来检验水印的存在。但是水印密钥一旦公开,就会被人用来除去水印。所以每次验证后,还需更换密钥,重新加载水印。这给所有者带来极大的不便。

(4) 水印的加载和验证由可信任第三方进行。水印密钥的选择由可信任的第三方和所有者共同决定并保存。当采用这种方案时,攻击者会在已加载水印的数字产品中再加入自己的水印。这样,原来的数字产品中就叠加了两个水印。对第三方来说,这两个水印都有效。这就造成了判决的混乱。

(5) 不同的数字产品所有者对所加载的水印有不同的要求。例如,有的所有者目的是保护版权,需要加载稳健性强的水印;有的所有者要保护数字产品的真实性,需要加载脆弱的不可见水印。这些水印算法将由谁提供才能让公众信服,让所有者放心?

综上所述,在因特网这样的开放环境里,保护数字产品的版权必须采用一套严密完整的体系标准,规定网络上利益联系的实体、可信任第三方、加载和检验水印的实体、各个实体的责任、应遵守的协议等,即安全数字水印体系。一个比较有影响的安全数字水印体系是由欧洲委员会 DGIII 计划制定的网络数字产品的知识产权保护(IPR)认证和保护体系标准,简记为 IMPRIMATUR,如图 2.27 所示。

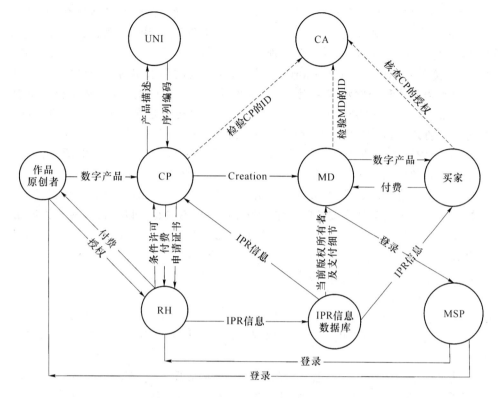

图 2.27 IMPRIMATUR 体系结构模型

在安全数字水印体系 IMPRIMATUR 中,各个角色的定义如下。

(1) 作品原创者:如作者、电影制造商、音像产品制造商等。

(2) RH(Rights Holder):版权所有者。

(3) CP(Creation Provider) 和 MD(Media Distributor):网络多媒体产品的提供商。CP 和 MD 必须从版权所有者那里得到发行许可才能提供服务。MD 是从 CP 得到授权的合法数字产品提供商。为了简化模型,可以认为 CP 和 MD 是一个机构,执行同样的功能,统称为网络多媒体产品的提供商。

(4) UNI (Unique Number Issuer):产品序列号分发机构。主要负责为数字产品产生唯一标识的序列号。版权管理机构主要是通过国际标准序列号来管理 IPR。例如(ISBN)ISO2108,(ISSN)ISO3297 等。数字产品的版权保护也需要一个产品序号标准来标识其唯一性。有些网络多媒体产品提供商想自己定义序号标识,而不是由权威机构来统一管理。这将会给数字产品监测和认证带来很大困难。因为没有人能够保证其唯一性。目前比较著名的序号标识体系是 DOI。DOI 机构独立于任何商家企业,是获得官方授权的可信任第三方。

产品序列号的定义有两种方法:智能型和非智能型。前者不同的序列位代表不同的含义,如 ISRC,可以根据序列号确定有关产品的信息,如产品种类、生产日期、地理位置等。其缺点是不利于扩充。后者则是一系列无意义的数字,如 ISWC,虽然方便扩充,但不易于分类管理。

(5) CA(Certification Authority):认证中心,是数字水印的检验机构,同时负责提供水印算法和分发水印密钥。CA 是经过官方授权的机构,主要控制水印的加载和鉴定。CA 和网络多媒体产品提供商之间的交互必须遵守一定的协议,称之为水印协议,这是 IMPRIMATUR 体系实施的关键环节。

(6) IPR 信息数据库:它是法律授权的权威机构,负责登记产品的版权信息、版权所有者的信息、经过版权所有者许可的网络多媒体产品提供商的信息。任何版权所有者想将产品数字化,并通过网络发布数字产品,他都必须找到合适的网络多媒体产品提供商为他完成这些工作。当然版权所有者也可以自己同时作为网络多媒体产品提供商。版权所有者必须在 IPR 数据库中注册登记,提供产品的 IPR 信息、版权所有者的信息、版权所有者所许可的网络多媒体产品提供商的信息、注册日期、注册期限等。版权所有者将这些信息存放在自己的数据库中。

(7) 买家:数字产品的购买者。

(8) MSP(Monitoring Service Provider):监视数字产品的非法拷贝工作可以由法定部门进行,也可以由服务提供商提供。该机构的细节问题超出了本文的讨论范围,这里不再赘述。

其中存在商务关系的角色有作品原创者、版权所有者、网络多媒体产品提供商、中间分发商和购买者。作品原创者将从版权所有者获取版税,版权所有者向网络多媒体产品提供商和中间分发商提供发行许可。网络多媒体产品提供商和购买者之间是买方和卖方的关系。其中的可信任第三方有产品序列号分发机构、认证中心、IPR 信息数据库。从这三个机构的职能及其同其他各角色的关系可以了解整个体系的运行过程。

上述 IMPRIMATUR 体系结构的一种改进如图 2.28 所示。在改进后的安全数字水印体系中:

(1) 设立了 DPLI 机构:为了防止任何 CP 和 RH 不加限制地申请原始图像的唯一标示号,可以将产品序列号分发机构和 IPR 信息数据库的功能结合在一起,由一个机构统一管理,称为 DPLI(Digital Product License Issuer)。DPLI 对申请原始图像唯一标示号的 CP 和 RH 进行身份验证。同时,DPLI 机构将负责登记版权所有者的版权信息、版权所有者所授权的 CP 和 RH 的信息、授权日期、授权期限等。对于每个 CP 和 RH,DPLI 还保存了该 CP 和 RH 的数字产品的信息,如产品名称、类别、生产日期等。DPLI 接着为每个 CP、RH 和版权所有者(如果版权所有者自己发布产品的话)生成一个序列号,即原始图像唯一标示号。为了防止攻击者通过直接和 CA 交互加载水印来寻找漏洞,DPLI 将对所有合法 CP、RH 和版权所有者发布许可证书,该证书将作为 CP、RH 和版权所有者同 CA 交互的许可。

具体实现上,可以采用数字签名技术。DPLI 将原始图像的唯一标示号、有关 CP 和 RH 的公开信息、许可说明、许可日期等用其私钥做数字签名,用 CP 和 RH 的公钥加密后传给 CP 和 RH。CP 和 RH 必须向 CA 出示经 DPLI 签名的许可才能得到 CA 提供的水印服务。在 CP 和 RH 向 CA 提供许可证书前,先用 CA 的公钥加密,再进行传输。这里,两次用到了公钥加密体制,这是因为许可证书的作用至关重要,如果不加密传送,容易被人截取来冒充合法 CP 和 RH。

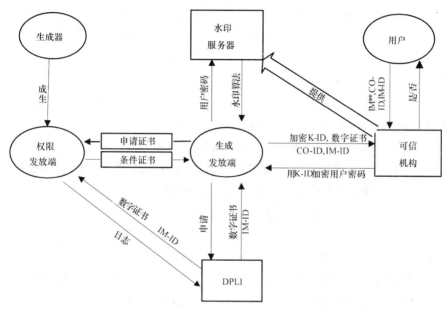

图 2.28 改进型 IMPRIMATUR 体系结构模型

(2) 水印密钥的传递:CP 和 RH 选定用来加载和检测水印的密钥后,将此密钥和自定义的标识用 CA 的公钥加密再传给 CA。当然,同时传给 CA 的还有经签名和加密后的许可证书。CA 收到后,用自己的私钥解开,核查无误后保存在数据库中。然后生成一个确认信息,用加载和检测水印的密钥加密后回送给 CP 和 RH。

(3) 水印算法的分发:为了防止水印算法被攻击者替换,可以采取以下方法。CA 提供一个水印算法服务器,该服务器上存放的水印算法都是经过 CA 认定的安全算法。只有合法用户才能从该服务器上下载水印算法。这些合法用户就是经 CA 核查无误的 CP 和 RH。CA 为每个合法的 CP 和 RH 提供一个账号和密码,以便该 CP 和 RH 登录水印服务器。CA 在向 CP 和 RH 传递账号和密码前可以先用该 CP 和 RH 的加载和检测水印的密钥加密。这时的密钥相当于一次性密码。水印服务器可以根据 CP 和 RH 要求的多样性,提供多种水印算法,如用于验证版权的稳健性水印、用于验证真实性的脆弱性水印、用于标识数字产品的可见水印、用于提供侵权证据的不可见水印等。

2.4　数字矢量地图水印技术

2.4.1　数字矢量地图的基本特征

数字地图是以地图数据库为基础,综合利用测绘学知识、数字图像处理技术、数据挖掘、专家系统和相关信息技术等,以数字形式存储在计算机外储存器上,可以在电子屏幕上显示的地图。同绘制或印刷的普通地图相比,数字地图可以携带和传播更庞大容量的信息,利用丰富的坐标、线条和记录形式,数字地图能够更全面和生动地描述地形地貌。

按照来源和用途的不同,数字地图可分为数字矢量地形图、数字栅格地形图、数字遥感影像图、数字高程模型图、数字专题图等。

数字地图与传统地图的不同表现在以下几个方面。

(1) 传统地图主要进行图形数据的绘制,而数字地图则是一些更为复杂的数据类型,例如点、线、多边形等矢量对象及其拓扑关系。

(2) 传统地图数据在同一图幅内展现,而数字地图的地理数据要根据要素类型分为不同的图层存放。统一分层实现了地理信息的任意抽取,对于专题图制作和数据共享提供了极大的便利。

(3) 传统地图的更新速度较慢,而数字地图可随时根据需要进行图层重绘,且生产周期短、工艺简单快捷,为数字城市、数字交通和军事国防提供了重要的保障资源。

目前,二维矢量数字地图应用最广泛。矢量数字地图一般由三部分组成:地理(geometric)信息,属性(attribute)信息和拓扑(topological)信息。

地理信息主要包括矢量空间内实体的位置信息、定位信息,如点的坐标;属性信息主要描述空间实体特征,如名称、类型等;

拓扑信息主要记录空间实体间的拓扑关系。目前大多数研究方法都将地理信息与拓扑信息结合起来,称为空间数据(几何数据)信息。

信息按类型的分层管理是数字矢量地图的数据处理技术之一。在我国,矢量地图通常分为14层基本的信息要素。

数字矢量地图由点、线、区域三类基本的图层复合而成。点图层(见图2.29A)元素使用离散的空间坐标(x,y)表示;线图层(见图2.29B)元素表示为坐标序列$<(x_1,y_1),(x_2,y_2),\cdots,(x_i,y_i)>$,其中$(x_1,y_1)$代表线的起点,$(x_i,y_i)$代表线的终点;区域(见图2.29C)则表示为环$<(x_0,y_0),(x_2,y_2),\cdots,(x_i,y_i),\cdots,(x_0,y_0)>$,

从点(x_0,y_0)开始沿固定方向环绕,最终回到(x_0,y_0)处。经过点、线和区域图层的叠加就能够形成最终的数字矢量地图(见图2.29D)。

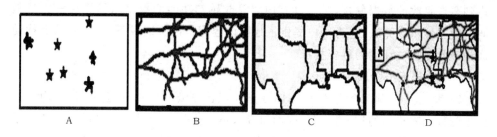

图 2.29 矢量数字地图的组成

2.4.2 数字矢量地图水印算法的研究阶段

如图2.30所示,国内外数字矢量地图水印算法的研究文献以及研究动态表明,数字矢量地图水印算法的研究阶段主要包括以下几个过程。

(1)版权证明阶段

20世纪90年代初期,研究人员提出运用数字水印技术为矢量地图提供数据安全保护的观点。该阶段的研究内容是"通过借鉴和改进已有的数字图像、音频等其他领域的成熟水印算法,提出可进行地图版权证明的数字矢量地图水印算法"。此阶段,对于水印算法的评测标准侧重于健壮性和不可见性,有关水印嵌入强度以及对地图内容的扰动并不是研究的重点。

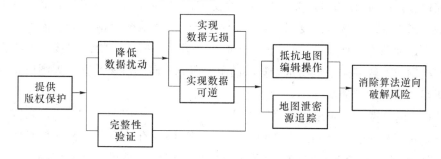

图 2.30 矢量地图数字水印算法研究情况

(2)完整性验证阶段

20世纪90年代末,随着地图应用范围的逐步推广,用户提出需要对地图进行数据完整性验证的安全问题。当研究成果向实际应用转化时,研究人员也发现已有算法的实现方式会对地图顶点坐标值产生不同幅度的扰动,影响了矢量地图的正常使用。为此,研究人员侧重考虑了数字水印算法如何降低数据扰动的问题,并由此出现了大量基于离散傅里叶变换、离散余弦变换以及离散小波变换的频域数字水印算法。同时,人们注意到在数字矢量地图应用过程中,应预防数字矢量地图遭到恶意篡改的数据危险,对于具有内容篡改感知功能的数字水印算法称为半脆弱或脆弱性水印算法,它为用户提供了地图内容完整性验证服务。这样,数据扰动成为该阶段算法评测的重要指标。

(3) 数据无损阶段

21世纪初期,随着数字矢量地图在国民经济重要领域的快速应用,使用者提出地图数据零扰动的技术标准。因而研究人员普遍关注于无损或可逆方式的数字矢量地图水印算法研究。一方面,频域数字水印算法降低了对数字矢量地图的数据扰动程度,但精度变化仍然无法彻底消除;另一方面,针对数字矢量地图的多种操作方式,如格式转换、精度调整、坐标系转换、比例尺缩放、数据拟合、矢量压缩等,数字水印算法还无法保持其稳健性。该阶段算法的考察重点是健壮性能。

无损数字水印算法和可逆数字水印算法从不同角度实现了数字矢量地图以原始数据内容呈现在用户面前的目标。但由于数字矢量地图的多样性,目前研究成果还不尽如人意。

(4) 泄密源追踪阶段

近五年来,随着数字矢量地图在国民经济多个领域的迅速推广应用,人们发现数字矢量地图水印算法遭受到的最常见攻击方式来源于用户对数字矢量地图的编辑操作。为此,能够对抗上述地图编辑操作的强健壮性数字水印算法成为主要的研究内容。同时,作为事后数字产品安全防护机制,数字水印理应具有泄密源追踪功能。当矢量地图被非法复制后,可以通过获得泄密地图数据来确定地图来源和责任人以便消除数据风险,并遏止危险的再次发生。基于生物识别技术的泄密源追踪机制成为数字矢量地图水印算法的主要研究方向。对该类算法评测的重要指标无疑是身份识别的准确率。

(5) 消除算法逆向破解风险

通过对数字矢量地图水印算法的研究发现,同现有的信息加密或信息隐藏技术一样,数字矢量地图水印算法最终面临的安全问题就是算法被破解的风险。尤其对于国防、军队等关键应用领域,数字水印算法一旦被逆向分析破解之后,攻击者便可轻易便地去除水印信息并获得原始的数字矢量地图,作为合法用户和国家机关均无法探究被破解地图的来源。这样的数据危害会给国家安全、商业企业带来不可估量的损害和威胁。

对于数字矢量地图等数字化产品来说,真正切实有效的安全保护措施必然需要法律制度来约束和保障。数字产品版权立法保护将是未来发展的必由之路。

数字矢量地图水印技术不同于一般的数字水印技术,它有别于常规的水印信息嵌入与提取策略。选择合理的信息隐藏空间,确保加入的水印不影响地图的地理精度,同时能够适应多种地图变换方式是数字矢量地图水印技术研究的重要内容。

数字矢量地图水印技术的研究始于 1993 年,在商业及军事领域,随着数字地图的应用程度被不断加强,数字矢量地图水印技术的研究经历了从被动到主动、从有损到无损的发展过程。

自 20 世纪 90 年代以来,国外就开始了对数字地图水印技术的研究,最早资助进行这方面研究的是美国国防部国家测绘局(NIMA),揭开了数字地图水印技术以应用为目标的研究道路。早期的研究思路是通过牺牲微量的数据信息实现版权标识的嵌入,技术简单快捷,便于实现。但随着空间信息技术的急速发展,数字矢量地图服务质量和范围得到了广泛提升,数字水印单一的版权保护功能已无法满足上述需求。研究者引入了大量的理论和一些相近学科的成熟算法,如人工智能、数据挖掘、密码学、数学建模、数理统计及信号处理等领域的有关知识。

目前,美国、日本、英国、加拿大、乌拉圭等国家或组织均建立了地理信息安全政策的研究机构,印度、澳大利亚等国也从技术和法规等方面加紧数字地图安全防护有关内容的研究。我国有关数字地图数据安全的研究起步较晚。北京市测绘设计研究院曾于 2001 年获得国家测绘局测绘科技发展基金的资助,开发了具有自主知识产权的"地理信息水印系统"GiSeal 软件,它能够在地理信息数据产品中加入生产部门的标记信息,以证明其版权归属,使得测绘管理部门能够检验地理信息产品的来源,从技术上满足其对数字测绘生产进行规范管理的需求。此外,上海绿建信息科技有限公司也独立开发了具有地形图保护与水印加密功能的软件 Lock-Mark。但上述研究尚有多个问题未得到合理解决:1)水印方法对地图精度有扰动,影响地图使用效果;2)对于压缩、拟合、简化、插值等特定操作,健壮性能非常弱。

在国际检索机构 Engineering Village(EI)上,输入"watermarking"和"vector map"仅能搜索到 84 篇有关矢量地图数字水印的文献;如表 2.1 所示,从中国学术期刊网络出版总库统计到的数据表明,关于数字矢量地图水印算法的研究更加有限,近三年有关矢量地图数字水印方面的文献仅有 19 篇。除了精度无损和内容无扰动外,数字矢量地图水印技术研究的难点在于如何提升水印算法应对地图特性操作的性能。

表 2.1　论文发表情况统计

日期	数字水印	地图数字水印
2004	244	2
2005	305	4
2006	328	2
2007	414	5
2008	358	5
2009	226	2
小计	1785	20

目前,德国达姆施塔特技术大学、日本北海道大学、美国麻省理工学院、日本山梨大学、中国解放军信息工程学院、国防科技大学等科研机构在这一领域的研究代表了当前的前沿研究水平。此外,印度、西班牙、英国等国的科研机构也在积极开展针对数字矢量地图的水印算法研究。

从国内外数字矢量地图水印技术的研究情况来看,算法主要包括以下几类。

(1) 空域数字水印算法

1992 年,南非开普敦大学电子工程系的 G. S. Cox 最早提出了空域数字水印思想,同时它也是最早公开发表的有关矢量地图数字水印的文献,其思路是选取矢量地图上结点位置坐标,将水印信息按照比特单位独立地嵌入坐标值内,嵌入操作彼此独立;该算法为矢量地图空域水印研究提供了理论基础,但由于嵌入方式对地图精度扰动过大,且难以抵抗简单的几何攻击,尽管算法效率较高,易于实现,但在矢量地图版权保护方面不具有现实的可行性。1994 年,澳大利亚莫纳什大学理学院的 Schyndel 等人提出将最不重要位(LSB)替换和位平面工具应用于空域算法,以提高空域算法的健壮性。此外,南京大学、日本北海道大学以及韩国明知大学的研究人员均对空域水印算法分别提出了改进策略,如利用拓扑关系、顶点位置关系或网格划分等方法。

随着理论研究的深入,近年来,空域水印主要朝着两类研究方向发展。

1) 以提高抗攻击能力及健壮性为主的空域水印研究。北京大学、日本山梨大学、浙江大学等大学的研究人员分别引入了四叉树划分、图层分类、动态规划等技术对空域水印加以完善。

2) 以减少对矢量地图精度损伤为目标的空域水印。在这方面武汉大学、华南师范大学、西安电子科技大学、美国彭兰西瓦尼亚大学、解放军信息工程大学、浙江科技大学以及日本九州工业大学等高校研究人员主要引入了差值扩大、数据分块、道格拉斯-普克法压缩、多边形规划等技术。

（2）频域数字水印算法

与空域方法相比，矢量地图频域水印算法的健壮性更强，安全性更高，可研究空间和内容更大。频域水印算法主要包括离散傅里叶变换（DFT）、离散余弦变换（DCT）。

中国科学院的研究者提出了一种基于离散傅里叶变换（Discrete Fourier Transformation，DFT）的数字水印算法，在特征点频域的幅度和相位中并行嵌入水印信息。同时，希腊塞萨洛尼基大学、日本北海道大学以及解放军信息工程大学的专家都对 DFT 数字水印算法进行了积极的改进。

离散余弦变换（DCT）相当于只使用实数的 DFT 变换，是数字图像处理以及信号处理常用的一种正交变换，具有压缩比高、误码率小、信息集中的特性和计算复杂性综合效果较好等优点。德国达姆施塔特技术大学 Voigt 等人提出一种基于 DCT 的矢量地图水印算法，将地图内每 8 个矢量定点组成一个单元，对每个单元进行整数离散余弦变换，通过调整每个单元 DCT 系数，将 1 位水印信息嵌入到 AC 分量中。北京邮电大学的研究人员也对此进行了卓有成效的研究。

（3）时空/尺度域数字水印算法

小波分解的空间频率特性与人类视觉系统（Human Visual System，HVS）某些视觉特性有相似性，根据该特性可以将水印信息嵌入到 HVS 不太敏感区域。在保证不影响视觉质量的前提下，可以最大限度地提高水印的嵌入强度。美国麻省理工学院 Cox 提出用小波变换的方法描述图像信号后，韩国大田大学、西安电子科技大学、山东大学、解放军信息工程大学、西北民族大学等多所研究机构的学者陆续提出了基于最远距离、小波多级变换、二元树复小波变换、整数小波变换、复数小波域等理论的时间/尺度域水印算法。特别是日本北海道大学 Kitamura 等人利用双树复数小波域，结合复数小波的多分辨率特性，将水印信息添加到地图的多边形中，使水印算法的不可见性和健壮性获得明显提升。

（4）基于特征的数字水印算法

传统的数字水印算法均通过调整地物坐标值的方式嵌入水印信息，尽管调整幅度非常轻微，坐标值变化可忽略不计，但仍然难以应对地图简化、精度调整等实际应用问题。从国内外发表的文献和研究报告来看，基于特征的方式将是数字地图水印技术的未来发展方向。该类技术采用数据统计或模型映射的方式，密切结合数字地图的属性信息、拓扑关系或数据特征，侧重解决某一类影响水印算法实用性的难题。

基于关系特征的水印技术在安全性和抗攻击能力方面性能均具有一定的优势。日本山梨大学 Ohbuchi 等人利用矢量顶点构造 Delaunay 三角网格，将网格转化为 Laplacian 频谱，水印信息最终嵌入到图谱系数的相位和幅值。该数字水印算

法具有一定的抗地图简化的能力。在此方面,武汉大学、西安交通大学、浙江大学的研究人员分别提出了各种基于拓扑不变性的水印算法。

数字矢量地图的属性数据负责描述矢量对象的名称、类型、长度及图层信息,通常具有一定格式规范,针对每一个矢量对象按照一定的描述顺序存储属性信息。意大利佛罗伦萨大学 Barni 首次提出一种基于文本内容几何归一化的数字矢量地图水印算法。华南师范大学的研究人员提出一种基于对象图层的算法。研究者还提出了基于地图曲线或样条模型的属性特征水印算法。西班牙庞培法布拉大学 Igual 等人创新性地提出了一种数字城市地图的专用水印算法。由于城市内地物的属性特征较单一,即水系(水网)、街道(公路、铁路)、绿地和住宅。算法密切结合地物的属性特征及地物的分布规律,选取一定数目的矢量对象通过改变矢量角的幅值嵌入水印信息。

相对于数字矢量地图水印技术来说,图像数字水印技术研究时间要长很多,大量成熟高效的算法已陆续投入使用。因此,研究人员提出"将矢量地图图形化,利用高性能的图像处理技术实现数字水印嵌入"的策略。日本北海道大学 Kitamura 等人采用了一种比较直接的方式将数字矢量地图数据进行简化并转化为数字栅格地图,选用成熟的数字图像水印算法完成水印嵌入和检测。日本山梨大学 Endoh 等人提出将矢量地图划分为网格,将每个网格看作一个像元,其中每个像元的值定义为网格内物体所占面积。通过这种映射方式将矢量地图转为栅格图像处理并运用小波变换算法实现水印的嵌入与检测。

选择何种特征数据作为水印嵌入的目标并不是一个非常明确的问题。为此,研究者提出了基于统计方式的特征选取策略。德国达姆施塔特技术大学 Voigt 等人提出将地图分成数个固定大小的网格,随机选择两个不相邻的网格,随机策略作为密钥保存下来。选定一个网格作为参照的同时,对另一个网格内的顶点数据进行位置调整。海军大连舰艇学院的研究人员对此作了大量研究。同空域和频域算法相比,基于数据统计的水印算法具有更高的健壮性能。

(5) 可逆数字水印算法

数字矢量地图由于地理信息丰富、定位精度高等特性而获得广泛应用。研究人员提出多种类型的数字水印技术来保障地图版权和内容不受侵害,但是这些方法对地图内容都存在一定扰动。这种扰动可能从视觉角度会被忽略,却严重干扰了工程测量、地理勘测等领域对数字矢量地图的应用效果。为此,研究者提出了可逆数字水印技术,该技术有两种实现途径。

① 无损水印:水印信息以冗余或附加的方式嵌入到数字地图内,不对地图数据进行实质调整且兼顾水印算法的综合性能,实现难度大。

② 可逆水印:水印信息的嵌入对载体数据产生一定扰动,但在水印信息提取的

同时,可同步消除这种数据扰动,恢复地图的原始数据。德国达姆施塔特技术大学Voigt 最早提出数字地图可逆水印算法。该方案结合矢量结点的关系数据,利用整数离散余弦变换方法(DCT)实现可逆水印技术。国内对于数字地图可逆水印技术的研究较少。哈尔滨工业大学的研究人员提出了基于差值扩大理论的地图可逆水印算法。算法对线、面上所有矢量结点进行分组,生成结点对集合,并利用结点对的相关性,将水印信息嵌入结点的横纵坐标中。

(6) 多重数字水印算法

在健壮性方面,单一水印具有明显的靶向性,易被攻击者破坏。多重水印克服了单一水印的不足,算法将多个水印标识嵌入到载体中,并且每个水印标志都有不同的特征维度,从不同方面为矢量地图提供版权支持。多重数字水印技术可用来解决矢量地图在销售及流通领域的认证问题。关于矢量地图多重水印的文献目前较少,多重水印大致分为两类:静态水印及动态水印。

静态水印是指在水印嵌入前完成水印标识的制作。静态水印包括独立、组合两种嵌入方式。动态水印是在水印嵌入过程中,结合载体实际情况将多种水印标识嵌入矢量地图。该类水印更具有实时性,能够根据载体特征信息动态调整水印容量及嵌入强度。

北京邮电大学的研究人员提出了一种矢量数据双重水印算法。解释攻击(或称 IBM 攻击)将是多重水印算法的瓶颈。多重水印同零水印一样,在矢量地图领域研究较少。

对于数字矢量地图多重水印算法的研究路线同其他领域水印算法类似,主要包括两种。

① 互补型多重水印算法,即各水印算法之间存在互补关系,通过弥补各算法的缺陷,强化系统的整体性能,达到提高水印算法性能和实用的目的。

② 侧重型多重水印算法,通常是多种子水印为一种主水印服务,各子水印之间彼此独立。

(7) 数字零水印算法

数字零水印算法主要包括两类:改进的频域零水印算法以及多技术融合的零水印算法。

前者通过对频域算法的改进来获取水印载体的重要特征信息,通过对特征信息进行二次加密和重新构造的方式构造零水印序列或图像。由于特征点选取存在不确定性以及频域算法本身的局限性,该类零水印易陷入局部鲁棒,复杂的矢量数据压缩攻击及几何变换易导致水印失效。

多技术融合的零水印算法主要结合视觉检测、图像分形计算等技术,获得水印载体对人视觉的最不敏感部分的特征信息及地图的特征数据完成水印制作。该类算法

安全性略差,当数字载体被篡改时,水印对载体的可证明性较差,难以抵抗解释攻击。

零水印算法的特点在于:1)保持地图的完整性,使地图精度无任何损失;2)抗矢量数据压缩能力突出,地图的使用无法脱离关键信息,而零水印是通过提取地图的关键特征形成的,与地图联系较为紧密;3)易受到解释攻击,对于零水印的多版权申明攻击,抵抗能力较弱。

目前,有关矢量地图零水印的研究内容较少。该零水印算法根据地物坐标进行分块,并根据分块内的结点个数采用加密变换方式构造成水印图像。该方法构造较为简单,一旦攻击者采用数据拟合或结点压缩方式对地图进行变换,数字水印算法将彻底失效。算法根据点、线、多边形的拓扑层次对矢量地图内所有顶点进行分类获得若干特征序列;利用混沌系统,对选中的特征序列建立映射关系并生成零水印。该算法可抵抗地图旋转、删减、缩放等多种组合攻击,且具有很好的安全性。在混沌系统初始参数未知的情况下,零水印无法被检测到。

目前印度拉贾斯坦大学、意大利博洛尼亚大学以及我国国防科技大学等多所高校的研究人员都在进行多技术融合的零水印算法研究。对于零水印的第三方版权认证技术的研究也可能会成为未来的研究热点。

(8) 第三方认证的数字水印算法

数字地图水印技术除了要解决地图内容完整性验证、版权保护、防侵害防篡改等安全问题,还需要建立一个解决版权争议并对争议进行最终裁决的权威组织,这样的组织被称为第三方水印认证机构。目前,有关数字矢量地图水印第三方认证机制的研究还未见诸文献。

在相关领域水印算法中,对于第三方认证机制以及组织模式进行了一定的阐述。早在2001年,美国布鲁克林理工学院等机构都提出了基于第三方的数字产品传播协议。鉴于数字产品的快速发展,国外对第三方认证水印算法开展了深入研究,如德国波鸿鲁尔大学、美国休斯研究室等机构、我国清华大学研究人员也在从事该领域的研究。

第三方认证水印技术对于电子产品的广泛生产、流通、使用和传播都具有重要意义,它能够有效解决版权注册、数据拷贝等一系列数字信息管理问题,有效增强水印算法的实用性和安全性,同时也必须有行政制度和法律规范的干预。对于这一问题,西班牙马德里卡罗司第三大学 Carlos López 博士曾有过详细论述。

(9) 基于地图特性的数字水印算法

在数字矢量地图水印算法发展过程中,研究者提出了一些运用地图特性进行水印信息嵌入和提取的新兴水印技术。这些算法充分利用矢量地图的数据特征,运用图元来描述目标。基本图元包括点、弧线以及多边形三种类型。

有代表性的水印算法包括以下几种。

① 基于 SVG 空间信息的数字地图水印技术:华南师范大学的研究人员提出基于网络环境下的 SVG 空间信息水印技术,旨在利用图层分类分割技术,选择可供水印信息嵌入的适合位置,通过在选取位置添加新的坐标点来携带水印信息。

② 基于地图要素的数字水印技术:信息工程大学的研究人员根据矢量地图各要素层的数据规模,设计了不同的数据分类规则,嵌入不同性质的数字水印。

③ 基于地图图层的数字水印技术:华中科技大学的研究人员提出利用比较方式,将水印同步嵌入到数字地图中包含道路、水系等重要地理信息的地图图层内和包含非重要信息的图层内。

④ 基于数据分割的数字水印技术:德国电信研究院以及德国达姆施塔特技术大学的学者先后提出将地图数据分割为水平或垂直的数据带,根据水印信息调整带内各点位置使其向某条参考线平移,最终实现数字水印信息的嵌入。日本日立有限责任公司提出了一种适合于小规模数字地图(结点数量不超过 1 000 个)的线分割水印算法。此外,还有基于中国剩余定理的水印算法。

5) 基于数据冗余的数字水印:该算法的基本原理就是通过向矢量地图内新增结点达到嵌入水印信息的目的。由新增结点携带矢量地图制作信息,如地图作者、地图说明等。基于人类视觉系统的数字地图水印系统已在影像地图领域得到推广,其理论基础和实用价值已在数字图像产品上得到验证。目前,日本东北大学的研究人员已开始进行基于人类视觉系统的地图水印算法研究。

纵观国内外研究情况,可以看到目前真正能够实用的性能优越的数字矢量地图水印算法还寥寥无几。从研究现状来看,目前的数字水印还很难抵抗各类地图变换操作而稳健地存在于载体内。

特别地,国内科研工作者虽然对数字矢量地图水印算法从理论到实践都进行了深入的研究,但从所采用的技术来看,大部分还是针对国外技术的跟踪性研究,缺少创新性,同国外的差距较大。另一方面,数字矢量地图水印算法的研究受到专业和资源限制,研究机构相对集中,多为国家测绘部门、测绘专业院校、军队等机构。可以预见合理开放地图数据和加强技术交流是推动数字矢量地图水印算法取得积极进展的必由之路。近几年,国家对这方面研究的投入陆续加大,科技部、国家自然科学基金委、863 专项基金都对研究内容给予大力扶持。许多科研单位和高等院校都积极开展这方面的研究。随着更多的科研人员投入到数字矢量地图水印算法的研究,相信在不久的将来,国内数字矢量地图安全防护技术的研究水平将超越国外并占有一席之地。

第3章

多媒体信息伪装技术

本章将要介绍的技术虽然不能"颠倒是非",但确实可以"混淆黑白"。"视而不见"、"听而不闻"在本章中将有新的含义。

在第1章和第2章,我们已经介绍了两类典型的信息伪装技术(信息隐藏和数字水印),本章将继续介绍其他几类多媒体信息伪装技术。

3.1 叠 像 术

形象地说,本节介绍的叠像术能够把男人变女人。更一般地,叠像术能够生成任意两张事先指定的图片 A 和 B,使得将图片 A 和 B 精确地重叠起来后,原来每一张图片上的内容将消失,而被隐藏的秘密图片(事先任意指定)就会出现。当然,叠像术更能够将两张男人的图片经过简单重叠后变成一张女人的图片了。这种技术在信息安全等领域的应用前景是显然的。一方面,单张图片无论是失窃还是被泄露,都不会给信息的安全带来灾难性的破坏;另一方面,由于每一张图片的"可读性",使其达到了更好的伪装效果,可以十分容易地逃过拦截者、攻击者的破解。在一定的条件下,从理论上可以证明该技术是牢不可破的,能够达到最优安全性。

叠像术有如下几个突出的特点。

① 隐蔽性:这是数据伪装的基本要求,隐藏的秘密图像不能被常人看见。

② 安全性:无论用任何方法任何手段对单张图像进行分析,都不能得到任何有用的信息。从数学上也可以证明,本技术能达到最优安全性,因而是不可破译的。

③ 秘密恢复的简单性:不同于其他任何一种信息伪装技术,替换术的秘密恢复过程无需任何计算,只要将图像简单地叠加就行了。

④ 通用性:使用者无须专门知识,任何人都可以使用该技术。

3.1.1 黑白图片叠像术

叠像术的概念最早是由 Shamir 为了实现新型的秘密共享方案而提出来的。Shamir 叠像术的思想是把要隐藏的密钥信息通过算法隐藏到两个或多个子密钥图片中。这些图片可以存在磁盘上,或印刷到透明胶片上。在每一张图片上都有随机分布的黑点和白点。由于黑、白点的随机分布,持有单张图片的人不论用什么方法,都无法分析出任何有用的信息。而若把所有的图片叠加在一起,则能恢复出原有的密钥。由于该方法简单有效,只要通过人的视觉系统就可识别,从而完成恢复过程。Shamir 叠像术的核心是所谓的(k,n)-VCS 模型。

(k,n)-VCS 模型。此模型的目的是建立一种新型的(k,n)密钥分享方案:对于给定的密钥,可以产生 n 张图片。将任意 k 张图片叠加到一起,可以恢复出原来的密钥,而任意小于等于 $k-1$ 张图片不能恢复。

假设给定的密钥是由黑、白两种颜色的像素组成。将密钥中的每一像素用一个包含 m 个黑、白像素的子密钥块代替,各个子密钥含有相同的黑或白像素数。此构造可以描述为一个 $n\times m$ 阶布尔矩阵 $S=(S_{ij})$,$S_{ij}=1$ 当且仅当第 i 个子密钥中第 j 个像素为黑色。当子密钥 $i_1,i_2,\cdots,i_r$ 叠加在一起时,得到的合并子密钥是 S 中的第 $i_1,i_2,\cdots,i_r$ 行的布尔"或"运算,在此记为 $V_{i_1,i_2,\cdots,i_r}$,其灰度值为 $V_{i_1,i_2,\cdots,i_r}$ 的汉明重量 $H(V)$。当 $H(V)\leqslant d$ 时,该子密钥视为黑,当 $H(V)\geqslant d-\partial m$ 时,该子密钥视为白,$1\leqslant d\leqslant m$ 是门限值,$\partial>0$ 是相对差。

定义:一个(k,n)-VCS 包含两个 $n\times m$ 布尔矩阵的集合 C_0 和 C_1。为隐藏一个白像素要从 C_0 中随机地选择一个矩阵 B_0;为隐藏一个黑像素要从 C_1 中随机地选择一个矩阵 B_1,分别由 B_0 和 B_1 生成各个子密钥的子密钥块。C_0 和 C_1 满足:

(条件 1)对任意的布尔矩阵 $S\in C_0$,$\forall \{i_1,i_2,\cdots,i_k\}\subset\{1,2,\cdots,n\}$,$k<n$,有
$$H(V_{(S_{i1},S_{i2},\cdots,S_{ik})})\leqslant d-\partial nNm;$$

(条件 2)对任意的布尔矩阵 $S\in C_1$,$\forall \{i_1,i_2,\cdots,i_k\}\subset\{1,2,\cdots,n\}$,有
$$H(V_{(S_{i1},S_{i2},\cdots,S_{ik})})\geqslant d;$$

(条件 3)对 $\forall \{i_1,i_2,\cdots,i_q\}\subset\{1,2,\cdots,n\}$,$q\leqslant k$,由 $C_t(t=0,1)$ 中的每一矩阵在第 $i_1,i_2,\cdots,i_q$ 行上的限制得到的 $q\times m$ 阶布尔矩阵集合是相同的。

上述定义中的前两个条件称为对比条件,它保证了解密时黑点和白点在视觉上的差异从而显示出原密钥。第三个条件称为安全条件。由此,从任意小于等于 $k-1$ 个子密钥中都不能得到任何有用的信息。m 是一个子密钥块包含的像素数,m 越小越好;∂ 是白子密钥块和黑子密钥块分别叠加后的汉明重量的相对差,∂ 越大越好;r 是 C_0 或 C_1 集合的阶数,它代表为产生子密钥块所需随机比特的数目,对子密钥的效果不会产生影响。

对以上的参数 m 和 ∂,Shamir 已得到如下结果:对于一般的(k,k)-VCS,若能满足 $m=2^{k-1}$,$\partial=\dfrac{1}{2^{k-1}}$,则此方案将是最优的方案。而对于更为一般化的$(k,n)$-VCS,则有 $m=\log n \cdot 2^{o(k\log k)}$,$\partial=\dfrac{1}{2^{\Omega(k)}}$。

1. Shamir 的(k,n)-VCS 实例

为方便起见,我们按照 Shamir 的(k,n)-VCS 构造方法给出$(3,3)$-VCS。假设要隐藏的密钥是"Visual Crypto",我们首先将得到:

$$B_0 = \begin{bmatrix} 0110 \\ 0101 \\ 0011 \end{bmatrix}, B_1 = \begin{bmatrix} 1100 \\ 1010 \\ 1001 \end{bmatrix}。$$

则:

$C_0 = \{$对 B_0 进行列置换得到的布尔矩阵$\}$;

$C_1 \{$对 B_1 进行列置换得到的布尔矩阵$\}$。

从 C_0 和 C_1 中得到的所有可能的子密钥块为:

按照算法由程序生成的子密钥如图 3.1 所示。

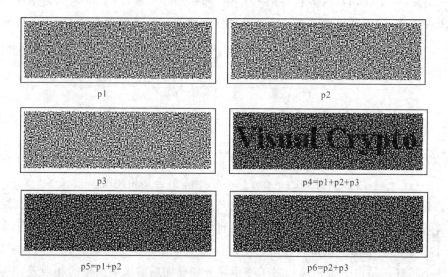

图 3.1 Shamir 的叠像术例子

由上例可见,Shamir 叠像术能够达到很好的隐藏子密钥的效果。每一个子密钥都由随机分布的黑点和白点组成,密码分析无法从小于等于$k-1$个子密钥中恢复原密钥。但是,Shamir 叠像术有一个严重的缺点,那就是每一个子密钥都是由"无意义"的随机黑白点组成,容易引起截获者的怀疑。下面对 Shamir 叠像术进行改进,使得每个子密钥都有能够"看懂"的"内容",即在每个子密钥上有"有意义"的明文出现,而只有当有足够数目的子密钥叠加到一起时,每个子密钥上的明文消失,而被隐藏的原密钥出现。

2. 改进型模型建立

为了使子密钥上有明文出现,代表明文的子密钥块所包含的黑像素数目必须要比其他子密钥块所包含的黑像素数要多。为此,须重新建立一个能够满足要求的 VCS 模型。

设 C_0 和 C_1 为 (k,n)-VCS 模型,$B_0 \in C_0$,$B_1 \langle C_1$。按下式构造 D_0 和 D_1:

$$D_0 = \begin{cases} \text{所有由 } k \text{ 个 } 1 \text{ 的 } n \text{ 维列布尔向量构成的矩阵,} \frac{n}{2} < k < n; \\ \text{所有由 } n-k+1 \text{ 个 } 1 \text{ 的 } n \text{ 维列布尔向量构成的矩阵,} k \leqslant \frac{n}{2}; \\ \text{所有由 } l \text{ 个 } 1 \text{ 的 } n \text{ 维列布尔向量构成的矩阵,} 0 < l < n; \end{cases}$$

$D_1 = $ 所有元素全为 1 的 $n \times n$ 阶布尔矩阵。

这样,D_1 中的行向量构成的子密钥块中的黑像素数要比 D_0 中的多,因而可以用来显示明文信息,而且由 D_0 中任意的 k 行按照布尔"或"运算得到的 $V_{D_{i_1},D_{i_2},\cdots,D_{i_k}}$ 的汉明重量为 n,从而可以达到任意 k 个子密钥叠加后隐藏明文的效果。至此,我们便可以重新设计这一方案。令:

$$M_0 = \begin{bmatrix} D_0 B_0 \\ D_1 B_0 \end{bmatrix}; M_1 = \begin{bmatrix} D_0 B_1 \\ D_1 B_1 \end{bmatrix};$$

$C_0^* = \{$所有对矩阵 M_0 进行列置换得到的布尔矩阵$\}$;

$C_1^* = \{$所有对矩阵 M_1 进行列置换得到的布尔矩阵$\}$;

然后按照如下方法选择矩阵:

(1) 各子密钥块中既无明文信息又无密文信息,则从 C_0^* 中随机选择矩阵,按照前 n 行生成各子密钥的子密钥块;

(2) 各子密钥块中都无明文信息而有密文信息,则从 C_1^* 中随机选择矩阵,按照前 n 行生成各子密钥的子密钥块;

(3) 若各子密钥不含有密文信息,而第 $i_1, i_2, \cdots, i_r (1 \leqslant r \leqslant n)$ 个子密钥有明文信息时,同(1)中的处理,但第 $i_1, i_2, \cdots, i_r$ 个子密钥块分别由所选择矩阵的第 $n+i_1, n+i_2, \cdots, n+i_r$ 行生成;

(4) 若各子密钥隐藏有密文信息,且第 $i_1, i_2, \cdots, i_r (1 \leqslant r \leqslant n)$ 个子密钥有明文信息时,同(2)中的处理,但第 $i_1, i_2, \cdots, i_r$ 个子密钥块分别由所选择矩阵的第 $n+i_1, n+i_2, \cdots, n+i_r$ 行生成。

至此通过定义 D_0 和 D_1,利用 Shamir 的 (k,n)-VCS,优化了 Shamir 的密钥分享方案。下面举一个实例来进一步说明问题。

3. 改进型黑白叠像术实例

按照以上的设计,现在来构造一个 $(2,3)$-VCS 模型。Shamir 设计的 $(2,3)$-VCS如下:

$$C_0 = \begin{pmatrix} 0 & 0 & 1 \\ 0 & 0 & 1 \\ 0 & 0 & 1 \end{pmatrix}, C_1 = \begin{pmatrix} 1 & 0 & 0 \\ 0 & 1 & 0 \\ 0 & 0 & 1 \end{pmatrix}。$$

按照我们的设计,得到的新矩阵为:

$$C_0^* = \begin{pmatrix} 110001 \\ 101001 \\ 011001 \\ 111001 \\ 111001 \\ 111001 \end{pmatrix}, C_1^* = \begin{pmatrix} 110100 \\ 101010 \\ 011001 \\ 111100 \\ 111010 \\ 111001 \end{pmatrix}。$$

由此模型得到的两个子密钥如图 3.2 所示。

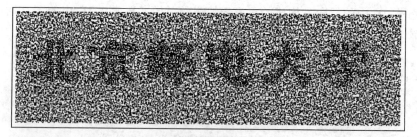

p1 "北京邮电大学"

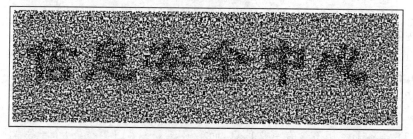

p2 "信息安全中心"

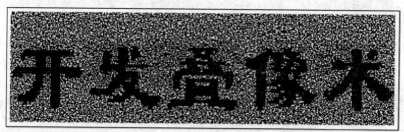

p3=p1+p2= "开发叠像术"

图 3.2　改进后的黑白图像叠像术

3.1.2　灰度和彩色图片叠像术

前面介绍的叠像术完全是针对二色图像的,其思想方法不能搬到多色彩图像上,因为彩色的视觉叠加与黑白相比要复杂得多。下面从一个新的角度来构造灰度和彩色图像的叠像方案。

根据数字图像理论和人的视觉系统理论,可以把灰度或彩色图像按空间域分解为比特位平面,每一个比特位平面所包含的图像能量是各不相同的。由于灰度图像的每个像素占 8 位,所以灰度图像可分解为 8 个比特位平面,其中最高位比特位平面约包含图像能量的二分之一,把它作为黑白图像时能比较清晰地反映原图像内容;次高位比特位平面约包含图像能量的四分之一,把它作为黑白图像显示时也能比较清晰地反映原图像的轮廓内容;依此类推,越往低位比特位平面,其包含图像的能量越少,作为黑白图像除局部可能有一些原图像的大致痕迹外,人眼感觉黑白像素越来越随机化,所以低位比特的取值对图像内容几乎没有什么影响。对 24 位彩色图像,只要对红绿蓝(RGB)三种颜色分别分解成 8 个比特位平面,其能量分布状况与灰度图像情形相类似。对 256 色彩色图像,由于图像数据区的数据是调色板的序号,所以不能简单地像上述两种情况那样将图像分解成比特位平面,而只能先保存调色板数据,再将图像转化为 24 位彩色图像格式,然后按 24 位彩色图像进行位平面分解,进行必要的图像处理后再结合原先的调色板并统计新的颜色使用数,可恢复为 256 色图像。

基于上述分析,可针对灰度图像设计一种新型的叠像术和 (k,n) 可视秘密共享方案,其原理和步骤如下。

(1) 选取一幅要 (k,n) 共享的秘密灰度图像 S,再任意选取 n 幅同样大小且内容无关紧要的可公开的灰度图像 $P_1,P_2,\cdots,P_n$。

(2) 将上述 $n+1$ 幅数字灰度图像中每幅图像按空间域分解成 8 个比特位平面,并从高位到低位分别记为 $S_1,S_2,\cdots,S_8$;$P_{i1},P_{i2},\cdots,P_{i8}$($i=1,2,\cdots,n$)。将每个比特位平面 S_j、P_{ij} 看作一幅黑白图像。

(3) 按改进型黑白叠像术模型要求,构造布尔矩阵

$$\boldsymbol{M}_0=\begin{bmatrix}D_0&B_0\\D_1&B_0\end{bmatrix},\boldsymbol{M}_1=\begin{bmatrix}D_0&B_1\\D_1&B_1\end{bmatrix}$$

$\boldsymbol{C}_0^*=\{$所有对矩阵 $\boldsymbol{M}_0$ 进行列置换得到的布尔矩阵$\}$

$\boldsymbol{C}_1^*=\{$所有对矩阵 $\boldsymbol{M}_1$ 进行列置换得到的布尔矩阵$\}$

(4) 将 S_j 看作秘密黑白图像,P_{1j}、P_{2j}、$\cdots$、P_{nj} 看作明文黑白图像,对 S_j 和 P_{1j}、P_{2j}、$\cdots$、P_{nj},利用步骤(3)的布尔矩阵按改进型黑白叠像术模型的方案构造 n 张带明文信息的胶片(或黑白图像)Q_{1j}、Q_{2j}、$\cdots$、Q_{nj}。然后 j 取遍 $1,2,\cdots,8$。

（5）将 $Q_{i1}, Q_{i2}, \cdots, Q_{i8}$ 看作 8 个从高位到低位的比特位平面,产生一幅灰度图像 Q_i。i 取遍 $1, 2, \cdots, n$,得到 n 幅灰度图像,这样秘密图像 S 就隐含在 $Q_1, Q_2, \cdots,$ Q_n 之中。将 $Q_1, Q_2, \cdots, Q_n$ 分发给 n 个不同的秘密图像共享者。

（6）一旦 n 个共享者中任意 k 个拿出其共享图像 $Q_{m_1}, Q_{m_2}, \cdots, Q_{m_k}$,将 $Q_{m_1},$ $Q_{m_2}, \cdots, Q_{m_k}$ 分别分解成 8 个比特位平面,同一位置的 k 个位平面叠加在一起,就产生了秘密图像的对应位置的黑白图像(或比特位平面),再将 8 个叠加出来的黑白图像按原位置关系合成一幅灰度图像,这幅灰度图像就是所恢复出来的秘密图像。但是如果少于 k 个图像,将它们分别分解成 8 个比特位平面后,由于同一位置的比特位平面叠加不出秘密图像的任何信息,所以将叠加出的比特位平面合成在一起也得不到秘密图像的任何信息。

针对 24 位彩色图像,也可以按类似的方法设计叠像术和 (k, n) 可视秘密共享方案。首先按 RGB 三种颜色分解为三组,每一组为每个像素占 8 位的像素矩阵,因此可看作是"灰度图像",然后每一组按上述介绍的灰度图像模式设计叠像术和 (k, n) 可视秘密共享,最后将得到的三组共享图像按 RGB 进行图像合成,就可得到 24 位真彩的叠像术和 (k, n) 可视秘密共享方案。秘密图像恢复时,将任意 k 个共享图像先按 RGB 分组,各组再按比特位平面进行分解,然后对应位置的比特位平面进行叠加,将叠加之后的比特位平面按对应位置合成,再按 RGB 合成,就得到了叠加之后的秘密图像。

显然,上述针对灰度和彩色图像设计的叠像术和 (k, n) 可视秘密共享方案,对图像的颜色数目没有任何限制。

3.2　文　本　替　换

形象地说,本节介绍的文本替换算法能够把《红楼梦》变成《西游记》。更一般地说,文本替换术能够把任何一个文本文件变换成另一个事先确定的文本文件。

目前在信息伪装领域研究得最多和最深入的是图像伪装,这一方面是由于图像处理的直观性,另一方面是由于图像中存在大量的冗余信息。由于这些冗余信息的存在,使得我们可以在其中隐藏一些信息,而不致引起观察者的怀疑。同样,对于声音信号,它也存在大量的冗余信息,因此在声音中也可以进行信息伪装和隐藏。但是对于文本信号就不同了,文本信号中不存在冗余,文本的一个比特发生变换,文本就发生错误,因此在文本中进行信息伪装的方法就不同于在图像和声音信号中的方法。本节介绍的文本替换算法从一个新角度来研究文本信息的伪装。首先,把文字以其编码方式读入为一串编码数字,当然这些数字与文字一一对应,数字发生微小的变化,将引起文字的错乱。而将这串数字信号进行某种变换,在变换域的信号就可以允许有误差,这点微小的冗余便被用来进行文本的伪装。

3.2.1 文本替换算法描述

首先,根据编码方式,可以把所有文字以它的编码方式读入(如 $0 \sim 127$ 是 ASCII 码,128 以上是汉字编码),这些编码数字是以整数形式存在的,它们不存在任何的冗余,数字发生微小的变化,将引起相应文字的错误。为了在没有冗余的文字编码中引入冗余,我们现将这串数字以它的比特流表示,将这串 0 和 1 组成的比特流进行某种变换,如小波变换、FFT 变换、DCT 变换等。在变换域中的这串数字就具有了一些冗余度。比如,变换域中的数字产生了微小的变化,而进行相应的逆变换,数据取整后仍然变为原来的 0、1 比特串,那么在变换域中冗余范围之内的微小变化,就没有影响原来的文本信号。

然后,考虑在冗余的信号中进行信息的伪装。假设有一个普通文本 p 和一个机密文本 s,机密文本的传输需要以普通文本做掩护。首先将普通文本和机密文本都变为具有冗余的变换域内的信号 p_w 和 s_w,然后将这两个信号进行归一化,变为 $[0,1]$ 内的信号 p_{un} 和 s_{un},然后对 p_{un} 进行压缩编码。这里采用的编码方式是,根据精度要求,选用一个具有 2^n 个等级的码本,将 p_{un} 的每一个值与这个码本进行比较,每一个值用它在码本中的序号来代替,这样就得到了一个具有误差的对 p_{un} 的编码。这种编码方式类似于图像的编码,即图像的像素值用与其对应的调色板的序号来代替。同样,对机密文本的归一化信号用同一个码本进行编码。对这两个信号的编码值进行运算(如相加或异或等),运算后的值作为密钥发送给接收方。

在这个算法中,需要秘密传给接收方的信息有:密钥、码本的选择、机密信号归一化时的最大值和最小值。

在接收方,接收者收到公开发来的文本 p,以及秘密发来的密钥、码本的定义、机密信号归一化时的最大值和最小值。首先对公开的文本 p 进行冗余化处理,变为 p_w,再进行归一化,变为 p_{un},用约定的码本进行编码,得到 p_{un} 信号的编码序号,将这个编码序号与密钥进行与发送方相反的运算(如相减或异或等),就得到了秘密文本相对于码本的编码序号,根据这个序号和码本可以得到 s_{un} 的信号值,将它进行反归一化,再进行冗余化的逆向处理,就可以得到原始的文本的 0、1 比特流。但是由于编码的误差,以及传输过程中密钥有可能受到微小噪声的干扰,因此恢复的信号不是单纯的 0、1 比特流,而是一些实数,将这些实数取整,大于 0.5 的判为 1,小于 0.5 的判为 0,得到 1 个 0、1 比特流。当误差以及干扰在一定范围之内时,0、1 比特流可以精确恢复,也即可以精确恢复机密文本。

在这个算法中,需要讨论以下几点。

(1)密钥的发送过程

在这个算法中,将两个文本数据冗余化,再进行编码,并将两个文件的编码序号进行运算,产生密钥。这个密钥是从两个文本的冗余化数据中得来的,它与两个

文本文件密切相关。另一方面,尽管进行了编码,密钥的数据量还是远远大于原始机密文本的数据量。在这里要考虑的是:首先,用一个普通文本的传输来掩盖机密文本的传输,以达到不引起攻击者怀疑的目的;第二,这样产生的密钥,尽管数据量增大,但是它存在部分冗余,就是说,密钥在传输过程中如果受到一定的人为破坏或噪声干扰,仍然不影响恢复机密文本的正确性。因此密钥传输时可以考虑在一个公开的图像或者声音文件中进行隐藏,接收者收到图像或者声音文件后,提取出隐藏的密钥,再进行文本的恢复。

(2) 码本的选择和约定

在算法中,发送方和接收方需要事先选择或者约定一个共同的码本,比如最简单的是一个线性函数($y=i/N$, $N=2^m-1$, $i=0,1,\cdots,N$),或者是一些单调上升或单调下降的曲线。当然,选择的码本函数越复杂,伪装的安全性就越高。

(3) 算法抵抗干扰的能力

如果直接在图像或者声音文件中隐藏原始机密文本,由于其不存在冗余度,图像或声音等载体受到些许破坏或干扰,都会造成错误的文本恢复。而我们提出的算法中,采用了对文本信号进行冗余化处理的技术,使得密钥存在一定的冗余度,因此可以抵抗一定的人为破坏和干扰。

(4) 冗余化变换的选择

在算法中,我们采用了一个冗余化处理技术,通过大量试验我们发现,对文本文件的0、1比特流进行小波变换,其冗余化的效果最好。它使得在密钥传输时,叠加了1.5倍的噪声仍然能够精确恢复原始机密文本。

3.2.2　文本替换算法的仿真结果

我们对算法做了大量的仿真试验。在这个算法中,注意到机密文本和普通文本要求数据量是一样大的。这里取这样两个文本,图3.3(a)作为普通文本,图3.3(b)作为机密文本。

```
figure
hold on
plot(m4_100_db10lv(:,1),m4_100_db10lv4(:,2),m4_100_db10lv4(:,3),'*')
plot(m4_100_db4lv(:,1),m4_100_db4lv1(:,2),m4_100_db4lv1(:,3),'*')
plot(m4_100_db4lv4(:,1),m4_100_db4lv4(:,2),m4_100_db4lv(:,1
```

(a) 普通文本

信息隐藏与检测算法的特性分析

钮心忻,杨义先

(北京邮电大学信息安全中心,北京 100876)

摘要:本文从系统模型的角度研究了信息隐藏与检测的问题,提出了用参数
估计理论来衡量信息提取算法的优劣。同时,用信息隐藏中常用的两种算法
和四种应用环境为例,推导了参数估

(b) 机密文本

图 3.3 普通文本和机密文本

这两个文本的大小均为 256 字节。首先分别对它们的 0、1 比特流信号进行冗余化,采用一级分解的小波变换,小波基采用"Daubechies5"。在变换域中的信号归一化后,其数据如图 3.4 所示。然后,归一化的数据用一个 16 级的线性码本来编码,其码本如图 3.5 所示。编码后的数据如图 3.6 所示,在这里,密钥取为两个文本序号的和,如图 3.7(a)所示。密钥传输时,考虑受到噪声的干扰,我们用一个 [−1,1] 内均匀分布的白噪声来模拟,将这个白噪声叠加到密钥上并取整,密钥会发生 +1 和 −1 的变化,叠加了噪声的密钥如图 3.7(b)所示。接收端用此密钥减去公开文本的序号,得到秘密文本的序号(如图 3.8 所示),这个编码的序号已经受到 +1 和 −1 噪声的干扰。再用它通过码本还原,通过逆向小波变换,得到恢复的秘密文本。如图 3.9 所示,得到了精确的恢复。

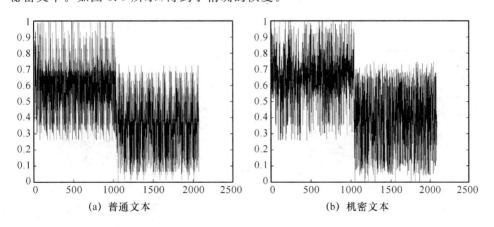

(a) 普通文本 (b) 机密文本

图 3.4 两个文本文件在小波变换域中的波形

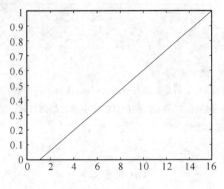

图 3.5　线性码本

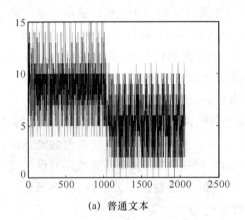

(a) 普通文本

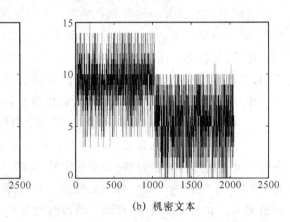

(b) 机密文本

图 3.6　两个文本文件在小波变换域中编码后的波形

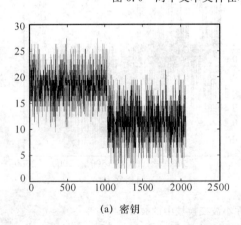

(a) 密钥

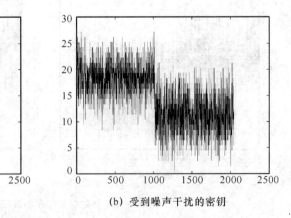

(b) 受到噪声干扰的密钥

图 3.7　密钥和受到噪声干扰的密钥

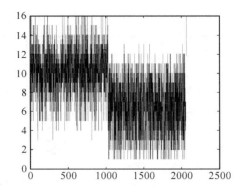

图 3.8　恢复的受到干扰的机密文件的编码值

信息隐藏与检测算法的特性分析

钮心忻,杨义先

(北京邮电大学信息安全中心,北京 10086)

摘要:本文从系统模式的角度研究了信息隐藏与检测的问题,提出了用参数估计理论来衡量信息提取算法的优劣。同时,用信息隐藏中常用的两种算法和四种应用环境为例,推导了参数估

图 3.9　精确恢复的秘密文本

　　如果受到的噪声强度加大,如噪声在[−1.5,1.5]内均匀分布,恢复的文本会产生少量的误差,如图 3.10 所示,在这 256 个字节中,有 2 个字节发生变化,产生两个中文字符的错误。

信息隐藏与检测算法的特性分析

钮心忻,杨义先

(北京邮电大学鹊息安全中心,北京 100876)

摘要:本文从系统模型的角度研究了信息隐藏与检测的问题,提出了用参数
估计理论来衡量信息提取算法的优劣。同时,用信息隐藏中常的两种算法
和四种应用环境为例,推导了参数估

图 3.10　噪声强度提高时恢复的秘密文本

　　为了说明问题,我们对这 256 字节的文本做了大量的试验,其中,每一次叠加的噪声是随机的。[−0.5,0.5]内均匀分布白噪声时,200 次仿真中没有错误;如噪声在[−1,1]内均匀分布,其出现错误的概率为 256 字节中有 0.385 个字节发生错误;当噪声为[−1.5,1.5]时,平均错误率为 1.27 个字节;当噪声强度提高到[−1.6,1.6]时,平均误差率为 6.58 个字节。图 3.11 给出了噪声强度与字节错误

率的关系。

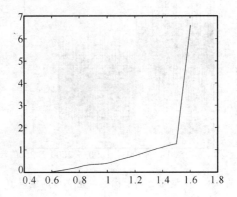

图 3.11　字节错误率与噪声强度的关系

我们注意到,当均匀分布白噪声的幅度大于[−1.5,1.5]范围时,算法恢复的机密文本的错误率大幅度提高。而[−1.5,1.5]的噪声意味着密钥受到−2～+2的干扰。

本节介绍的文本替换伪装术能够将不具有冗余度的文本信号变换为具有一定冗余度的信号,在此冗余信号中进行信息的伪装。运用该算法可以将一段机密文本变为一段普通的文本,从而掩盖了机密文本传输的事实。而密钥的传输可以隐藏在普通的图像或者声音中,并且该算法产生的密钥可以抵抗干扰和噪声。

3.3　替 音 术

形象地说,替音术就是能够把哭声变成笑声。更一般地,替音术能够把任何一句话变换成另一句事先确定的话。

替音术的核心算法可借鉴上节中介绍的文本替换算法。基于先进的替音算法,北京邮电大学信息安全中心已经成功地完成了一种新型的安全电话,称为替音电话。为了将我们的替音电话与传统的保密电话进行比较,首先回忆一些有关传统保密电话的知识。

传统保密电话的原理及应用简单示意图如图 3.12 所示。

图 3.12　传统保密电话的原理及应用简单示意图

可以看出,传统保密电话主要是通过将数字化后的语音信号直接加密再对载波进行调制后送入信道的,由于这个过程改变了语音信号的频谱结构,所以如果窃听者挂机窃听,听到的将是无意义的噪声,因此容易激发窃听者的破译兴趣。北京邮电大学信息安全中心研制的替音电话则避免了这一弱点,它的简单原理示意图如图3.13所示。

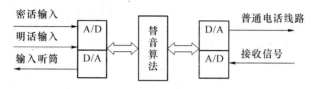

图 3.13　替音电话原理简单示意图

由图3.13可以看出,替音电话的主要算法不是加密,而是替音,即利用信息隐藏的原理,将保密语音信号隐藏在普通话音信号之中,再送上线路进行传递,这样窃听者若搭机窃听,听到的将是作为载体的普通对话,这就很容易避过窃听者的注意,从而实现真正的安全通信。替音电话的通话过程描述如图3.14所示,当合法使用者A和B通话时,如果他们进行的是普通通话,即可将替音电话作普通电话使用,这时窃听方C或D都可听到这次通话,内容与合法使用者一样。当合法使用者A和B通话时,如果他们进行的是秘密通话,就可通过替音电话上一个简单的开关选择替音功能,这时合法使用者A和B相互听到的仍是对方的秘密话音,而窃听者C或D听到的将是与这次通话内容不相关联的替换了的明话内容。由于是在合法使用者不管打普通电话还是打保密电话的情况下,窃听者都将听到连续有意义的对话,不像传统保密电话一样打保密电话时听到的是噪声,这就不容易引起窃听者的怀疑,降低了窃听者的警惕性。从而更好地实现安全通信。

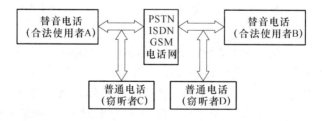

图 3.14　替音电话示意图

北京邮电大学信息安全中心研制的替音电话硬件(第一代)的核心部分原理框图如图3.15所示。此系统的开发基于TMS320C31高速处理系统SEED-31MT应用系统。根据替音算法的特点和运算量的需要及产品化所必需的成本、易实现性及稳定可靠性的需要,选择了目前成本较低、质量稳定的著名DSP制造商TI的产品TMS320C31作为替音算法的核心处理芯片,同时为保证算法的实现,配合

DSP,选择了相应性能的采集、存储、接口、信号预处理、电源等芯片。设计并实现了与普通市话电路的接口,设计并改进了普通模拟市话使其与实现替音算法的数字电路相匹配。

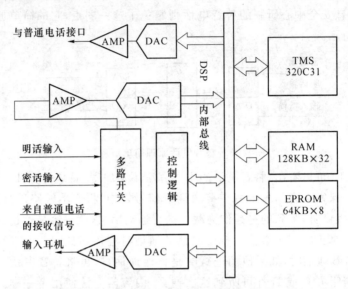

图 3.15　替音电话数字信号处理部分原理框图

在软件方面,为使系统性能最高,程序的效率最高,以达到实时性的要求,全部采用了汇编语言编写程序。软件首先主要利用 C Source Debugger 调试。软硬件调试成功后,将整个系统的软件写入 EPROM,插入电路板,就可使系统成为独立运行的 DSP 系统。

图中控制逻辑完成板上 RAM、EPROM、A/D、D/A 等的地址分配、所需时钟信号的产生、同步信号的产生等。多路开关负责将收、发密话和明话时分复用地输入数据采集电路 AD1674。

北京邮电大学信息安全中心研制的替音电话的流程框架是:首先,主叫端拿起听筒拨号,当被叫接通后,按下替音键,开始进行替音通话,对模拟话音信号进行数字化采集,这包括收发的秘密话音和用来隐藏密话的明话话音,然后将它们按一定规律一起存入高速数字信号处理器,这里采用一路 A/D 同时对发、收密话和明话三路信号进行时分采集,将大大减少电路的复杂度及成本。从要传送的密文中,经过频率时域分析,提取密文的相关参数,并分别将密文和明文进行数字信号处理,最后和明文一起转换成话带模拟信号传送到市话线路。在收端应用相应的解密算法从接受的信号中将秘密语音信息恢复出来,从而完成安全通信的全过程。

替音电话还可用于携带少量机密信息,比如,对称密码体制所需的密钥。因此,替音电话的另一个重要的潜在应用就是常规保密通信的密钥分配。

北京邮电大学信息安全中心研制的替音电话具有以下技术特点。

- 良好的隐藏性：经过一系列隐藏处理，隐藏的秘密话音无法在被攻击时人为地听见。
- 安全的隐藏场所：将欲隐藏的秘密话音隐藏于明话话音的内容之中，而非话头等处，防止因格式变换而遭到破坏。
- 良好的伪装性：明话话音在形式上与秘密话音几乎没有差别，明话内容连贯有意义，只是传输的内容不同，使非法拦截者放松对该段话的注意，从而可以达到成功地传输秘密话音的目的。可以预先准备几段不同明话话音，每次播放时有所选择，达到迷惑非法拦截者的目的。明话话音还可以根据需要方便地随时录制。
- 实时性好：处理速度可以满足实时性要求，满足时延小，话音同步等要求。

3.4　隐信道技术

信道是人们有意设计并用于传输各种信号的通道，比如，光纤、载波、铜线等都是典型的信道例子。任何人都可以很容易地发现这些信道的存在。顾名思义，所谓隐信道（或称潜信道）就是不容易被普通人发现的隐藏在其他系统之中的信道。有些隐信道是人们精心设计的。比如，前面各章节中介绍的信息隐藏、数字水印、信息伪装等其实都是精心设计的各种隐信道。有些隐信道却是人们无意设计的。在现存的许多信息系统中，都存在各种各样的隐信道。因此，努力发现现有信息系统中可能的隐信道也是信息伪装研究的一个重要课题。本节简要介绍一些有代表性的隐信道例子。

（1）冗余型隐信道

任何信息系统，只要它允许冗余信息的存在就一定有隐信道存在。实际上，冗余信息的所在之处就是隐信道。因为，我们可以在发信端简单地将冗余信息替换成为机密信息，而在收信端再以获取冗余信息的方式将机密取出来就行了。图像隐藏和数字水印等都属于这类隐信道。人类的自然语言中也有冗余信息，因此可以将机密信息直接编码到文章内容中去。比如，使用上下文自由语法来创作一些特殊的藏头诗。

（2）数字签名方案中的阈下信道

数字签名是人类手写签名在虚拟世界中的对应物。充分利用数字签名方案的结构特点，可以设计出一种隐信道，从而收发双方可以进行不可视通信。ElGamal型数字签名方案、DSA、ESIGN，以及其他的数字签名方案均可用作构造隐信道。作为一个例子，此处介绍如何利用 ElGamal 签名方案来构造隐信道。为了生成 ElGamal 密钥，用户首先选择一个素数 p，选择 Z_p^* 的一个生成元 g，和一个随机数 $x < \mathrm{p}$。然后用户计算 $y = g^x \bmod p$，于是公钥为三元组 $\langle y, g, p \rangle$，私钥为 x。为

了对消息 M 签名,用户首先选择一个随机数 k,且使 k 与 $(p-1)$ 互素,计算 $a=g^k \bmod p$,并从方程:$M \equiv xa + kb \bmod (p-1)$ 求解 b。签名就是 $\langle a,b \rangle$。为验证该签名,验证方程:$y^a a^b \equiv g^M \bmod p$。

为了在数字签名中储存附加的秘密信息,接收者必须获得发送者的私钥 x。为了将秘密消息 M' 与某些无关紧要的消息 M 一起发送,M' 在基本的 ElGamal 方案(也就是,发送者计算 $a=g^M \bmod p$ 并从方程 $M \equiv xa + M'b \bmod (p-1)$ 求解 b)中扮演随机数 k 的角色,签名仍然是 $\langle a,b \rangle$ 并像上述那样进行验证。如果接收者已获得 x,则他可以利用扩展的欧几里德算法重构 M'(给予更强的条件)。

(3) 操作系统中的隐蔽信道

如果通信双方都接入同一个计算机系统(或者如果通信双方实际上是运行在同一个主机上的两个进程),可以用许多方法来构造隐信道。当运行在一个特定安全级别的系统的一部分(也就是,一个共享资源)能够向另一个系统部分(可能不同安全级别)提供服务时,隐蔽信道就可能会出现。考虑下面的例子:在一个操作系统里,运行在高安全级别的进程 A 能够向一个磁盘写数据,而运行在低安全级别的另一个进程 B 能够访问其文件表(即由前一个进程创建的所有文件的名字和大小),虽然它没有访问数据本身。这种情形可以导致一个隐蔽信道:进程 A 通过选择合适的文件名和大小来向 B 发送信息。

(4) 宽带通信系统中的隐信道

秘密消息可以嵌入到宽带系统中去。比如,在一个综合业务数字网(ISDN)视频会议系统里,可以嵌入一个 GSM 电话对话(带宽高达 8 kbit/s)而不会使视频信号严重降质,从而形成了一个隐信道。

(5) 可执行文件中的隐信道

可执行文件以这样的方式包含许多冗余信息,如可以安排独立的一串指令,或者选择一个指令子集解决特定的问题。代码迷乱技术,最初主要用来保护软件产品的不正当再处理,它能用来在可执行文件中存储额外的信息。这种技术试图把一个程序 P 变换成一个功能等价的程序 P',而 P' 更难以反向编程,在信息伪装应用中,秘密信息隐藏在所用的一系列变换中。

只要认真研究,你会发现在信息时代里,隐信道几乎无处不在。几乎任何消息都具有作为秘密通信载体的潜力:数字图像或数字声音的噪声成分可以被修改、格式化的字处理器输出结果可以包含秘密、通过 CFG 可以制作消息、数字签名算法的结构体系可以被利用,甚至一个操作系统里的两个进程的通信也能用来交换机密信息。当然,不同技术所设计的隐信道的信道容量和性能是各不相同的。

第4章

入侵检测技术

近年来,网络"黑客"越来越猖狂,攻击手段也越来越先进,"杀伤力"也越来越大。为了对付"黑客"们层出不穷的攻击,人们采取了各种各样的反攻击手段:先发制人、外部预防、外部威慑、内部预防、内部威慑、入侵检测、诱骗技术、入侵对抗、陷阱或假目标等(如图4.1所示)。所有这些反攻击手段可以分为两大类:主动型和被动型。

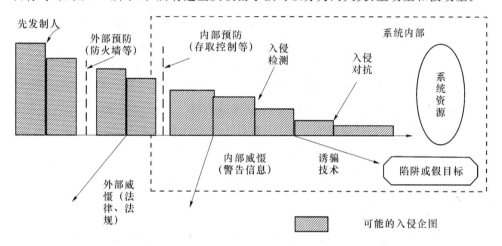

图 4.1　反攻击技术及其配置图

被动型反攻击手段的典型代表是防火墙。它们主要是基于各种形式的静态禁止策略。被动型反攻击手段对改善网络安全有很实际的意义,而且也是对所有网络安全问题最基本的响应措施。但是被动型防御机制有它自己的局限性。例如,防火墙虽然能够通过过滤和访问控制阻止多数对系统的非法访问,但是却不能抵御某些入侵攻击,尤其是在防火墙系统存在配置上的错误、没有定义或没有明确定义系统安全策略时,都会危及整个系统的安全。另外,由于防火墙主要是在网络数据流的关键路径上,通过访问控制来实现系统内部与外部的隔离,从而针对恶意的移动代码(病毒、木马、缓冲区溢出等)攻击、来自内部的攻击等,防火墙将无能为力。

主动型反攻击手段的典型代表就是本章将要介绍的入侵检测系统。它是一种能够自动识别系统中异常操作和未授权访问、检测各种已知网络攻击的技术。入侵检测是最近发展起来的一种动态的监控、预防或抵御系统入侵行为的安全机制。

主要通过监控网络、系统的状态、行为以及系统的使用情况,来检测系统用户的越权使用以及系统外部的入侵者利用系统的安全缺陷对系统进行入侵的企图。和传统的预防性安全机制相比,入侵检测是一种事后处理方案,具有智能监控、实时探测、动态响应、易于配置等特点。由于入侵检测所需要的分析数据源仅是记录系统活动轨迹的审计数据,使其几乎适用于所有的计算机系统。入侵检测技术的引入,使得网络、系统的安全性得到进一步提高(例如,可检测出内部人员偶然或故意提高他们的用户权限的行为,避免系统内部人员对系统的越权使用)。

入侵检测仅是对其他安全手段的一种补充,它的开发应用可以增大网络与系统安全的保护纵深,入侵检测已经成为目前动态安全工具的主要研究和开发的方向。但是,网络信息安全不能只依靠单一的安全防御技术和防御机制。只有通过在对网络安全防御体系和各种网络安全技术和工具研究的基础上,制定具体的系统安全策略,通过设立多道的安全防线、集成各种可靠的安全机制(例如防火墙、存取控制和认证机制、安全监控工具、漏洞扫描工具、入侵检测系统以及进行有效的安全管理、培训等)建立完善的多层安全防御体系,才能够有效地抵御来自系统内、外的入侵攻击,达到维护网络系统的安全。

据统计,全球 80%以上的入侵来自于网络内部。由于性能的限制,防火墙通常不能提供实时的入侵检测能力,对于来自于内部网络的攻击,防火墙形同虚设。入侵检测是对防火墙极其有益的补充。入侵检测系统能在入侵攻击对系统发生危害前检测到入侵攻击,并利用报警与防护系统驱逐入侵攻击。在入侵攻击过程中,能减少入侵攻击所造成的损失。在被入侵攻击后,收集入侵攻击的相关信息,作为防范系统的知识,添加入知识库内,增强系统的防范能力,避免系统再次受到入侵。在不影响网络性能的情况下对网络进行监听,从而提供对内部攻击、外部攻击和误操作的实时保护,大大提高了网络的安全性。

4.1 入侵检测系统的体系结构

4.1.1 基本概念

入侵行为,主要指对系统资源的非授权使用,它可以造成系统数据的丢失和破坏,甚至会造成系统拒绝对合法用户服务等后果。入侵者可以分为两类:外部入侵者(一般指系统中的非法用户,如常说的黑客)和内部入侵者(有越权使用系统资源行为的合法用户)。

入侵检测的目标就是通过检查操作系统的审计数据或网络数据包信息来检测系统中违背安全策略或危及系统安全的行为或活动,从而保护信息系统的资源不受拒绝服务攻击、防止系统数据的泄露、篡改和破坏。美国国际计算机安全协会(ICSA)对入侵检测技术的定义是:通过从计算机网络或计算机系统中的若干关键点收集信息并对其进行分析,从中发现网络或系统中是否有违反安全策略的行为和遭到袭击的迹象的一种安全技术。入侵检测技术是一种网络信息安全新技术,它可以弥补防火墙的不足,对网络进行监测,从而提供对内部攻击、外部攻击和误操作的实时检测及采取相应的防护手段,如记录证据用于跟踪和恢复、断开网络连接等。因此,入侵检测系统被认为是防火墙之后的第二道安全闸门。入侵检测技术是一种主动保护系统免受黑客攻击的一种网络安全技术。它帮助系统对付网络攻击,扩展了系统管理员的安全管理能力(包括安全审计、监视、进攻识别和响应),提高了信息安全基础结构的完整性。对一个成功的入侵检测系统来讲,它不但可使系统管理员时刻了解网络系统(包括程序、文件和硬件设备等)的任何变更,还能给网络安全策略的制定提供指南。另外,入侵检测的规模还应根据网络威胁、系统构造和安全需求的改变而改变。一个完善的入侵检测系统在发现异常时应具有以下的反应:

① 自动终止攻击;

② 终止用户连接;

③ 禁止用户账号;

④ 重新配置防火墙更改其过滤规则;

⑤ 向管理控制台发出警告指出事件的发生;

⑥ 记录事件至日志;

⑦ 实时跟踪事件;

⑧ 向安全管理人员发出提示性的警报;

⑨ 甚至执行一个用户自定义程序。

入侵检测系统(IDS),它是一种能够通过分析系统安全相关数据来检测入侵活动的系统。一般来说,入侵检测系统在功能结构上基本一致,均由数据采集、数据分析以及用户界面等几个功能模块组成,只是具体的入侵检测系统在分析数据的方法、采集数据以及采集数据的类型等方面有所不同。面对入侵攻击的技术、手段持续变化的状况,入侵检测系统必须能够维护一些与检测系统的分析技术相关的信息,以使检测系统能够确保检测出对系统具有威胁的恶意事件。这类信息一般包括以下几种:

• 系统、用户以及进程行为的正常或异常的特征轮廓;

• 标识可疑事件的字符串,包括关于已知攻击和入侵的特征签名;

• 激活针对各种系统异常情况以及攻击行为采取响应所需的信息。

这些信息以安全的方法提供给用户的 IDS 系统,有些信息还要定期地升级。

与其他网络信息安全系统不同的是,入侵检测系统需要更多的智能,它必须将得到的数据进行分析,并得出有用的结果。一个合格的入侵检测系统能大大地简化管理员的工作,保证网络安全的运行。具体说来,入侵检测系统的主要功能有以下几点:

① 监测并分析用户和系统的活动;

② 核查系统配置和漏洞;

③ 评估系统关键资源和数据文件的完整性;

④ 识别已知的攻击行为;

⑤ 统计分析异常行为;

⑥ 对操作系统进行日志管理,并识别违反安全策略的用户活动。

4.1.2 入侵检测系统结构

入侵检测系统至少应该包括三个功能模块:提供事件记录流的信息源、发现入侵迹象的分析引擎和基于分析引擎的响应部件。以下介绍参照 DARPA(美国国防部高级计划局)提出的 CIDF(公共入侵检测框架)的一个入侵检测系统的通用模型。它将入侵检测系统分为四个组件:事件产生器、事件分析器、响应单元和事件数据库。

CIDF 将需要分析的数据统称为事件,它可以是网络中的数据包,也可以是从系统日志等其他途径得到的信息。

- 事件产生器的目的是从整个计算环境中获得事件,并向系统的其他部分提供此事件。
- 事件分析器分析得到的数据,并产生分析结果。
- 响应单元则是对分析结果作出反应的功能单元,它可以作出切断连接、改变文件属性等强烈反应,也可以只是简单地报警。
- 事件数据库是存放各种中间和最终数据的地方的统称,它可以是复杂的数据库,也可以是简单的文本文件。

在这个模型中,前三者以程序的形式出现,而最后一个则往往是以文件或数据流的形式。它们在入侵检测系统中的位置和相互关系如图 4.2 所示。

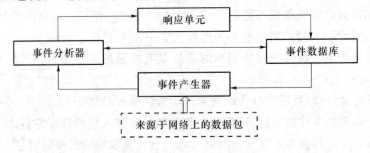

图 4.2 入侵检测系统的通用模型

以上通用模型是为了解决不同入侵检测系统的互操作性和共存问题而提出的，主要有三个目的：

- IDS 构件共享，即一个 IDS 系统的构件可以被另一个 IDS 系统的构件使用；
- 数据共享，通过提供标准的数据格式，使得 IDS 中的各类数据可以在不同的系统之间传递并共享；
- 完善互用性标准并建立一套开发接口和支持工具，以提供独立开发部分构件的能力。

1. 事件产生器

入侵检测的第一步就是信息收集，收集的内容包括整个计算机网络中系统、网络、数据及用户活动的状态和行为，这是由事件产生器来完成的。入侵检测在很大程度上依赖于信息收集的可靠性、正确性和完备性。因此，要确保采集、报告这些信息的软件工具的可靠性，即这些软件本身应具有相当强的坚固性，能够防止被篡改而收集到错误的信息。否则，黑客对系统的修改可能使系统功能失常但看起来却跟正常的系统一样，也就丧失了入侵检测的作用。

根据入侵检测的信息来源不同，可以将入侵检测系统分为以下两类。

（1）基于主机的入侵检测系统（Host-Based IDS）

主要用于保护运行关键应用的服务器。它通过监视与分析主机的审计记录和日志文件来检测入侵。日志中包含发生在系统上的不寻常和不期望活动的证据，这些证据可以指出有人正在入侵或已成功入侵了本系统。一旦发现这些文件有任何变化，IDS 将比较新的日志记录与攻击签名以发现它们是否匹配。如果匹配的话，检测系统就向管理员发出入侵报警并且采取相应的行动。通过查看日志文件，能够发现成功的入侵或入侵企图，并很快地启动相应的应急响应程序。

（2）基于网络的入侵检测系统（Network-Based IDS）

主要用于实时监控网络关键路径的信息，侦听网络上的所有分组来采集数据，使用原始的网络分组数据包作为进行攻击分析的数据源，一般利用一个网络适配器来实时监视和分析所有通过网络进行传输的通信。一旦检测到攻击，应答模块通过通知、报警以及中断连接等方式来对攻击作出反应。

一般来说，基于网络的入侵检测系统一般处于网络边缘的关键节点处，负责拦截在内部网络和外部网络之间流通的数据包，使用的主机是为其专门配置的；而基于主机的入侵检测系统则只对系统所在的主机负责，而且其主机并非专门为其配置的。上述两种入侵检测系统各有自己的优缺点：

- 基于主机的入侵检测系统使用系统日志作为检测依据，因此它们在确定攻击是否已经取得成功时与基于网络的入侵检测系统相比具有更大的准确性;它可以精确地判断入侵事件,并可对入侵事件立即进行反应;它还可针对不同操作系统的特点判断应用层的入侵事件;并且不需要额外的硬件。其缺点是会占用主机资源,在服务器上产生额外的负载,而且缺乏跨平台支持、可移植性差,因而应用范围受到严重限制。

- 基于网络的入侵检测系统的主要优点有:可移植性强,不依赖主机的操作系统作为检测资源;实时检测和应答,一旦发生恶意访问或攻击,基于网络的 IDS 检测可以随时发现它们,因此能够更快地作出反应,监视粒度更细致;攻击者转移证据很困难;能够检测未成功的攻击企图;成本低等。但是,与基于主机的入侵检测系统相比,它只能监视经过本网段的活动,精确度不高;在高层信息的获取上更为困难;在实现技术上更为复杂等。

综上所述,基于主机的模型与基于网络的模型具有互补性。基于主机的模型能够更加精确地监视系统中的各种活动;而基于网络的模型能够客观地反映网络活动,特别是能够监视到系统审计的盲区。成功的入侵检测系统应该将这两种方式无缝集成起来。人们完全可以使用基于网络的 IDS 提供早期报警,而使用基于主机的 IDS 来验证攻击是否取得成功。

2. 事件分析器

事件分析器是入侵检测系统的核心,它的效率高低直接决定了整个入侵检测系统的性能。根据事件分析的不同方式可将入侵检测系统分为异常入侵检测、误用入侵检测和完整性分析三类。

(1) 异常入侵检测系统(Anomaly IDS)

其也称为基于统计行为的入侵检测(Behavior-Based IDS)。这种方法首先给系统对象(如用户、文件、目录和设备等)创建一个统计描述,统计正常使用时的一些测量属性(如访问次数、操作失败次数和延时等)。测量属性的平均值将被用来与网络、系统的行为进行比较,任何观察值在正常值范围之外时,就认为有入侵发生。例如,统计分析可能标识一个不正常行为,因为它发现一个在晚八点至早六点不登录的账户却在凌晨两点试图登录。

(2) 误用入侵检测系统(Misuse IDS)

它又称为基于规则/知识的入侵检测(Knowledge-Based IDS),就是将收集到的信息与已知的网络入侵和系统误用模式数据库进行比较,从而发现违背安全策略的行为。该过程可以很简单(如通过字符串匹配以寻找一个简单的条目或指令),也可以很复杂(如利用正规的数学表达式来表示安全状态的变化)。通过分析入侵过程的特征、条件、排列以及事件间关系,具体描述入侵行为的迹象,不仅对分析已经发生的入侵行为有帮助,而且对即将发生的入侵也有警戒作用。

（3）完整性分析（Integrality Analyzing）

主要关注某个文件或对象是否被更改，包括文件和目录的内容及属性。这种分析方法在发现被更改的、被特洛伊化的应用程序方面特别有效。完整性分析利用强有力的加密机制，称为消息摘要函数（例如 MD5），能识别哪怕是微小的变化。

异常分析方式可以检测到未知的和更为复杂的入侵；缺点是漏报、误报率高，一般具有自适应功能，入侵者可以逐渐改变自己的行为模式来逃避检测，不适应用户正常行为的突然改变，而且在实际系统中，统计算法的计算量庞大，效率很低，统计点的选取和参考库的建立也比较困难。与之相对应，滥用分析的准确率和效率都非常高，只需收集相关的数据集合，显著减少系统负担，且技术已相当成熟；但它只能检测出模式库中已有类型的攻击，不能检测到从未出现过的攻击手段，随着新攻击类型的出现，模式库需要不断更新，而在其攻击模式添加到模式库以前，新类型的攻击就可能会对系统造成很大的危害。而完整性分析的优点是不管前两种方法能否发现入侵，只要是成功的攻击导致了文件或其他关注对象的任何改变，它都能够发现；缺点是一般以批处理方式实现，不用于实时响应。尽管如此，完整性检测方法还应该是网络安全产品的必要手段之一。所以，入侵检测系统只有同时使用这三种入侵检测技术，才能避免各自的不足。而且，这三种方法通常与人工智能相结合，以使入侵检测系统具有自学习的能力。其中前两种方法用于实时的入侵检测，第三种则用于事后分析。目前，国际顶尖的入侵检测系统主要以模式发现技术为主，并结合异常发现技术，同时也加入了完整性分析技术。

3. 事件分析数据库

事件数据库是存放各种中间和最终数据的地方的统称，它可以是复杂的数据库，也可以是简单的文本文件。考虑到数据的庞大性和复杂性，一般都采用成熟的数据库产品来支持。事件数据库的作用是充分发挥数据库的长处，方便其他系统模块对数据的添加、删除、访问、排序和分类等操作。通过以上介绍可以看到，在一般的入侵检测系统中，事件产生器和事件分析器是比较重要的两个组件，在设计时采用的策略不同，其功能和影响也有很大的区别；而响应单元和事件数据库则相对来说比较固定。

4. 响应单元

当事件分析器发现入侵迹象后，入侵检测系统的下一步工作就是响应。而响应的对象并不局限于可疑的攻击者。目前较完善的入侵检测系统具有以下响应功能：

- 根据攻击类型自动终止攻击；
- 终止可疑用户的连接甚至所有用户的连接，切断攻击者的网络连接，减少损失；

- 如果可疑用户获得账号,则将其禁止;
- 重新配置防火墙更改其过滤规则,以防止此类攻击的重现;
- 向管理控制台发出警告指出事件的发生;
- 将事件的原始数据和分析结果记录到日志文件中,并产生相应的报告,包括时间、源地址、目的地址和类型描述等重要信息;
- 必要的时候需要实时跟踪事件的进行;
- 向安全管理人员发出提示性的警报,可以通过鸣铃或发送 E-Mail;
- 可以执行一个用户自定义程序或脚本,方便用户操作,同时也提供了系统扩展的手段。

4.2 入侵检测系统的分类

当前人们研究入侵检测系统的方法和思路都十分丰富,现有的入侵检测系统也已有很多种。为了对整个入侵检测领域有一个比较全面的了解,我们在本节将综述现有入侵检测系统的分类。根据不同的分类标准,可以从下面几个角度对入侵检测系统进行分类。

- 根据检测方法可分为基于行为的入侵检测系统(也称异常性检测)和基于入侵知识的入侵检测系统(也称滥用检测)。前者利用被监控系统正常行为的信息作为检测系统中入侵、异常活动的依据。后者则根据已知入侵攻击的信息(知识、模式等)来检测系统中的入侵和攻击。
- 根据目标系统的类型可分为基于主机的入侵检测系统和基于网络的入侵检测系统。前者适用于主机环境,而后者适用于网络环境。
- 根据入侵检测系统的分析数据来源来划分:入侵检测系统的分析数据可以是主机系统的审计迹(系统日志)、网络数据报、应用程序的日志以及其他入侵检测系统的报警信息等。据此可分为基于不同分析数据源的入侵检测系统。
- 根据检测系统对入侵攻击的响应方式可分为主动的入侵检测系统(又称为实时入侵检测系统)和被动的入侵检测系统(又称为事后入侵检测系统)。主动的入侵检测系统在检测出入侵后,可自动地对目标系统中的漏洞采取修补、强制可疑用户(可能的入侵者)退出系统以及关闭相关服务等对策和响应措施。而被动的入侵检测系统在检测出对系统的入侵攻击后只是产生报警信息通知系统安全管理员,至于之后的处理工作则由系统管理员完成。

下面我们对几类有代表性的入侵检测系统进行介绍。

4.2.1 基于入侵知识和基于行为的入侵检测

基于入侵知识和基于行为的入侵检测技术在处理数据的方式上是互补的。基于知识的检测方法，也称滥用检测，主要利用收集到的入侵或攻击的相关知识（特征、模式等）来检查系统中是否出现了这些已知入侵攻击的特征或模式，并据此判断系统是否遭受到攻击。而基于行为的入侵检测，则是为被监控的信息系统构造一个有关系统正常行为的参考模型（有关用户、系统关键程序等的特征轮廓），然后检查系统的运行情况，若与给定的参考模型存在较大的偏差，则认为系统遭到了入侵攻击。这种根据系统行为特征进行检测的方法也称为异常性检测。

1. 基于入侵知识的入侵检测

基于入侵知识的入侵检测技术通过收集入侵攻击和系统缺陷的相关知识来构成入侵检测系统中的知识库，然后利用这些知识寻找那些企图利用这些系统缺陷的攻击行为。也就是说，这类入侵检测方案通过检测那些与已知的入侵行为模式类似的行为或间接地违背系统安全规则的行为，来识别系统中的入侵活动。系统中任何不能明确地认为是攻击的行为，都可认为是系统的正常行为。因此，基于入侵知识的入侵检测系统具有很好的检测精确度，至少在理论上具有非常低的虚警率，但是其检测完备性则依赖于对入侵攻击和系统缺陷的相关知识的不断更新、补充。

使用这类入侵检测系统，可避免系统以后再遭受同样的入侵攻击而且系统安全管理员能够很容易地知道系统遭受到哪种攻击并采取相应的行动。但是，知识库的维护需要对系统中的每一个缺陷都要进行详细的分析，这不仅是一个耗时的工作，而且关于攻击的知识，依赖于操作系统、软件的版本、硬件平台以及系统中运行的应用程序。这种入侵检测技术的主要局限在于以下几方面。

- 它只能根据已知的入侵序列和系统缺陷的模式来检测系统中的可疑行为，而面对新的入侵攻击行为以及那些利用系统中未知或潜在缺陷的越权行为则无能为力。
- 检测系统知识库中的入侵攻击知识与系统的运行环境有关。
- 对于系统内部攻击者的越权行为，由于它们没有利用系统的缺陷，因而很难检测出来。

在实现上，基于入侵知识的入侵检测系统只是在表示入侵模式（知识）的方式以及在系统的审计迹中检查入侵模式的机制上有所区别。主要实现技术可分成以下几类：专家系统、入侵签名分析、状态迁移分析或模式匹配等。

（1）专家系统技术

早期的入侵检测系统多采用专家系统来检测系统中的入侵行为。这些系统的异常性检测器中都有一个专家系统模块。在这些系统中,入侵行为编码成专家系统的规则。每个规则具有"IF 条件 THEN 动作"的形式;其中条件为审计记录中某些域的限制条件;动作表示规则被触发时入侵检测系统所采取的处理动作,结果可以是一些新证据的断言或用于提高某个用户行为的可疑度。这些规则既可识别单个审计事件,也可识别表示一个入侵行为的一系列事件。专家系统可以自动地解释系统的审计记录并判断它们是否满足描述入侵行为的规则。

人们多采用基于规则的语言来描述关于收集到的入侵攻击的知识。这种方案通过对系统审计迹进行系统浏览来获取企图利用已知系统缺陷进行攻击的证据。也可用来对一种安全规则是否能正常工作进行验证。

但使用基于规则语言的方法也具有一些局限性。使用专家系统规则表示一系列的活动不具有直观性;除非由专业人员来做专家系统的升级工作,否则规则的更新将是很困难的。而且使用专家系统分析系统的审计数据也是很低效的。系统的处理速度的问题使基于专家系统的入侵检测系统只能作为一种研究原型,若要商用化则需要采用更有效的处理方法。

(2) 入侵签名分析技术

入侵签名分析采用与专家系统相同的知识获取方法,但在检测时对这些关于入侵活动知识的使用方式则不同。专家系统把知识表示成规则,检测时,对系统审计数据记录进行抽象处理,然后再看是否符合规则,判断入侵活动。入侵签名分析则把获得的入侵攻击的知识翻译成可以在系统审计迹中直接发现的信息。例如,一个入侵攻击事件可用它产生一系列审计事件或在系统审计迹中可以匹配处理的数据模式表示。这种方法在检测时,不再需要语义级的攻击描述。

由于这种技术在实现上简单有效,现有的商用入侵检测系统产品中多采用这种技术。该方法具有所有基于入侵知识的检测方法的共同缺点:需要定期更新有关新发现的系统缺陷的知识。一个攻击及其变种的各种特征都需要用对应的签名表示出来,这样,每一种入侵攻击都可能具有多个入侵签名。再加上网络环境中软硬件平台的异构性,这些都会大大地增加入侵检测系统对入侵签名库更新的难度。

(3) 状态迁移分析技术

USTAT 系统中使用了状态迁移分析的方法。入侵行为是由攻击者执行的一系列操作,这些操作可以使系统从某些初始状态迁移到一个危及系统安全的状态。这里的状态指系统某一时刻的特征(由一系列系统属性来描述)。初始状态对应于入侵开始前的系统状态;危及系统安全的状态对应于已成功入侵时刻的系统状态。在这两个状态之间,则可能有一个或多个中间状态的迁移。在识别出初始状态、危及系统安全的状态后,主要应分析在这两个状态之间进行状态迁移的关键活动,可以用状态迁移图或专家系统的规则来描述状态间的迁移信息。状态迁移分析主要考虑入侵行为的每一步对系统状态迁移的影响,它可以检测出协同攻击者和那些利用用户会话对系统进行攻击的行为。但是,这种模型只适用于那些多个步骤之间具有全序关系的入侵行为的检测。

（4）模式匹配技术

入侵检测的问题可以转化成模式匹配的问题,系统的审计迹被视为抽象的事件流,入侵行为检测器被视为模式匹配器。因为模式识别技术比较成熟,在构造一个系统时,可以围绕它的实用性和有效性做一些优化。因此,使用模式匹配技术检测入侵行为比使用专家系统更有效。IDIOT 就是美国普度大学的 COAST 实验室利用模式匹配设计的一种入侵检测系统,由于在 IDIOT 中,审计记录被映射成由代表事件类型的特殊标识符组成的元组。IDIOT 不依赖于审计记录的格式,使得它可应用于其他的领域,也就是说,IDIOT 分析的数据来源不局限于系统的审计记录,凡是能反映入侵行为的数据信息均可用作 IDIOT 的数据源。诸如在基于 TCP/IP 的网络中分析 IP 数据流,可利用对 TCP/IP 状态机的缺陷的监控检测 SYN-Flood 的攻击行为。

2. 基于入侵行为的入侵检测

基于行为的检测认为入侵攻击活动与系统（或用户）的正常活动之间存在偏差。这类检测系统的基本思想是通过对系统审计迹数据的分析建立起系统主体（单个用户、一组用户、主机甚至是系统中某个关键的程序和文件等）的正常行为特征轮廓;检测时,如果系统中的审计迹数据与已建立的主体正常行为特征有较大出入,就认为系统遭到入侵。特征轮廓是借助主体登录的时刻、位置、CPU 的使用时间以及文件的存取属性等,来描述主体的正常行为特征。当主体的行为特征改变时,对应的特征轮廓也相应改变。

基于入侵行为检测的优缺点如下。基于行为的检测技术是一种在不需要操作系统及其安全性缺陷专门知识的情况下检测入侵的方法,同时它也是检测冒充合法用户入侵的有效方法。但在许多环境中,为用户建立正常行为模式的特征轮廓和对用户活动的异常性报警的门限值的确定都比较困难。因为并不是所有入侵者的行为都能够产生明显的异常性,所以在入侵检测系统中,仅使用基于行为异常性检测技术不可能检测出所有的入侵行为。而且,有经验的入侵者还可以通过缓慢地改变他的行为,来改变入侵检测系统中用户的正常行为模式,使其入侵行为逐步变为合法。

目前基于入侵行为的入侵检测系统在实现上多采用统计、专家系统、神经网络以及计算机免疫等技术。

（1）统计

构建基于行为的入侵检测系统最常用的技术就是利用统计理论提取用户或系

统正常行为的特征轮廓。统计性特征轮廓通常由主体特征变量的频度、均值、方差、被监控行为的属性变量的统计概率分布以及偏差等统计量来描述。典型的系统主体特征有系统的登录与注销时间、资源被占用的时间以及处理机、内存和外设的使用情况等。至于统计的抽样周期可以从短到几分钟到长达几个月甚至更长。基于统计性特征轮廓的异常性检测器,通过对系统审计迹中的数据进行统计处理,并与描述主体正常行为的统计性特征轮廓进行比较,然后根据二者的偏差是否超过指定的门限来进行进一步的判断、处理。许多入侵检测系统或系统原型都采用了这种统计模型。

NIDES 就是一个基于统计性特征轮廓的异常性检测系统。在系统中用户活动的特征轮廓有长期与短期之分。长期的特征轮廓描述用户的总体行为特征,而短期的特征轮廓只是反应最近一段时间内用户活动的特征。长期的特征轮廓不断地进行更新,且更新时给予近期的数据较大的权重。检测时则可以通过比较用户的长、短期特征轮廓来判断用户的近期活动是否异常(与长期特征轮廓的偏差超过给定门限值时)。若用户的近期活动异常则可认为这些活动正在攻击系统。应注意用户行为的特征轮廓要随着用户行为的逐步改变而更新。NIDES 的统计性特征提取模块还被用于监控应用程序的运行,以检测应用程序的非授权使用。这种方法对"特洛伊马"以及欺骗性的应用程序的检测非常有效。

(2) 专家系统

基于行为的入侵检测系统也常用专家系统来实现。这些系统中多用规则来描述用户(或系统)行为的特征轮廓,所谓规则是一组用于描述主体每个特征的合法取值范围与其他特征的取值之间关系的表达式。典型的系统包括下面几种。

① TIM。它是一个使用规则的异常性检测系统,它使用归纳的方法来生成规则,这些规则在系统的学习阶段可以动态地修改。如果通过大量的观测,一些规则具有较高的预测性或者能够被确认,则把它们放入规则库中。系统采用信息熵的模型计算规则的预测概率。下面给出由 TIM 生成规则的例子:

$$E_1 \rightarrow E_2 \rightarrow E_3 \Rightarrow (E_4 = 95\%, E_5 = 5\%)$$

其中,$E_1, E_2, \cdots, E_5$ 是有关系统安全的事件。上面的规则表明,在出现事件序列 E_1, E_2, E_3 后,下一个事件只可能是 E_4 或 E_5,而发生的概率分别是 E_4 为 95%,E_5 为 5%。这条规则的生成基于以前的历史性观测数据。TIM 为了使规则集能够真实地反映系统的典型行为以及方便管理,允许在系统生命期内修改规则集。

② Wisdom&Sense。它可用来检测用户行为的统计异常。该工具也是通过对一段时间内用户活动的记录进行统计分析,得到一个描述用户正常活动的规则集。然后,用这些规则检查当前系统用户活动的正常程度。用户还可以通过收集新的使用模式来更新规则库。这种方法对具有使用规范的系统来说非常有效,但处理

大量的审计信息时,不如采用统计方法。

（3）神经网络

神经网络具有自学习、自适应的能力,只要提供系统的审计迹数据,神经网络就可以通过自学习从中提取正常的用户或系统活动的特征模式;而不需要获取描述用户行为特征的特征集以及用户行为特征测度的统计分布。因此,避开了选择统计特征的困难问题,使如何选择一个好的主体属性子集的问题成了一个不相关的事,从而使其在入侵检测中也得到了很好的应用。

（4）基于系统关键程序的安全规格描述方法

这种入侵检测方法的思想是为系统中的安全关键程序(例如特权程序)编写安全规格说明,用来描述这些关键程序正常的、合乎安全要求的行为;并对这些程序的执行进行监控以检测它们是否违背了安全规格说明的要求。系统关键程序的安全规格说明取决于程序的功能以及系统的安全策略。一个程序行为与系统安全性有关的特征主要有:①系统资源的存取控制,程序对系统对象(文件等)的存取权限是有限的;②操作次序,程序在执行过程中,一些事件的发生有先后的次序关系;③系统中并发、并行程序执行过程中,多个进程间的同步关系等。而入侵者对这个程序的执行将会违背程序正常执行的上述特征。审记迹的分析系统从审记迹中提取程序的(主体)执行轨迹,检测程序的执行操作是否违背了程序执行轨迹的安全性规则。

具体地说,安全规格说明是关于一个或多个程序执行时合法操作序列的描述。一个程序的合法操作序列借助于系统操作为符号集的语法规则进行描述。在一个程序执行过程中,对应的一系列操作如果不在程序安全规格说明的操作序列之内,就认为这个程序的执行活动违背了系统安全规则。由于程序的安全规格说明只是取决于程序的功能及系统的安全策略而与程序中的缺陷无关,因而基于规格说明的监控技术可以检测出那些利用该程序中未知缺陷对系统进行攻击的入侵行为。

（5）计算机免疫技术

当系统的一个关键程序投入使用后,它的运行情况一般变化不大,与系统用户行为的易变性相比,具有相对的稳定性。因而可以利用系统进程正常执行轨迹中的系统调用短序列集来构建系统进程正常执行活动的特征轮廓。由于利用这些关键程序的缺陷进行攻击时,对应的进程必然执行一些不同于正常执行时的代码分支,因而就会出现关键程序特征轮廓中没有的系统调用短序列。当检测到特征轮廓中不存在的系统调用序列的量达到某一条件后,就认为被监控的进程正企图攻击系统。

如果能够获得程序运行的所有情况的执行轨迹,那么所得到的程序特征轮廓将会很好地刻画程序的特征,而基于它的检测系统将会具有很低的虚警率。但采

用这种方法,检测不出那些能够利用程序合法活动获取非授权存取的攻击。

3. 基于入侵攻击签名检测与异常性检测的比较

入侵攻击签名检测与异常性检测,这两种入侵检测方法各有特色:前者从获取已知入侵攻击知识的角度,对系统的行为进行分析,以发现已知的入侵;后者则从获取被保护对象的正常行为特征等相关知识的角度来考虑,根据这些系统正常行为知识,来识别由于入侵攻击所造成的对象行为异常。我们从下面几个角度对这两种检测技术进行对比。

(1) 知识的获取

为了检测系统中的入侵行为,需要获取针对系统的可能入侵攻击的知识或关于系统已知或期望的行为知识。如果一个基于入侵签名的入侵检测系统能够检测所有针对被保护系统的入侵攻击,那么该入侵检测系统就必须获得关于所有可能攻击的先验知识,不仅需要知道一个攻击的细节,而且还必须有该类攻击特征的更抽象的模式。基于异常性检测的入侵检测系统则必须具有被保护系统预期行为的所有知识,才能够检测出针对系统的所有攻击。

(2) 配置的方便性

基于知识的入侵检测系统,一般来说比基于异常检测的入侵检测系统易于配置。因为后者一般需要更多的数据收集、分析和更新,需要用户发掘、理解、表述以及管理他们系统的预期行为,某些系统为用户提供的定制系统行为的功能在增强系统配置灵活性的同时,也增加了系统配置的复杂性。

(3) 数据报告

基于知识的入侵检测系统,一般根据模式匹配技术来判断某个特定的签名或某些与签名有关的数据出现与否,给出相应的报警信息。而基于异常检测的入侵检测系统,则一般根据系统的实际行为与预期行为的统计相关性,给出系统行为是否异常的报告,在检测系统已知的系统预期行为集合之外的行为都将被认为是异常的行为。

(4) 报告的精确性

事实上,我们不可能获得系统行为以及可能入侵的所有知识,要想检测所有的入侵攻击只是一个理想。因而,现有的系统不论采用那种检测分析方法都具有一定程度的漏警或虚警。基于知识的检测技术由于知识获取的不完善,只能检测那些已知的入侵活动,也就是说基于知识的检测系统必须考虑漏警现象。而在异常性检测系统中,若系统预期行为集合不能够描述系统的所有正常行为,那么系统在检测时,就会出现虚警现象。

一种入侵检测系统可以同时采用多种检测技术。但是现有的商用产品则大多只使用了一种检测技术,且多采用入侵签名分析的方法。主要有以下几种原因:

- 由于不能很好地解决虚警问题，使得基于行为的入侵检测系统至今仍难作为商用产品；
- 根据入侵检测的检测实时性要求，对审计数据的处理速度是优先考虑的因素。

4.2.2　基于主机和基于网络的入侵检测系统

基于主机的入侵检测系统和基于络的入侵检测系统是根据被监控对象（目标系统）的不同来划分的。

1. 基于主机的入侵检测系统（HIDS）

HIDS 主要用于保护运行关键应用的服务器，它是早期的入侵检测系统，其主要目标是检测主机系统是否受到外部或内部的攻击以及系统本地用户是否有滥用或误用行为。

HIDS 通常运行在保护的主机上，HIDS 的检测原理是根据系统审计记录和系统日志文件、应用程序日志、目录和文件的不期望改变、程序执行中的非正常行为等信息来发现系统是否存在可疑事件的。

在现有的网络环境下，单独依靠主机的审计信息进行入侵检测难以适应网络安全的需求，这主要表现在四个方面：一是主机的审计信息容易受到攻击，入侵者可通过使用某些系统特权或调用比审计本身更低级的操作来逃避审计；二是不能通过分析主机审计记录来检测网络攻击（域名欺骗、端口扫描等）；三是 HIDS 的运行或多或少地会影响服务器的性能；四是只能对服务器的特定用户和应用程序的执行动作、日志进行检测，所能检测到的攻击类型有限。

HIDS 具有以下优点。

- HIDS 可以从系统审计和事件日志中提取攻击信息，来判断本地或远程用户是否做了系统的安全规则。
- 它可以精确地判断入侵事件，并可对入侵事件立即进行反应。
- 它还可针对不同操作系统的特点判断应用层的入侵事件。

但 HIDS 也存在一些缺点，主要表现在以下方面。

- 占用主机资源，在服务器上产生额外的负载。
- 缺乏跨平台支持，可移植性差，因而应用范围受到严重限制。

2. 基于网络的入侵检测系统（NIDS）

入侵检测最初只是用于重要的服务器中检测系统是否受到非法使用、误用以及外界攻击等。随着计算机网络技术的发展，针对网络的攻击行为越来越复杂，单独地依靠主机审计信息进行入侵检测，难以适应网络安全的需求。基于这些原因，人们提出了基于网络的入侵检测系统，其研究重点从针对主机及其操作系统的安

全性转移到了如何增强网络整体的安全性和抗攻击能力上。面向网络的入侵检测系统一般划分为两类:分布式的入侵检测系统和基于网络的入侵检测系统。

分布式入侵检测系统就是将最初的基于单主机系统的入侵检测技术扩展到针对多主机系统的情况。通过对从不同主机收集到的审计数据流进行分析,可以识别出那些可跨越多个系统进行攻击的行为。它们关注的是网络中的计算基础——主机及其操作系统的行为。

基于网络的入侵检测系统则是从网络的通信基础——网络及其通信协议着手来考虑网络的安全性。这些系统的安全信息来源于网络,诸如 NSM 和 DIDS 就是两个有代表性的基于网络的入侵检测系统。NSM 是一个通过分析局域网上的通信业务检测基于网络入侵行为的网络安全监控器。DIDS 则是对 NSM 的发展,把网络中主机系统的审计机制收集到的事件数据通过网络进行综合处理。但数据分析仍是局限在单链路的局域网中,而且事件的处理是集中式的。目前,基于网络的入侵检测系统已逐步扩大到能够检测大型的、具有复杂拓扑结构的网络中的入侵行为。典型的系统有 GrIDS、EMERALD 和 NetSTAT 等。

基于网络的入侵检测系统主要通过实时侦听网络关键路径的网络流量信息(网络上的所有分组)以及单台或多台主机的审计数据来采集数据,判断网络是否存在入侵攻击行为和可疑现象。NIDS 的基本组成如图 4.3 所示。

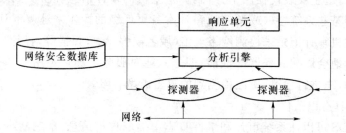

图 4.3 NIDS 的基本组成

其中,探测器可以安装在网络中重要的服务器、路由器或单独的主机上,探测器的功能是按照一定的规则从网络上获取与安全事件相关的信息(通常为网络数据包或管理信息),进行信息收集和必要的数据过滤,然后将获取的有关信息传递给分析引擎进行安全分析;分析引擎结合网络安全数据库中的知识,将从探测器上获得的有关信息进行处理,并将分析结果发送给响应单元;响应单元根据检测结果调整系统配置并作出反应。

基于网络的入侵检测系统具有以下优点。

- 实时性强:通过实时监视网络数据包和网络管理信息,来寻找具有网络攻击特征的活动。
- 检测范围广:可以检测包括协议攻击和某些特定攻击在内的各种攻击。

- 监视粒度更细。
- 可移植性强：基于网络的入侵检测系统通常可以适合多种网络环境。
- 具有服务器平台独立性：基于网络的入侵检测系统不会对服务器以及网络整体性能造成影响。

基于网络的入侵检测系统存在以下缺点。

- 只能监视经过本网段的活动，精确度不高。
- 在交换网络环境下难以配置。
- 防入侵欺骗的能力比较差，难以定位入侵者。

总之，NIDS 与 HIDS 具有很强互补性，NIDS 能客观地反映网络活动，特别是能够监视到系统审计的盲区；HIDS 能够更精确地监视系统中的各种活动。同时，随着网络系统结构的复杂化和大型化，系统的弱点或漏洞将趋向于分布式，入侵行为也不再是单一的行为，而是表现出相互协作入侵的特点，在这种背景下，NIDS 的发展趋向于分布式和大规模的网络入侵检测系统。

4.2.3 基于入侵分析数据源的入侵检测系统

入侵检测系统中用于分析检测的信息主要来源于系统主机的日志记录、网络数据包、系统针对应用程序的日志数据以及来自其他入侵检测系统或系统监控系统的报警信息。

最初的入侵检测系统针对的目标系统多是主机系统，所有的系统用户对于系统来说都是本地的，很少有来自外界的攻击，这使得入侵检测系统只需要分析由主机系统提供的审计信息就可完成检测系统入侵的任务。而在分布式环境中，用户可以从一台机器跳到另一台，而且可能在跳动过程中采用不同的用户标识，这样他们就可以通过不同的机器对网络进行分散攻击。因此，在工作站上的本地入侵检测系统必须和网络中其他工作站上的入侵检测系统交换信息。这些通过网络交换的信息可以是各自的原始审计数据，也可以是本地检测系统的报警结果。但这两种方案的代价都很大：传递大量的审计信息对网络的带宽要求很高，否则极易造成网络阻塞；若在本地分析处以提供局部的报警结果，则又严重影响工作站正常工作的性能。

因特网的广泛应用，又使得入侵检测系统的研究重点转向如何检测针对网络的攻击行为。网络攻击行为，例如域名系统欺骗、拒绝服务、端口扫描等，一般很难通过分析网络中主机的审计数据检测出来，甚至根本就不可能。因此一些专门通过实时分析、检查网络数据包来检测这类攻击的工具被陆续开发出来。利用这些工具，可以检测目前大多数的网络攻击，而且许多针对服务器的经典性攻击也可通过分析网络数据包的内容搜寻可疑命令检测出来。在一个多主机的环境中，多采

用基于网络和基于主机的检测方法相结合的混合方法。

1. 基于主机信息源的入侵检测系统

审计数据是收集一个给定机器用户活动信息的唯一方法。但是,当系统受到攻击时,系统的审计数据很有可能被修改。这就要求基于主机的入侵检测系统必须满足一个重要的实时性条件:检测系统必须在攻击者接管机器并暗中破坏系统审计迹数据或入侵检测系统之前完成对审计迹数据的分析、产生报警并采取相应的措施。基于主机的信息源主要包括以下几种。

(1)系统运行状态信息

所有的操作系统都提供了一些系统命令来获取系统运行情况。在 UNIX 环境中,这类命令有 ps、pstat、vmstat、getrlimit 等。这些命令直接检查系统内核的存储区,所以它们能够提供相当精确的关于系统事件的关键信息。但是由于这些命令不能提供结构化的方法来收集或存储对应的审计信息,所以很难满足入侵检测系统需要连续进行审计数据收集的需求。

(2)系统记账信息

记账是获取系统行为信息的最古老、最普遍的方法。在网络设备、主机系统以及 UNIX 工作站中都使用了记账系统,用于提供系统用户使用共享资源(例如,处理机时间、内存、磁盘或网络的使用等)的信息,以便向用户收费。记账系统的广泛应用使得在设计入侵检测原型时可以采用它作为系统审计数据源。

在 UNIX 环境中,记账系统是一个通用的信息源。而且具有以下特点。

- 在所有的 UNIX 系统中,记账信息记录的格式都是一致的。
- 记账信息进行了压缩以节省磁盘空间。
- 记账信息记录的处理开销非常小。
- 记账系统可与现代操作系统很好地集成,且很容易建立和使用。

但是,记账系统也有一系列的缺点,使它不能可靠地作为入侵检测系统的分析数据源。

- 记账文件有时会存放在用户可操作的磁盘分区内,这时用户只需简单地填充该分区,使其使用率达到 90% 以上,那么系统的记账就会停止。
- 记账系统可以被打开或关闭,但是不能只对指定的用户进行记账。
- 记账信息缺乏精确的时戳。记录的系统命令不能按它们实际发出的时间排序,而命令序列在一些入侵检测系统中则是一种重要的检测信息。
- 缺乏精确的命令识别。在记账记录中只存有用户发出命令名的前 8 个字符,而重要的路径信息和命令行参数则全丢掉了。这样,一些利用基于知识的入侵检测系统就不能有效地检测"特洛伊马"攻击。
- 缺乏系统守护程序的活动记录。记账系统只能记录关于运行终止的信息,因而针对诸如 Sendmail 这类一直运行的系统守护程序则不会记录。

- 获取信息的时间太迟。记账信息记录当应用终止时才能写入文件,这时入侵活动可能已经发生了。

基于以上原因,系统记账信息从未在基于知识的入侵检测系统中使用过,而且在基于行为的入侵检测系统中也很少使用。

（3）系统日志（Syslog）

Syslog 是操作系统为系统应用提供的一项审计服务,这项服务在系统应用提供的文本串形式的信息前面添加应用运行的系统名和时戳信息,然后进行本地或远程归档处理。但是 Syslog 并不安全,因为据 CERT 的报告,一些 UNIX 的 Syslog 守护程序极易遭受缓冲区溢出性攻击。不过 Syslog 很容易使用,诸如 login、sendmail、nfs、http 等系统应用和网络服务,还有安全类工具(例如 sudo、klaxon 以及 TCP wrappers 等)都使用它作为自己的审计迹。但只有少数入侵检测系统采用 Syslog 守护程序提供的信息。

（4）C2 级安全性审计信息

系统的安全审计记录了系统中所有潜在的安全相关事件的信息。在 UNIX 系统中,审计系统记录了用户启动的所有进程执行的系统调用序列。和一个完整的系统调用序列比较,审计迹则进行了有限的抽象,其中没有出现:上下文切换、内存分配、内部信号量以及连续的文件读的系统调用序列。这也是一个把审计事件映射为系统调用序列的直接方法。UNIX 的安全审计记录中包含了大量关于事件的信息:用于识别用户、组的详细信息(登录身份、用户相关的程序调用)、系统调用执行的参数(包含路径的文件名、命令行参数等)以及系统程序执行的返回值、错误码等。使用安全审计的主要优点包括如下几点。

- 可以对用户的登录身份、真实身份、有效身份以及真实有效的所属组的标识进行强验证。
- 可以很容易地通过配置审计系统实现审计事件的分类。
- 可根据用户、类别、审计事件或系统调用的成功和失败获取详细的参数化信息。
- 当审计系统遇到一个错误状态(通常是磁盘空间耗尽)时,机器就会被关闭。

使用安全审计的主要缺点包括以下几点。

- 当需要进行详细监控时,就会消耗大量系统资源,处理机性能可能会降低20%,并且还需要大量本地磁盘空间对审计数据进行存储和归档。
- 通过填充审计系统的磁盘空间可造成拒绝服务攻击。
- 不同操作系统的审计记录格式和审计系统接口的异构性,使得异构环境中

获得的审计数据不仅数据量很大且构成复杂。所以在利用安全审计数据进行检测时,也存在很大的困难。

由于 C2 级安全审计是目前唯一能够对信息系统中活动的详细信息进行可靠收集的机制,它在大多数的入侵检测系统原型以及检测工具中都作为主要的审计信息源。

2. 基于网络信息源的入侵检测系统

此类入侵检测系统的入侵分析数据源主要包括以下几种。

(1) SNMP 信息

简单网络管理协议(SNMP)的管理信息库(MIB)是一个用于网络管理的信息库。其中不仅存储有网络配置信息(路由表、地址、域名等)以及性能/记账数据(不同网络接口和不同网络层的业务测量的计数器)。SecureNet 曾利用 SNMP 版本 1 管理信息库中的计数器信息来作为基于行为的入侵检测系统的输入信息。一般在网络接口层检查这些计数器,这是因为网络接口主要用来区分信息是发送到网线还是通过回路接口发送回操作系统内部。有些项目组在他们的安全工具研究中考虑使用了 SNMP 版本 3 的相关信息。

(2) 网络通信包

网络嗅探器作为收集网络中发生事件信息的有效方法,因而也常被攻击者用来截取网络数据包以获取有用的系统信息。目前多数攻击计算机系统的行为是通过网络进行的,通过监控、查看出入系统的网络数据包,来捕获口令或全部内容。这种方法是一种有效地攻入系统内部的方法。几乎所有的拒绝服务攻击都是基于网络的攻击,而且对它们的检测也只能借助于网络,因为基于主机的入侵检测系统靠审计系统不能获取关于网络数据传输的信息。入侵检测系统在利用网络通信包作为数据源时,如果入侵检测系统作为过滤路由器,直接利用模式匹配、签名分析或其他方法对 TCP 或 IP 报文的原始内容进行分析,那么分析的速度就会很快。但如果入侵检测系统作为一个应用网关来分析与应用程序或所用协议有关的每个数据报文时,对数据的分析就会更彻底,但开销很大。利用网络通信包做入侵检测系统的分析数据源,可以解决以下安全相关问题。

- 检测只能通过分析网络业务才能检测出来的网络攻击。例如,拒绝服务攻击。
- 不存在基于主机入侵检测系统在网络环境下遇到的审计迹格式异构性的问题。TCP/IP 作为事实上的网络协议标准,使得利用网络通信包的入侵检测系统不用考虑数据采集、分析时数据格式的异构性。
- 由于使用一个单独的机器进行信息的收集,因而这种数据收集、分析工具不会影响整个网络的处理性能。

- 某些工具可通过签名分析报文载荷内容或报文的头信息,来检测针对主机的攻击。

但这种方法也存在一些典型弱点。

- 当检测出入侵时,很难确定入侵者。因为在报文信息和发出命令的用户之间没有可靠的联系。
- 加密技术的应用使得对报文载荷的分析变为不可能,从而这些检测工具将会失去大量有用的信息。
- 如果这些工具基于商用操作系统来获取网络信息,由于商用操作系统中的堆栈易于遭受拒绝服务攻击,所以建立在其上的入侵检测系统也就不可能免受攻击。

3. 基于应用程序日志文件的入侵检测系统

系统应用服务器化的趋势,使得应用程序的日志文件在入侵检测系统的分析数据源中具有相当重要的地位。与系统审计迹和网络通信包相比,使用应用的日志文件具有三方面的优势。

- 精确性:对于 C2 审计数据和网络包,它们必须经过数据预处理,才能使入侵检测系统了解应用程序相关的信息。这种处理过程基于协议规范和应用程序接口(API)规范的解释,但是应用程序开发者的解释可能与入侵检测系统中的解释不一致,从而造成入侵检测系统对安全信息的理解偏差。而直接从应用日志中提取信息,就可以尽量保证入侵检测系统获取安全信息的准确性。
- 完整性:使用 C2 审计数据或网络数据包时,为了重建应用层的会话,需要对多个审计调用或网络通信包进行重组(特别是在多主机系统中)。但却很难达到要求,即使最简单的重组需求(例如,通过匹配 HTTP 请求和响应来确定一个成功的请求),用目前的工具也很难完成。而对应用程序日志文件来说,即使应用程序是一个运行在一组计算机上的分布式系统(诸如,Web 服务器、数据库服务器等),它的日志文件也能包含所有的相关信息。另外,应用程序还能提供审计迹或网络包中没有的内部数据信息。
- 性能:通过应用程序选择与安全相关的信息,使得系统的信息收集机制的开销远小于利用安全审计迹的情况。

虽然使用应用程序日志文件有以上的优点,但也有以下缺点。

- 只有当系统能够正常写应用程序日志文件时,才能够检测出对系统的攻击行为。如果对系统的攻击使系统不能记录应用程序的日志(在许多拒绝服务攻击中都会出现这种情况),那么入侵检测系统将得不到检测所需的

信息。

- 许多入侵攻击只是针对系统软件低层协议中的安全漏洞,诸如网络驱动程序、IP 协议等。而这些攻击行为不利用应用程序的代码,所以它们的攻击情况在应用程序的日志中看不出来,唯一能够看到的就是攻击的结果(例如系统被重启动)。

IBM 公司的 WebWatcher 是一个典型的利用应用程序日志文件的入侵检测工具,它通过实时地对 Web 服务器的日志进行监控来获取大量针对 Web 服务器攻击的详细信息,并据此进行检测。同样,可以设计监控数据库服务器的入侵检测工具。

4. 基于其他报警信息的入侵检测系统

随着网络技术和分布式系统的发展,入侵检测系统也从针对主机系统转向针对网络、分布式系统。基于网络、分布式环境的检测系统为了覆盖较大的范围,一般采用分层的结构,有许多局部的入侵检测系统(可以是传统的基于主机的入侵检测系统)进行局部的检测,然后把局部检测结果汇报给上层的检测系统,而且各局部入侵检测系统也可采用其他局部入侵检测系统的结果做参考,以弥补不同检测机制的入侵检测系统的不足。因此,其他入侵检测系统的报警信息也是入侵检测系统的重要数据来源。典型的系统有 DIDS、GrIDS 等。其中,DIDS 把基于主机系统的 Haystack 和基于网络的 NSM 检测系统组合到一起,对它们进行控制,并利用它们的报警信息进一步分析检测。GrIDS 是一个基于图形分析的入侵检测系统,它能够检测出跨越大型网络基础设施的入侵攻击行为。检测时它把局部化的基于主机的或基于网络的入侵检测系统的检测结果按图形的结构形式汇集起来进行分析,这种对结果图的分析可以突出不同的入侵攻击的相关性。

4.3　入侵检测系统存在的主要问题

4.3.1　评价入侵检测系统性能的指标

虽然入侵检测系统及其相关技术已经得到很大的发展,但关于入侵检测系统的性能检测及其相关评测工具、标准以及测试环境等方面的研究工作还很缺乏。如何判断一个入侵检测系统性能的好坏,目前还没有一个统一的国际标准。目前,评价入侵检测系统的性能指标主要有以下几个方面。

- 准确性:指入侵检测系统能正确地检测出系统入侵活动。当一个入侵检测系统的检测不准确时,它就可能把系统中的合法活动当作入侵行为并标识为异常(虚警现象)。

- 处理性能:指一个入侵检测系统处理系统审计数据的速度。显然,当入侵检测系统的处理性能较差时,它就不可能实现实时的入侵检测。
- 完备性:指入侵检测系统能够检测出所有攻击行为的能力。如果存在一个攻击行为,无法被入侵检测系统检测出来,那么该入侵检测系统就不具有检测完备性。由于在一般情况下,很难得到关于攻击行为以及对系统特权滥用行为的所有知识,所以关于入侵检测系统的检测完备性的评估要相对困难得多。
- 容错性:入侵检测系统必须能够抵御对它自身的攻击,特别是拒绝服务攻击。由于大多数的入侵检测系统是运行在极易遭受攻击的操作系统和硬件平台上的,这就使得系统的容错性变得特别重要,在设计入侵检测系统时必须考虑。
- 及时性:及时性要求入侵检测系统必须尽快地分析数据并把分析结果传播出去,以使系统安全管理者能够在入侵攻击尚未造成更大危害以前作出反应,阻止攻击者颠覆审计系统甚至入侵检测系统的企图。和上面的处理性能因素相比,及时性要求更高。它不仅要求入侵检测系统的处理速度要尽可能地快,而且要求传播、反应检测结果信息的时间尽可能少。

4.3.2　影响入侵检测系统检测性能的参数

在分析入侵检测系统的性能时,应重点考虑检测的有效性和效率。有效性研究检测机制的检测精确度和系统报警的可信度。效率则从检测机制处理数据的速度以及经济性的角度来考虑,也就是侧重检测机制性能价格比的改进。

从检测有效性的角度来看,我们期望检测系统能够最大限度地把系统中的入侵行为与正常行为区分开来。这就涉及入侵检测系统对系统正常行为(或入侵行为)的描述方式、检测模型与检测算法的选择。如果检测系统不能够精确地描述系统的正常行为(或入侵行为),那么检测系统必然会出现各种误报。一个有效的入侵检测系统应限制误报出现的次数,但同时又能有效截击入侵行为。要绝对避免误报的发生是不可能的,有以下几方面的原因。

- 缺乏共享数据的机制:大部分安装的入侵检测系统是独立操作的,例如,在一个典型的内联网环境中,企业有可能把网络型入侵检测系统部署在网络中的主要路径上。同时,也部署一些主机型的入侵检测系统在非常重要或数据非常敏感的主机上。这样部署所出现的问题是,这些入侵检测系统之间没有一个共享信息的标准机制。
- 缺乏集中协调的机制:现实中有很多网络都会有很多个子网或不同种类的

主机。既然不同的网络及主机有不同的安全问题,以及不同的入侵检测系统有各自的特别功能,那么这些在不同主机中的不同入侵检测系统,被部署在内联网或外联网各个角落中,造成它们之间互相的不协调。所以,要有一个集中管理办法,才能改善整体检测的能力。

- 缺乏揣摩数据在一段时间内行为的能力:随着部署防火墙及入侵检测系统越来越普遍,大部分的网络及计算机系统应该是很难被网络入侵者攻入的,也需要更多的时间才能攻破。这样,有很多信息变得更有意义,从中会发觉这些信息在一段时间内互相串连,这对发现黑客攻击是非常重要的。但是,相应的检测技术还不够完善,尤其是对在一段时间内数据之间的关系和状态转移的分析并不容易做到方便、快捷。

- 缺乏有效跟踪分析:追踪某个攻击的最终目标地址是保护计算机及网络系统最有力度的方法。但实现这种方法有很多难点,比如"最终来源"其实是已被攻击者攻破的计算机,只不过是由另一个受害主机拥有及操作;攻击者已经知道自己会被跟踪,所以只会在一段很短的时间内进行攻击,使跟踪者没有足够的时间来跟踪他们。最根本有效的方法是随时与 ISP(因特网服务提供商)保持联系,这在遇到拒绝服务(DoS)性攻击时更是如此。

如果检测系统把系统的"正常行为"当成"异常行为"进行报警,这种情况就是虚警。出现虚警的主要原因在于训练数据的不完全,可能有些程序的正常执行模式没有包括在 IDS 中,因此 IDS 在检测时就有可能把系统的正常行为误判为入侵行为或可疑行为。检测系统在检测过程中出现虚警的概率称为系统的虚警率,过多的虚警必然造成检测结构的不可信,甚至使得检测系统根本不实用。攻击者可以而且往往是利用包的结构伪造无威胁的"正常"虚警,而诱使没有警觉性的收受人把入侵检测系统关掉。

如果检测系统对部分针对系统的入侵活动不能识别、报警,这种情况被称作系统的漏警现象。出现漏警的主要原因在于训练数据可能被损坏或受污染等,那么检测系统提取的系统行为模型集合中也可能会存在一些异常模式,这样检测系统在检测时就有可能把某些入侵行为或可疑行为误判为正常行为。漏警在基于知识的入侵检测系统中比较普遍,因为基于知识的 IDS 是根据已知的入侵行为来检查对系统的入侵行为。显然,这类 IDS 对于系统未知的入侵行为肯定会出现漏警。检测系统在检测过程中出现漏警的概率称为系统的漏警率。与虚警现象相比,漏警的危害更大。基于异常检测的入侵检测系统是根据系统正常行为的特征轮廓所进行的排他性检测,漏警现象是影响这类系统实用化的重要障碍。

4.3.3 入侵检测系统存在的主要问题

入侵检测系统作为网络安全的关键性防范系统仍然存在很多问题,这有待于进一步完善,以便为今后的网络发展提供有效的安全手段。

从性能上讲,入侵检测系统面临的一个矛盾就是系统性能与功能的折衷,即对数据进行全面复杂的检验构成了对系统实时性要求很大的挑战。

从技术上讲,入侵检测系统存在一些难以克服的问题,主要表现在以下几个方面。

- 如何识别“大规模的组合式、分布式的入侵攻击”,目前还没有较好的方法和成熟的解决方案。从 Yahoo 等著名 ICP 的攻击事件中,我们了解到安全问题日渐突出,攻击者的水平在不断地提高,加上日趋成熟多样的攻击工具,以及越来越复杂的攻击手法,使入侵检测系统必须不断跟踪最新的安全技术。

- 网络入侵检测系统通过匹配网络数据包发现攻击行为,入侵检测系统往往假设攻击信息是明文传输的,因此对信息的改变或重新编码就可能骗过入侵检测系统的检测,因此字符串匹配的方法对于加密过的数据包就显得无能为力。

- 网络设备越来越复杂、越来越多样化就要求入侵检测系统能有所定制,以适应更多的环境的要求。

- 对入侵检测系统的评价还没有客观的标准,标准的不统一使得入侵检测系统之间不易互联。入侵检测系统是一项新兴技术,随着技术的发展和对新攻击识别的增加,入侵检测系统需要不断地升级才能保证网络的安全性。

- 采用不恰当的自动反应同样会给入侵检测系统造成风险。入侵检测系统通常可以与防火墙结合在一起工作,当入侵检测系统发现攻击行为时,过滤掉所有来自攻击者的 IP 数据包,当一个攻击者假冒大量不同的 IP 进行模拟攻击时,入侵检测系统自动配置防火墙将这些实际上并没有进行任何攻击的地址都过滤掉,于是造成新的拒绝服务访问。

- 对 IDS 自身的攻击。与其他系统一样,IDS 本身也存在安全漏洞,若对 IDS 攻击成功,则导致报警失灵,入侵者在其后的行为将无法被记录,因此要求系统的安全采取多种防护。

- 随着网络带宽的不断增加,如何开发基于高速网络的检测器(事件分析器)仍然存在很多技术上的困难。

4.4　入侵检测系统与防火墙

随着入侵行为复杂化和大型化,单一的防护手段无法满足系统安全的需要,应该采用多种安全措施手段,使包括入侵检测系统和防火墙等安全设备能够协同工

作构成一个全方位的纵深防御系统。在作者的另一本书(《网络信息安全与保密》，北京邮电大学出版社，2000 年)中，我们已经对防火墙作了详细介绍，下面重点介绍如何综合利用防火墙和入侵检测系统。

在入侵检测系统与防火墙构建的综合系统中，入侵检测系统相对于防火墙的位置关系是十分重要的。一方面，就入侵检测系统本身来说，由于 NIDS 与 HIDS 具有很强互补性，所以在实际应用中需要同时使用 NIDS 与 HIDS，充分利用 NIDS 与 HIDS 各自的优点，合理的安排 HIDS 和 NIDS 可以使系统发挥最大的能力。另一方面，从全方位的防御系统来说，如果入侵检测系统所处的位置不合理，入侵检测系统就无法工作在最佳状态，从而影响整个系统的性能。一般来说，入侵检测系统应该设置在防火墙附近比较好，下面对入侵检测系统在网络中的位置进行分析。

1. 防火墙的外部

入侵检测系统放置在防火墙的外部(防火墙的入口)是对攻击进行检测的最佳位置，这样做的好处是可以了解自己的站点和防火墙暴露在什么攻击之下。

2. 防火墙的非军事区

入侵检测系统放置在防火墙外的非军事区(DMZ)中，可以看到几乎所有来自因特网的入侵。但是，因为部分攻击(如 Land、WinNuke 等攻击)在防火墙或过滤路由器就被封锁，所以入侵检测系统就检测不到这种攻击的发生。

3. 防火墙的内部

将检测器放在防火墙的内部的理由有以下几点。

- 如果入侵检测系统在防火墙的外部，就有可能直接受到来自外界的攻击。
- 防火墙内部的系统比外部的系统的脆弱性要少一些，将入侵检测系统放置在防火墙的内部就会减少干扰，从而可以减少系统的误报警。
- 入侵检测系统在防火墙内部能够发现本应该被防火墙封锁的攻击，发现防火墙的设置失误，从而可以改进、完善防火墙的配置。
- 防火墙本身可以阻止部分"脚本"攻击和"低层次"的攻击，入侵检测系统放置在防火墙内部，可以用更多的时间和空间来检测处理更复杂的攻击行为。

4. 防火墙内部和外部

如果经费条件允许的话，可以使用内外多重设置入侵检测系统，这种放置除了具有以上两种情况的优点外，还可以同时检测来自内部和外部的攻击，可以确定是否有攻击渗透过防火墙。

5. 其他需要考虑的因素

需要考虑的其他因素包括将入侵检测系统设置在有大量不稳定雇员的地方、发生过入侵攻击的地方、有可疑活动或已有迹象显示有入侵活动的子网中。

- 如果只有一个检测器，那么就放在防火墙的外部。
- 当有证据表明站点遭到目标攻击，就应尽快采取额外的防攻击对策。
- 如果有可能，我们可以同时在防火墙内外设置检测系统，并同时采用基于网络和基于主机的解决方案。

随着网络技术的发展，"黑客"攻击技术层出不穷，相应的检测技术也迅速发展。由于目前检测技术整体落后于攻击技术的更新，因此安全专家们正在寻找帮助检测系统自主学习的方法，例如引入神经网络等自学习系统等。检测技术互通也是发展趋势之一，只有这样才能最大限度地发挥技术资源的力量，CDIF 是一项很有意义的工作。如何合理评定一个检测系统的性能指标也是一个很有意义的课题，这应该是技术标准化的一个基础。在现有网络资源的基础上，如何有效解决已知攻击检测始终是入侵检测系统的基本功能。总之，入侵检测系统将向着智能化、标准化和特色化的方向发展。

第5章

电子支付技术

过去穷人口袋里没钱,现在富人口袋里没钱,今后每个人口袋里都没钱,因为各种各样的电子现金和电子支付手段将引起货币形式的又一场革命。

5.1 电子支付系统概论

电子支付系统是从传统支付系统演变而来的,因此两种系统有很多共同之处。但是由于电子支付系统使用了传统支付系统不具备的高级安全技术,电子支付系统功能更加强大。电子支付系统通常是指任何包括货币与商品的网络服务。电子支付系统并不是什么新东西。从 1960 年起银行之间就已使用"电子货币"进行资金转账,而且几乎从那时起用户就可以通过 ATM(自动柜员机)取款。

随着因特网的发展,金融和商业的电子化已成为必然。银行的电子业务历史起源于 1980 年,那时美国花旗银行开始提供专线上的银行服务。过去 20 年来,电子银行业务发展迅速,特别是因特网的普及,银行都开始把电子银行支付服务转移成因特网上的 WWW 方式。1995 年 10 月 18 日,全球第一个网上银行——美国安全第一网络银行 SFNB 正式成立开业。于是在因特网上进行在线支付成为现实。

电子支付的安全性是一个核心问题。在电子支付过程中,需要能利用计算机应用系统将支付过程的"现金流动"、"票据流动"转变成计算机中的"数据流动",使得资金能在银行计算机网络系统中以肉眼看不见的方式进行转账和划拨,这种以电子数据形式存储在计算机中并能通过计算机网络使用的资金被人们越来越广泛地应用于电子商务中。

在一个典型的电子支付系统中,用户及商家必须能够访问因特网,而且必须首先在相应的支付服务供应商处注册。该供应商运行支付网关,既可以通过公用网络(如因特网)也可以通过专用的银行间(结算)网络访问支付网关。支付网关起着传统支付基础设施与电子支付基础设施之间的媒介作用。另一个先决条件是用户和商家在与上述网络相连的银行中必须有账户。用户的银行通常称为发卡银行。这里术语发卡银行是说该银行实际发行了用户用来进行支付的手段(如借记卡或信用卡),或接收银行负责从商家处接收的支付记录(纸账单或电子数据)。当购买商品或服务时,用户(或购买方)会向商家(卖方)支付一定数额的货币。假设用户选择使用借记卡或信用卡进行支付。则在提供订购的商品或服务之前,商家必须请求支付网关对买方及其支付手段进行授权(如授权其信用卡号等)。支付网关会与发卡银行联系,以执行授权检查。如果授权成功的话,将从用户的账户中提取(或借记)出一定数额的款项,并存入(或信用)到商家的账户中。这个过程就代表了实际的支付业务。支付网关会将支付业务成功执行的消息通知商家,使得它可以向用户提供订购的商品或服务。在某些情况下,特别是在订购低成本的服务时,可以在实际支付授权与业务完成之前就将商品提交给用户。

电子支付系统既可以是在线的,也可以是离线的。对离线系统而言,在支付过程中买方与卖方都彼此在线连接,但是它们都不与各自的银行有任何电子连接。在这种情况下,卖方不可能要求发卡银行对支付提供授权(通过支付网关),因此它也无法确保将来自己是否能收到付款。在没有银行授权的情况下,很难防止买方滥用货币。正是由于这个原因,目前大多数提出的因特网支付系统都是在线的。在线系统要求授权服务器在线,且作为发卡银行或接收银行的一部分。显然,在线系统要求的通信量更大,但是比离线系统更安全。

电子支付系统既可以是基于信用的,也可以是基于借记的。在基于信用的系统中(如信用卡),计费被先存入支付者的账户中。支付者以后再向支付服务提供者支付累积的费用。在基于借记的系统(如借记卡、支票等)中,支付者的账户被立即借记,也就是当交易得到处理时就完成支付。

如果电子支付系统中交换的货币金额相对较大的话,则该系统就称为宏支付系统。另一方面,如果系统是设计用于较小的支付金额的话,则称作微支付系统。金额的大小在系统的设计以及安全策略的确定中起着极为重要的作用。如果是要保护金额很小的货币的安全,则无须设计过于昂贵的安全协议。在这种情况下,更重要的是防止或不鼓励大规模的攻击,使得无法一次伪造或偷盗大量货币。

目前因特网上常用的电子支付手段系统主要分为信用卡系统、电子支票系统和电子现金系统三种。

1. 信用卡系统

信用卡是目前因特网上最流行的支付手段。信用卡可在商场、饭店、车站等许多场所使用。可采用刷卡记账、POS 结账、ATM 提取现金等方式进行支付。信用卡最早是在几十年前(Diner’Club 卡是在 1949 年,American Express 是在 1958 年)引入的。长期以来,信用卡上带有磁片,包含有未加密的只读的信息。今天,越来越多的卡是包含有硬件设备的智能卡,提供加密功能以及更强的存储能力。近来市场上甚至还出现了虚拟信用卡(软件电子钱包)。

在一个典型的使用信用卡支付业务模型中,用户将自己的信用卡信息(发卡者、有效期限、卡号)等提交给商家。商家向接收银行请求授权。接收银行通过银行间的网络向发卡银行请求授权。如果反馈结果是正确的话,则接收银行会通知商家说计费已经得到批准。现在商家就可以向用户提供订购的商品或服务并向接收银行出示计费(或代表多次交易的一批计费单)。接收银行向发卡银行发送结算请求并对用户的信用卡账户记费,记费额为销售额。每隔一段时间(如每月)发卡银行就会通知参与交易的用户的累积消费额。用户随后将通过其他途径向银行付费(如直接借记付费、银行转账、支票等)。同时,接收银行已经通过银行间的结算账户取回了销售的现金额并已经对商家的账户进行信用处理。

现在更安全、更先进的方式是在因特网环境下通过 SET 协议进行网络支付,具体方式是:用户在网上发送信用卡号和密码,加密发送到银行进行支付。当然支付过程中要进行用户、商家及付款要求的合法性验证。随着技术的发展,信用卡的卡基由磁条卡发展为能够读写大量数据、更加安全可行的智能卡,称为电子信用卡或电子钱夹。电子钱夹也可以说是一种基于 WWW 浏览器或与 WWW 浏览器结合的电子支付工具,它可以显示使用者还有多少钱存在自己的智能卡上,并且在相互认可的情况下,可以在多个电子钱夹之间划拨资金。有一些电子钱夹还可进行无线数据通信,使电子支付更具生命力。使用电子钱夹时,通常要将电子钱夹接入银行网络,还要综合应用电子钱夹软件、电子钱夹管理器、电子钱夹记录器和电子钱夹系统等。

在信用卡系统中需要保护交易数据的机密性,是因为信用卡号有可能被偷盗。早在信用卡号还未在因特网上公开传输之前,它们就常常被其他恶意用户,实际上是不诚实的商家盗用。对于盗用信用卡号的行为,也有一些保护措施:如对除小额交易以外的其他所有交易都需要得到授权,而且未经授权的记费可以在 60 天内由信用卡主人提出质疑并取消。然而,随着电子商务特别是 Web 商务的出现,大规模的盗用成为可能。在目前状况下,要使信用卡号(实际上是一切支付信息)都不会被可能的窃听者盗取,甚至也不会被除用户及银行之外的任何其他电子商务参与方读取,这才是最重要的目标。在电子商务中最简单的形式是让用户提前在某一公司登记一个信用卡号码和口令,当用户通过网络在该公司购物时,用户只需将口令传送到该公司,购物完成后,用户会收到一个确认的电子邮件,询问购买是否有效。若用户对电子邮件回答有效时,公司就从用户的信用卡账户上减去这笔交易的费用。

一般说来,信用卡号的盗用主要有两种途径:窃听和不诚实的商家。可以通过如下方法保护信用卡号:

- 通过加密(如 SSL)可以保护信用卡号免遭窃听;
- 可以通过对信用卡号进行伪随机处理,从而免遭不诚实商家的盗用;
- 通过加密及双重签名可以保护信用卡号免遭窃听及不诚实商家的盗用。

2. 电子支票系统

支票一直是银行大量采用的支付工具之一。将支票改变为带有数字签名的电子报文,或利用其他数字电文代替传统支票的全部信息,就是电子支票。换句话说,电子支票是传统纸支票的对应物。利用电子支票,可以使支票的支付业务和支付过程电子化。网络银行和大多数银行金融机构,通过建立电子支票支付系统,在各个银行之间发出和接收电子支票,向用户提供电子支付服务。电子支票系统通过剔除纸面支票,最大限度地利用了银行系统的自动化潜力。电子支票是包含有如下数据的电子文档:

- 支票号;
- 买方姓名;
- 买方账号及银行名称;
- 卖方姓名;
- 要支付款项;
- 使用的货币单位;
- 有效期限;
- 买方的电子签名;
- 卖方的电子背书。

在典型的电子支票交易过程中,用户从商家处订购某些商品或服务,而商家将电子发票发送到用户处。在支付时,用户将经过电子签名的电子支票发送到商家处。和使用纸支票时一样,商家会对支票进行背书(在背面签名)(电子背书也是某种形式的电子签名)。发卡银行与接收银行会将销售额数目的现金从用户的账户中取出并以信用的形式转入商家的账户中。在接收到用户的支票后,商家就可以将商品或服务提交给用户了。

电子支票支付系统的安全性建立在支票所对应的账户的有效性、使用者的数字签名之上。电子支票不同于信用卡支付方式,后者建立在信用卡的用户名、口令上。目前电子支票是一种比较成熟的可以基于信用卡系统的新的支付系统。

典型的基于电子支票的支付系统模型如图5.1所示。

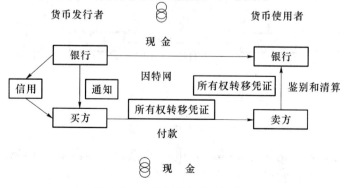

图 5.1 电子支票支付系统模型

电子支票的弱点是可追踪性,因为交易的办理必须通过银行。美国还颁布了与电子支票有关的法规条款(即1979年电子资金转账法案的补充),银行系统必须对其办理的每一桩交易的细节做详细备案,所以电子支票无法保证用户的匿名性。电子支票的可追踪性,激发了对匿名电子现金的研究。

3. 电子现金系统

现金是目前人们日常生活中最常用的一种支付工具,它的安全性是由现金的物理难伪造性来保证的。目前,信用卡支付和电子支票等都是不匿名的,而且交易双方的身份不被保护。电子现金是一种新的支付方式,用户可以像用纸币一样用电子现金进行日常买卖。电子现金保证用户的身份匿名性和不可追踪性,即保证买卖双方的自由不受到干涉。电子现金是传统现金的电子表达形式。电子现金的最小单元通常称为电子或数字硬币。数字硬币是由经纪人"铸造"(生成)的。如果用户需要购买数字硬币,则他需要与经纪人联系并订购一定数量的数字硬币并支付一定数额的"真"现金。用户可以从任何接受该经纪人发行的硬币的商家处购买商品。而商家可以从经纪人处将从用户那里获得的数字硬币转换成传统的现金。换句话说,经纪人回收硬币并向商家的账户存入"真实"的现金。

电子现金是以电子化数字形式存在的现金货币。电子现金比现有的实际现金(纸币和硬币)有更多的优点,无需承担较大的存储风险、高昂传输费用、较大的安全保卫和防伪的投资。电子现金没有明确的物理形式,它将以用户的数字号码的形式存在,这使它适用于买方和卖方处于不同地点的网络和因特网事务处理中。付款过程仅涉及买方与卖方,而无需银行参与。

典型的电子现金的支付系统模型如图5.2所示。

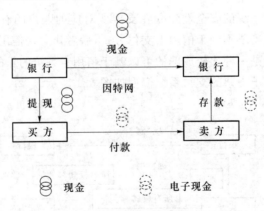

图5.2　电子现金支付系统模型

电子现金是数字化的现金,第一个电子现金协议是由David Chaum提出的。这也是第一个能真正实现纸币特性的电子现金协议。

电子现金方案的基本流程如下所述。

（1）用户从自己的银行账户上提取电子现金（用取款协议 Withdrawal Protocol 实现）。在这一步中用户将与银行交互执行盲签名协议，以在保证用户匿名性的前提下获得带有银行签名的合法电子现金。同时银行必须确信电子现金上包含必要的用户身份信息，由于这一要求通常需要复杂的交互协议，因而有时取款协议又会被进一步划分为两个子协议：

① 开户协议。这一步通常计算量较大，用于向用户提供包含其身份信息的电子执照。

② 取款协议。这一步只是单纯的盲签名过程，用户能够从账户提取电子现金。

（2）用户使用电子现金从商店中购买货物（用支付协议 Payment Protocol 实现）。这一步也通常分为两个子协议：

① 验证电子现金签名。用于确认电子现金是否合法。

② 知识泄露协议。买方将向卖方泄露部分有关自己身份的信息，用于防止买方滥用电子现金。

（3）用户、销售商将电子现金存入自己的银行账户上（用存款协议 Deposit Protocol 实现）。在这一步中银行将检查存入的电子现金是否被合法使用。如果发现有非法使用的情况发生，银行将使用重用检测协议跟踪非法用户的身份，对其进行惩罚。

既然电子现金是纸币的数字实现，因此它应该具有与纸币类似的功能，但同时电子现金的确有它们自己的特点。

① 独立性：电子现金的安全性不能只靠物理上的安全来保证，必须通过电子现金自身使用的各项密码技术来保证电子现金的安全；

② 安全性：由于无法控制电子信息的拷贝，必须采取一定的技术来防止电子现金的拷贝、重用和伪造；

③ 私有性：即不可追踪性，也就是无法将电子现金的用户和他的购买行为联系到一起，从而能够隐蔽电子现金用户的购买历史；

④ 离线支付：当用户在使用电子现金时，用户和商店的交易过程是以离线方式进行的，无需银行参与；

⑤ 可转移性：电子现金可以在用户之间任意转让；

⑥ 可分性：电子现金不仅能作为整体使用，还应能被分为更小的部分多次使用，只要各部分的面额之和与原电子现金面额相等。

5.2 典型的电子支付系统实例

电子支付系统的研制是当前业界的热点。人们已经研制出了多种各具特色的电子支付系统,甚至有些系统已经投入使用。

5.2.1 典型的电子现金系统实例

目前世界上具有代表性的电子现金系统包括 David Chaum 建立的 E-cash 系统、欧盟 ESPRIT 计划设计的 CAFE 系统、NetCash 电子现金构架、CyberCoin 在线类现金系统以及与智能卡相关的 Mondex 电子现金系统和 EMV 现金卡等。另外,Visa 与 Mastercard 等信用卡巨头也在积极进行电子现金的开发研制工作。

1. E-cash 系统

这是一种已经实现了的电子现金系统,由荷兰阿姆斯特丹 Digicash 公司开发,于 1996 年 3 月在美国密苏里的 Mark Twain 银行发行使用,有万余人与 2 000 多家零售商参加了这项实验。芬兰 Merita 银行也实现了 E-cash,日本的日立公司也在进行 E-cash 实验。

为了能进行交易转账,买卖双方必须先在 Mark Twain 银行存款,取得 World Currency Access 账号。该账号由 FDIC(Federal Deposit Insurance Corp)发行,无需支付利息或在一定时期内无需支付利息。买方必须指示 Mark Twain 银行将钱从 World Currency Access 账号上转账到 E-cash 造币厂(Mint)中买方自己的账号上,一旦转入造币厂中,钱就不再属于银行了,而且银行也不再为钱提供担保。造币厂起着一种个人缓存账号的作用,买方可以指定自己的计算机与造币厂接口,从造币厂中将钱转入个人计算机硬盘上的电子钱包中。

具体支付过程是:买主通过密码算法对要支付的 E-cash 进行加密,并发送给卖方,通信方式可以是:E-mail、软盘、打印文件、复印件等。买方收到后,对其解密并存入自己的计算机中,而后送入造币厂中,并可转入卖方的 World Currency Access 账号上。这样就实现了从买方账号到卖方账号的资金转移。

虽然由银行完成 E-cash 的存取,但是银行不能跟踪 E-cash 的交易。这是因为在 E-cash 系统中通过盲签名保证了电子现金的不可跟踪性。另外,系统还提供不可否认性、不可重用性等,从而能够解决交易双方的争执,这也是电子现金系统能够成功的重要先决条件。

2. CyberCoin

1994 年 8 月成立的 CyberCash 公司为因特网上各种金融交易和支付提供软件和服务解决方案。在 1996 年,此公司发布了一种名叫 CyberCoin 的在线电子货币系统。此系统是保密的,很多细节到目前也没有公开。然而该系统却在许多电子商务应用中被使用。

顾客从 CyberCash 服务器那里购买电子货币,从信用卡或银行账户上扣除一定数量的金钱。CyberCash 钱币被存储在一个叫 CyberCash 钱包软件的特殊区域里。当顾客决定买东西时,他把付款消息发给商家,商家再到 CyberCash 服务器那里去进行验证。如果转输成功,商家就把所请求的商品或服务发给顾客。已经被验证过了的 CyberCoin 电子货币,将会通过 CyberCash 服务器存入到商家的银行账号上。

需要注意的是,虽然商家没有必要知道顾客的身份,但是 CyberCoin 系统并非是匿名的,因为 CyberCash 服务器会记录每个顾客交易。也要注意,在 CyberCoin 系统中,电子货币的说法比其他系统,如 eCASH 或 NetCash 要脆弱一些,这里的数据流实际上代表金钱值。当顾客买 CyberCoin 货币时,在 CyberCash 服务器上就建立一个账号。付款就犹如把顾客账号上的一定数量的钱转到商家的账号上。

3. MONDEX 系统

该系统由英国西敏寺银行发行,于 1995 年 7 月开始在伦敦西南部拥有 18 万人口的斯温顿市投入使用,已经发行了上万张 IC 卡,可以实现货币的存入、提取等操作,并提供匿名性服务。日本也于 1997 年引入了 MONDEX 系统。澳大利亚有四家银行,新西兰有六家银行准备推广 MONDEX 系统。MONDEX 国际有限公司总部位于伦敦,其股东包括北美、亚洲、澳大利亚等十七家大公司。MONDEX 国际有限公司正在大力推广 MONDEX 系统,而香港汇丰银行与恒生银行已经发行了 40 000 余张 MONDEX 系统 IC 卡。

4. CAFE

CAFE 本是欧洲的一个研发项目,此项目始于 1992 年并持续了三年。CAFE 的含义是“有条件接入欧洲”。CAFE 项目的目的在于研制一种匿名电子货币系统来管理电子商务客户的有条件接入权限。该项目的最大业绩就是开发出了一种名叫 CAFE 的匿名离线电子现金系统。离线电子货币系统提供一种更好的可广泛应用的办法。

离线系统有一个问题,即重复花费问题。如何保证一个电子货币不被花费两次呢? 注意,在离线系统中,商家不可能通过与发行货币的银行联系来验证货币。CAFE 综合采用了如下两种办法来克服这个缺点。

- 利用成熟的密码技术来保证重复花费电子货币的主人的身份能够被揭露。在这种情况下,货币的主人在支付过程中出示一部分身份特征信息,但并不能揭示他的身份。只有结合他的另一部分信息才能恢复其身份。

- 采用专门的硬件设备来存储货币并保证只能花费一次。

CAFE 系统有一个密码后卫机制,允许金融机构检测重复花费的电子货币并把被怀疑的顾客列入黑名单。有很多硬件设备被用在 CAFE 系统中来存储电子货币、执行密码操作、对商家支付:

- 最简单的硬件设备就是用在 CAFE α 系统中的智能卡。
- 更高级的硬件设备就是电子钱包,它由相互关联的两部分构成:一部分称为观察器(或用 CAFE 的术语称作监督器),它保护发卡银行的利益,即电子货币只能被花费一次;另一部分称为钱包,它保护顾客的利益,即电子货币受到保护,不泄露电子钱包的信息。钱包包括键盘和显示器。这就让顾客在他的钱包上输入其 PIN,而不需要信任其他第三方的输入设备。此外,钱包与外界的所有通信都要经过钱包,这样便保证了如果未得到顾客的知识,观察器模块就无法泄露任何秘密给银行。有两个按钮的钱包导致了 CAFE α^+ 系统,而完整的钱包导致了 CAFEΓ 系统。

5. NetCash

这是由美国南加利福尼亚的信息科学研究机构提出的在线电子货币支付系统的原型,它由三部分构成:消费者、商家和货币服务器。因为有多种货币服务器,顾客可以任意挑选一个物理上封闭且可信的货币服务器。货币服务器向商家和顾客提供以下四种服务:

- 为了电子支票支付发行硬币;
- 验证货币(检测和防止重复花费)
- 买回硬币,给出电子支票;
- 将旧的有效货币换成新的(提供某种弱匿名性)。

因此,货币服务器向顾客发行货币、接受电子支票的支付。顾客不仅可以在交换电子支票时买卖 NetCash 货币,而且 NetCash 服务器还可以用电子支票来解决他们之间的债务问题。

在 NetCash 系统中,电子货币就是代表钱的价值的数据流。它被货币服务器铸造,并标明了货币铸造服务器的名字和地址、期限、服务器铸造的硬币的唯一序列号,以及货币所代表的金额。每个硬币都被铸造货币服务器的私钥签名。为了防止重复花费,货币服务器保持一个由它铸造的正在流通的货币的序列号清单。在购买过程中,商家要询问相应货币服务器,来验证他从顾客那里接收的货币是否被重复花费。货币服务器于是检查存储于它的数据库里的序列号。如果未被用过,则有效。否则,它可能在以前被花费过并被从数据库里删除了,或已经过期了(过期的序列号被从数据库中删除,以便限制数据库的规模并允许序列号重用)。

为了利用 NetCash 系统进行购买活动,首先,顾客要从货币服务器那里利用电子支票获得电子货币。然后把其中一些购买的电子货币支付给商家。为了避免重复花费，商家要验证货币，或直接通过铸造货币的服务器，或间接地通过他所选择的货币服务器(在第二种情况下，被联系的货币服务器必须代表商家询问铸造货币的服务器)。在任何一种情况下，都通过在线方式进行验证。为了交换被顾客接受的有效电子货币，商家可以接受他所联系的货币服务器铸造的新货币，或电子支票。一个被商家数字签名的收据，或可购买的东西，最后可能被发给顾客。

6. EMV 现金卡

EMV 是由 Europay 国际公司和另外两个较大的信用卡公司(Visa 国际和 MasterCard)所构成的大财团。从 1994 年起，EMV 就一直研究预付卡及其应用的一般规范。在 1996 年 4 月，发行了一个包括三卷本的规范，它定义了以下组件：

- 预付卡和终端设备的物理和电子特征。
- 多应用卡阅读机终端的结构。
- 进行交易的应用规范。

Europay 国际是第一个根据 EMV 规范发行货币卡的公司。另外，Visa 国际也遵循这些规范发行了它的 VISACash 电子钱包。这些卡首次在 1996 年的亚特兰大奥运会上公开试用，随后延伸到世界各地。最后，MasterCard 公司也宣布了它也要销售一种类似的叫 MasterCard 钱包的电子钱包，它也是基于 EMV 规范的。最近，Visa 国际和 MasterCard 公司开始和一些银行机构联合，允许 VISACash 和 MasterCash 一起在同样的硬件上运行。这对于今后 VISACash 和 MasterCash 钱包的进一步发展是很重要的。

5.2.2　典型的电子支票系统

目前比较有代表性的电子支票系统有以下三种。

1. NetBill

1994 年首次由 Carnegie Mellon 大学所研制的一种电子支票系统。NetBill 最适宜于低价位的信息产品买卖。NetBill 意在提供一个完整的系统，从价格协商到送货。NetBill 的主要有如下贡献：

- 一个自动的证书提交方法确保顾客在收到商品完好的信息后再付款；
- 会员机制，允许顾客证明在某团体中的会员资格(例如给会员打折)；
- 有匿名结构来保护顾客的身份。

NetBill 交易模式包括三方：消费者、商家和 NetBill 交易服务器，保持顾客和商家的账号。这些账户可以和传统的金融机构的账户相联系。当顾客购买信息商品时，他的 NetBill 账户就会被扣除适当数量的钱，而商家的账号会被计入与货物等值的钱。更进一步，NetBill 系统保证顾客在收到商品后再付款。在这个基本体

制中,一个 NetBill 交易需要交换 8 条信息。NetBill 允许有多种变型,例如,顾客向商家隐藏其身份、讨价还价、对他人限制花费权限、解决各种各样的争端。

从技术上看,NetBill 系统采用的是 Kerberos 认证系统的改进版本。改进之处在于利用公钥密码学减少对 Kerberos 服务器的依赖性,允许公钥被用于协议消息交换的某些部分。此外,NetBill 通过客户端和服务器集成库来支持交易。客户库称为支票簿,服务器库称为抽屉。反过来,支票簿和抽屉库又与客户端以及服务器的应用程序相互通信。支票簿和抽屉之间的所有通信都被加密以防止潜在的攻击。但是,由于所有的交易在完成之前都必须经过 NetBill 服务器。这使得 NetBill 服务器变成了该系统的瓶颈。

2. NetCheque

NetCheque 支票(简称 NetCheque)用 Kerberos 票据来代替,允许被授权的持票者从 NetCheque 发行账户上提取资金,而防止非法持有者存储不是发行给他的 NetCheque 支票。更具体地说,NetCheque 是一个分布式账户服务,由用来清算支票的 NetCheque 服务器和澄清银行之间的账号分层次地构成。分层的方法使得此系统可以扩展。它也允许顾客根据自己的偏爱选择银行。NetCheque 账号与传统银行账号相似,顾客(账号所有者)可以填写电子支票。为了利用 NetCheque 系统,顾客必须在 NetCheque 账号服务器中注册并获得相应的客户软件。

3. PayNow

PayNow 是一个电子支票的 CyberCash 方案。在 PayNow 体制中,一个 CyberCash 服务器是一个把客户钱包和商家软件连到金融基本设施的网关服务器。另外,因为 CyberCash 没有公布在 PayNow 系统中所用的很多协议并没有公布。

5.2.3 典型的电子信用卡

目前,人们已经设计了多种电子信用卡支付系统,其中比较有代表性的系统是下面将要介绍的 CyberCash、IKP、SEPP、STT 和 SET。

(1) CyberCash 系统

该系统于 1994 年 8 月开始启动,目的是为商家与金融机构在因特网上提供一种新的支付途径。客户可以从 CyberCash 服务器上下载软件,用于建立一个到 CyberCash 的连接通路。CyberCash 可以处理客户的各种需求:如建立客户身份、将信用卡中的信息与个人情况联系起来,记录客户交易情况、提供管理与软件升级服务等工作。CyberCash 系统采用 MD5 与数字签名提供认证,采用 DES 与公钥算法进行加密,密钥长度为 768 比特。

(2) IKP

IKP(I=1、2、3)是一组因特网上带密钥的支付协议(或 i-key-协议)。它由

IBM 研究部门开发,以保证在因特网上安全传输电子支付。这些协议基于公钥密码学,并根据拥有公钥对的参与方的数目的不同而变化。更确切地说,i 指的是具有公钥对和相应的公钥证书的参与方的数目。于是,1KP 是一个只有收款者网关拥有公钥的最简单的协议。对 2KP 来说,收款者网关和商家都有公钥。最后,3KP 协议需要参与的三方(消费者、商家和收款者)都有公钥。3KP 是大多数电子信用卡支付协议的起点。

(3) SEPP 和 STT

这是一个把 3KP 嵌入并扩展到一种带有密钥管理和更为具体的清算程序的应用环境,叫作安全电子支付协议(SEPP)。SEPP 的规范于 1995 年 10 月被发布。SEPP 规范刚发布不久,另一个由 Visa 国际和 Microsoft 公司任主席的联盟公开宣布了另一套完全不同的基于信用卡的网络支付协议,称为安全传输技术(STT)。SEPP 和 STT 在概念上很类似,但在细节上不一样。

(4) SET

这是由 MasterCard、Visa、SAIC、Terisa 和 VeriSign 等联合开发的安全电子交易系统。它将成为因特网上基于电子信用卡的支付系统标准,浏览器将最终支持 SET,其方法可以是兼容浏览器的协议,或者以 ActiveX 控件,Java 应用程序,或插件形式下载。SET 规范的初步版本出版于 1996 年 2 月,接着第二个版本于 1996 年 4 月出版。这个版本后来被广泛使用,并且对 1997 年 5 月 31 日公布的规范 SET 版本 1.0 的影响巨大。SET 规范是公开和免费的,可以从很多因特网站点上获得,比如,http://www.setco.org。简言之,SET 处理信用卡持有者、商家和收款银行(或收款网关)之间的往来。根据 IKP 术语,SET 协议指的是 3KP,意思是所有的参与方都持有公钥对和相应的公钥证书。更确切地说,大多数参与方有两个公钥对:

- 密钥交换所需要的公钥对;
- 数字签名所需要的公钥对。

信用卡持有者和商家在进行任何交易之前注册的时候获得公钥证书。因此,SET 的使用需要可操作的基于 X.509 的 PKI,包括将在 8.4 节介绍的证书撤销机制。

一般认为,电子信用卡支付协议提供给商家的只是订购信息,例如购买的项目以及它们各自的零售价格;提供给收款银行的只是信用卡信息。特别地,只要收款银行对支付进行了认证,则商家没有必要知道顾客的信用卡信息。类似地,收款银行也没有必要知道购买的细节,除非是非常昂贵的商品,如豪华的汽车和房子。在这种情况下,收款者要保证顾客能够付得起钱。这个可获信息的分离能够通过一个叫双签名的密码机制来简单而有效地实现。简言之,双签名通过先对一则消息的两部分分别进行散列,再将这两部分散列值级连在一起,最后把得到的结果再一次散列并进行数字签名。一个接受者得到的是消息的第一部分的明文和第二部分的散列值,另外一个接收者得到第一部分的散列值和第二部分的明文。这样,每个接收者能够验证整条消息的完整性,但不能恢复全部明文。只能获取发给他或她的那一部分。另一部分是一个散列值,它掩盖真正的内容。

假定一个信用卡持有者选择购买一些商品,启动一个相应的给商家的信用卡支付。于是,信用卡持有者构造两个信息集:

- 定货信息(OI)。
- 支付指令(PI)。

简言之,OI 包括和待购商品有关的信息,如商品或服务以及它们的价格,而 PI 包括一些有关信用卡支付的信息,如信用卡号、截止日期。下一步,信用卡持有者产生两个随机会话密钥 $K1$ 和 $K2$。他把 OI 用第一个会话密钥 $K1$ 和商家的公钥交换密钥 Km 数字式地封装起来(得到 $\{OI\}K1,\{K1\}Km$);把 PI 用第二个会话密钥 $K2$ 和收款者的公钥交换密钥 Ka 数字式地封装起来(得到 $\{PI\}K2,\{K2\}Ka$)。此外,他计算 $h(OI)$ 和 $h(PI)$,并用保密签名密钥来为这两个散列值产生双签名 $\{h(h(OI),h(PI))Kc^{-1}$。信用卡持有者把被数字式封装的 OI 和 PI(即,$\{OI\}K1,\{K1\}Km$ 和 $\{PI\}K2,\{K2\}Ka$)、$h(OI)$、$h(PI)$ 和双签名发给商家。接下来,商家能够用自己的私钥交换密钥 Km^{-1} 来解密第一个数字信封,从而恢复出 OI。他把 $\{PI\}K2$、$\{K2\}Ka$(数字信封 PI)$h(OI)$、$h(PI)$ 和双签名转发给收款者。接下来,收款者能够用自己的私钥交换密钥 Ka^{-1} 来解密另一个电子信封,从而恢复 PI。他就与信用卡发行者一起检查该支付是否合法。相应的通信发生在银行网内部,所以不需要更多的保护。在任何一种情况下,收款银行都会把关于付款者支付认证的决定反馈给商家,商家通知信用卡持有者是不是接受信用卡支付。

5.3 电子支付系统的安全需求与服务

传统支付系统的安全问题主要有伪造现金、伪造签名、拒付支票。

电子支付系统会带来与传统支付系统相同的问题,而且问题可能更多,比如:可以任意复制数字文档;知道私钥的任何人都能产生数字签名。买方的身份及其每次购买行为之间的关系可以被跟踪出来。

显然,如果不采取有效的安全措施,就不可能推广电子支付系统。正确设计的电子支付系统能够提供比传统支付系统更强的安全性,并且易于使用。一般说来,在电子支付系统中可能会遇到三种攻击者。

- 外部攻击者,在通信线路上进行窃听,并滥用收集的数据(如信用卡号等)。

- 主动攻击者,向经过授权的支付系统参与方发送伪造的消息,以破坏系统的正常工作或盗用交换的财产(如商品、现金等)。
- 不诚实的支付系统参与方,试图获取并滥用自己无权读取或使用的支付交易数据。

因此,电子支付系统的基本安全需求可以总结为:支付认证、支付完整性、支付授权和支付机密性。

支付认证的意思是买方与卖方都必须证明自己的支付身份,当然其支付身份不必与其真实身份相同。认证并不一定会泄露买方的身份。如果需要匿名性的话,则需要一些特殊的认证机制。

支付完整性要求支付交易数据不可受到非授权的参与方的更改。支付交易数据包括买方身份、卖方身份、购买内容、金额,以及其他信息等。为了实现该目的,需要使用信息安全技术的完整性机制。

支付授权能够确保在未经用户明确授权之前不能从该用户的账户或智能卡中提取任何现金。这也就是说只有经过授权的参与方才能提取指定数额的现金。该需求与访问控制有关。

支付机密性包括一项或多项支付交易数据的机密性。最简单的支付机密性可以通过使用某种通信机密性机制来实现。但是在某些情况下,不同的交易数据需要对不同的支付系统参与方保密。这样的需求可以通过特别定制的支付安全机制来满足。

为了满足电子支付系统的安全要求,必须提供一些安全服务。另外,电子支付系统可能会有一些相互矛盾的安全需求。例如,既要求数字硬币是匿名的,但同时又需要能够识别出那些试图重复使用这些硬币的用户。因此,机械地把某些安全技术拼凑起来,而不考虑它们之间可能的相互作用,是不可取的。每一个电子支付系统都有其特定的一套安全要求,以及用于实现这些要求的特定安全服务与安全机制。

根据所使用的支付手段,可将安全电子支付服务分为三大类。第一类涉及所有的电子支付系统和所有的支付手段。这第一类服务被称为支付交易安全服务:

- 用户匿名性——在网络交易中保护用户的身份免于泄露;
- 地址不可跟踪性——防止支付交易进行的地点泄露;
- 买方匿名性——保护支付交易中买方的身份免于泄露;
- 支付交易不可跟踪性——防止同一客户的不同支付交易链接起来;
- 支付交易数据的机密性——有选择地保护支付交易数据的特定部分免于泄露给经授权的参与方组中的指定参与方;
- 支付交易消息的不可否认性——防止在支付交易中交换的协议消息源进

行抵赖；

- 支付交易消息的新鲜性——防止支付交易消息的重放。

第二类服务主要与电子现金相关,称为电子现金安全:

- 防止再度花费——防止电子现金的重复使用；
- 防止现金被伪造——防止未授权的参与方伪造电子现金；
- 防止现金被盗——防止电子现金被未授权的参与方花费。

第三类服务基于以电子支票作为支付手段的支付系统的特定的技术。这里有这样一种典型的电子支票附加服务:

支付授权转账(代理)——使某一授权的参与方可以将支付授权转移给他所选定的另一参与方。

保护用户匿名性的服务并不仅仅用于电子支付系统,还可用于任何类型的互联网服务,比如,用户会想要在互联网上匿名地发送电子邮件或购物。地址不可跟踪性与用户的网络匿名性有关。自从在通信网上进行电子支付交易以来,买方匿名性与用户匿名性一直是密切相关的。用户匿名性是用于通信双方之间的服务,在一次通信会话期间必须一直得到保护。而买方匿名性必须在整个交易过程中受到保护,而这期间可能会发生好几次会话。例如,顾客与商家之间的会话,商家与接收银行之间的会话,以及接收银行与发行银行之间的会话等。除了买方与自己的银行之间的会话以外,在其他所有会话中通常都要求买方是匿名的。换句话说,正如地址不可跟踪性一样,用户匿名性是买方匿名性的先决条件,此外买方匿名性还可能会运用某些其他的机制。买方的匿名可通过隐藏在假名或数字 ID 后来实现。但是,如果他在所有的支付交易中都使用同一个 ID,则就可以跟踪到他的行为,同其他一些信息结合后就能用于断定其身份。支付交易不可跟踪性的目的就是使得无法将同一买方的多次支付交易联系在一起。

支付交易数据的机密性服务内容很复杂,不但要防止支付交易数据泄露给外人,而且还要防止数据的指定部分泄露给指定的参与方(如卖方)。电子支付交易由一个或几个网络协议组成。协议由参与双方的一系列交互消息组成。消息源的不可抵赖性是一种信息安全服务,用于防止当参与方收到了消息,发送方却否认曾发送过这一消息的情况。不可抵赖性可以用数字签名机制来实现。在电子支付交易中,客户、商家、支付网关和银行都是参与方。如果客户声称他从未发送支付指令,或者商家声称他没有收到顾客的付款,就会发生纠纷。支付交易消息的不可否认性就是帮解决此类纠纷的。保证支付交易消息的新鲜性意味着防止重复使用,如支付指令消息的重复使用。一旦顾客为了付款发送了其信用卡的消息,该消息即使是以加密的形式发送的,也可能被窃听者盗用,之后在顾客不知情的情况下被攻击者重复使用。

匿名性太好也有其缺点,因为这就使得欺骗简单易行而且不会被捕获。比如,理想的匿名电子现金就是可以被任意复制的比特串。即使银行发现了某人想要多次使用同一电子现金,也不可能揭露他的身份,因为电子现金是匿名的。在这样的情况下,就需要有条件的匿名性。这个条件就是,如果该顾客是诚实的,而且仅一次性使用电子现金,那么他的身份就不会被识别出来。而一旦他想要重复花费电子现金,他就会被识别出来并最终受到惩罚。

既然电子现金仅是比特串,如果该比特串没有满足一定的特性,或者其特性过于简单以至于容易产生许多满足此特性的比特串,那么任何人都可以制造出合乎要求的电子现金(伪币)。在离线支付系统中,不可能实时地检验比特串是否是经授权的经纪人发行的。因此,离线支付系统必须具备防止伪币的保护措施。

作为比特串,如果电子现金不经加密,那么就很容易被盗(被窃听者窃取)。如果买方是匿名的,卖方根本没法分辨合法的电子现金所有者和盗用电子现金的贼。然而,可以使用某些机制来防止电子现金被盗,并用于实现相应的支付安全服务。

以上所述的三种电子现金安全服务在一定程度上是相互冲突的,但有办法在实施的同时达到风险与保护的平衡。例如,可以将这三种服务设置成仅当非法事件发生的时候才起作用(如有条件的匿名性)。

5.4　电子支付的关键安全技术

要设计出满足上述所有安全需求的电子支付系统并不是一件容易的事情,必须充分利用大量高新技术。比如,现代密码学的几乎所有技术在这里都可以派上用场。但是为了节省篇幅和突出重点,我们仅介绍在安全电子支付系统设计中最有特色而且也是在其他同类书籍中很少介绍的三种技术:零知识证明、比特承诺和盲签名。

5.4.1　零知识证明及知识泄露

零知识证明理论是由 Goldwasser、Mical 与 Rackoff 联合提出的,它已经被广泛应用。零知识证明理论致力于研究如何控制在交互式协议执行过程中释放的知识,从而对于高级密码协议的设计具有重大意义。尤其在电子现金方案设计中,零知识证明更具有极其重要的应用:零知识证明协议可以用于证明用户的身份,即在不泄露私钥的前提下证明用户具有私钥;零知识证明也可以用于证明用户具有有关某些秘密信息的知识,如用户知道电子现金的内部构造;零知识证明还可以用于证明加密信息的有效性,即用户可以证明自己已经在电子现金中加入了自己的身份信息,而不必泄露它。电子现金虽然不是绝对零知识的,因为那就意味着卖方能

完全模仿买方的行为。但是零知识证明的理论、基于计算能力的知识概念以及零知识证明研究导致的在交互式协议领域的研究成果都直接影响了电子现金的设计。

顾名思义，零知识证明允许参与方作出关于某个秘密的证明，而不会泄露有关该秘密的任何知识。下面这个形像的例子可以用来解释零知识证明的工作原理，如图5.3所示。假设在一个建筑物中，有一个被一扇魔法门隔断的通道。A要向B证明自己知道打开魔法门的秘密，但是又不愿意将这个秘密告诉B。则他们可以执行以下协议：

第一步：B在建筑物的入口处等待，而A进入建筑物并进入通道的左入口或右入口(A随机选择)。

第二步：B进入建筑物并要求A从左边或右边出来(B随机选择)。

第三步：如果A从B要求的方向走出，则该轮协议执行成功。否则失败。

如果所有 n 轮协议都成功执行，则A知道该秘密的概率就是 $p = 1 - 0.5^n$。

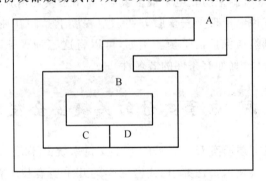

图5.3　零知识证明的工作原理解释

为了向一位概率多项式时间验证者证明某个问题的有效性，证明者应当泄露多少有关该命题的知识。这里知识是从复杂度理论的角度来定义的，即如果某条消息能够加强接收方的计算能力的话(例如使接收方能够计算出它本来无法解决的问题)，就称该消息带有知识。在某些情况下，通过精心设计的交互式证明系统，验证者只能获得命题有效与否的信息，而不能获得任何其他知识。此时的证明系统就是零知识证明系统。简单说来，如果验证者在参与关于命题 L 的零知识证明系统后能有效计算出某些结果，则该验证者只需假设命题 L 成立，则无需参与该零知识证明系统，也能计算出上述结果。

零知识证明的正式定义与以下两种概率分布相关。

① 在完成与证明者的交互后，概率多项式时间验证者生成的概率分布。

② 某概率多项式时间图灵机以待证明命题为输入生成的概率分布。

"零知识"就意味着对于第①项中的每个分布，必然存在一种第②项分布与其

"本质相同"。根据对"本质相同"这个单词的理解不同,有着各种不同的零知识证明系统定义。

① 完美零知识证明系统。即存在一种模拟器,使得分布①与分布②完全相同。

② 计算的零知识证明系统。分布①与分布②在多项式时间内无法区分,即任何概率多项式时间算法无法区分上述两种分布。

③ 统计零知识证明系统。除一定数量的例外,存在一个模拟器使得分布①与分布②相同。

下面介绍几个零知识证明协议的例子。

例 5-1(二次剩余问题的零知识证明协议) 该协议的参与者是用户 P 与用户 V。设 $n = pq$ 是两个大素数的乘积,且其因数分解情况对用户 V 保密。设用户 P 拥有 k 个整数 $y_1, y_2, \cdots, y_k$ 的平方根 $x_1, x_2, \cdots, x_k$,使得 $y_i = x_i^2 \bmod n, i = 1, 2, \cdots, k$。

通过执行以下协议,用户 P 可以向用户 V 证明自己知道 $y_1, y_2, \cdots, y_k$ 的平方根,而不泄露任何有关 $x_1, x_2, \cdots, x_k$ 的知识:

① 用户 P 随机选择一个整数 $r \in \mathbf{Z}_n^*$,计算 $r^2 \bmod n$,并将 $r^2 \bmod n$ 发送给 V。

② V 向 P 发送 $b = (b_1, b_2, \cdots, b_k)$,这里 b_i 是随机产生的 0 或 1。

③ 用户 P 根据 b_i 的取值计算 $y = r \cdot c_1 \cdot c_2 \cdots c_k$,并将 y 发送给 V。这里若 $b_i = 0$ 的话,则 $c_i = 1$;若 $b_i = 1$ 的话,则 $c_i = x_i$;$i = 1, 2, \cdots, k$。

④ 用户 V 检验等式 $y^2 = r^2 \prod_{i=1}^{k} y_i^{b_i} \bmod n$ 是否成立。若等式成立,则接受用户 P 的证明,否则就拒绝。

请注意,当用户 P 不掌握 $x_1, x_2, \cdots, x_k$ 时,它能够欺骗成功的概率为 2^{-k}。因此我们可以通过选择足够大的 k 来满足安全需求。

例 5-2(Guillou-Quisquater 零知识证明协议) 这是一个可用于智能卡认证的零知识证明协议。因为智能卡的处理能力与存储能力都很有限,因此需要尽可能地减少为完成智能卡的认证而必须执行的协议的数量。实际上,Guillou-Quisquater 零知识证明协议只需要运行一次,且其存储需求最小。零知识证明协议通常也称为挑战-响应协议:验证者(例如银行终端或自动柜员机等)向智能卡不断提问,而智能卡作出响应并将响应发送回验证者。在 Guillou-Quisquater 零知识证明协议中,智能卡(SC)有如下参数:

· J 证书(公开);

· B(私钥)。

证书 v 与模 n(大合数,其因子由认证机构生成,且只有认证机构知道)是公开的。公开的指数 v 可以是 $2^{17} + 1$。B 需要满足:

$$JB^v \equiv 1 \bmod n$$

验证者 V 知道 J、v 与 n（它们都是公开的）。协议如下：

$SC{\to}V$： $T{\equiv}r^v \bmod n$ 　　　这是证人

$V{\to}SC$： 随机生成的 d 　　　这是挑战

$SC{\to}V$： $D{\equiv}rB^d \bmod n$ 　　　这是响应

r 与 d（$0{<}d{<}v{-}1$）都是随机数。现在 V 就可以计算 T'：

$$T'=D^v J^d \bmod n$$

并验证下式是否成立：

$$T{\equiv}T' \bmod n$$

如果智能卡是真实的，则上式一定成立。因为：

$$T'=D^v J^d \bmod n=(rB^d)^v J^d \bmod n=r^v B^{dv} J^d \bmod n$$
$$=r^v(JB^v)^d \bmod n=r^v \bmod n=T$$

因为 B 满足 $JB^v{\equiv}1\bmod n$。因此如果协议执行成功的话，则智能卡为真实的可能性为 $1/v$。在 ISO 标准的数字签名机制中，该零知识证明协议被用作基于身份的数字签名机制的基础。

与零知识证明协议相关的还有最小知识泄露证明协议和一次性知识证明协议。

不同于零知识证明，最小知识泄露证明系统用于向验证者传送并证明某个计算结果，并能确保该验证者除了该计算结果以外不能获得其他任何信息。

一次性知识证明方案的含义是，如果只执行该方案一次，则验证者除了命题的正确性以外，得不到任何有用的知识。而如果该方案被执行多次，则该方案就会丧失其零知识性（验证者就能够获得如陷门信息、密文、私钥等知识）。

下面是一个一次性知识证明协议的例子（Schnorr 一次性知识证明协议）。其流程如下。

令 p 为某大素数，e 为 Z_p 中的生成元。证明者 U 试图向验证者 V 证明自己知道 I、J 的对数 u 与 v，使得 $I=e^u$，$J=e^v$：

① 用户 U 将 I、J 发送给 V。

② 用户 V 向用户 U 送回一个随机"挑战"整数 c，c 在 $0{<}c{<}p{-}1$ 之间随机取值。

③ 用户 U 计算 $y=v+cu \bmod p$ 并将 y 发送给 V。

④ 用户 V 验证等式 $J\cdot I^c=e^y \bmod p$ 是否成立。若成立，则接受用户 U 的证明。否则拒绝接受并终止协议执行。

此协议的一次性是显而易见的。因为如果上述协议被执行两次的话，则用户 V 拥有不同的随机"挑战"整数 $c{\neq}c'$ 的概率为 $1-1/p$，此时因为用户 V 拥有 $y=v+cu \bmod p$ 以及 $y'=v+c'u \bmod p$，所以它能够通过联立上述线性方程组并轻易解出 u 与 v。

5.4.2 比特承诺

在很多密码学协议中,某参与方总想向其他参与方证明某个与自己的秘密相关的命题,而同时他又不愿意泄露任何有关自己秘密的信息。例如:证明两个秘密整数相等、证明某个秘密整数为另外两个秘密整数之和等。而比特承诺协议对于证明上述命题非常有用。比特承诺方案在许多密码协议(如电子现金、身份认证、公平交换等)的构造中发挥着重大作用。比特承诺方案使得用户 A 可以向用户 B 提交某个整数,而同时又不泄露其取值。在后来某个时刻,用户 A 可以打开该比特承诺,向用户 B 揭示该整数的取值。比特承诺方案将保证用户 A 只能以唯一的方式打开比特承诺,即他只能揭示出他最初提交的整数值。比特承诺方案类似于我们现实生活中使用的密封的、不透明的信封。

简单来说,比特承诺方案就是由两方(发送方与接收方)参与的、分为两个阶段(提交阶段与揭示阶段)执行的协议。并满足以下特性:

(1) 保密性:在提交阶段执行结束后,即使是恶意的接收方也不能获得任何有关发送方提交的整数的知识。

(2) 确定性:对于给定的提交阶段交互数据历史,即使是恶意的发送方也只能找到一种合法的揭示结果,使得接收方能够接受。

比特承诺方案的正式定义可以叙述为:比特承诺方案是指交互式概率多项式时间图灵机对$\{S,R\}$(即发送方与接收方),它们满足以下特性。

(1) 输入规范:$\{S,R\}$的公共输入是整数 n(安全参数)。发送方 S 的私有输入是整数 u。

(2) 保密性:即接收方 R 在完成与发送方 S 的任意交互以后,不能区分任何整数 u 的比特承诺与另一整数 u' 的比特承诺。即对于任意概率多项式时间图灵机 R^*,两种 R^* 输出分布:$<S(u),R^*>(1^n)$ 与 $<S(u'),R^*>(1^n)$,是多项式不可分辨的。

(3) 确定性:首先我们将接收方的交互历史定义为$(r,\overline{m})$,这里 r 是接收方自己随机掷出的硬币值,即随机"挑战";而 $\overline{m}$ 是接收方接收到的来自发送方的消息序列。令 $\sigma\in\{$所有可能的 u 值集合$\}$。如果存在一个字符串 s 使得以 s 为随机输入,σ 为提交整数的发送方与接收方执行比特承诺协议,而接收方的交互历史为$(r,\overline{m})$;则$(r,\overline{m})$就称作可能的 σ 比特承诺。如果接收方的交互历史$(r,\overline{m})$既是可能的 u 比特承诺,又是可能的 u' 比特承诺,这里$u\neq u'$,则我们就称$(r,\overline{m})$为不确定的交互历史。

比特承诺的确定性是指对于接收方的任意随机掷硬币输入 r,在与发送方执行

比特承诺协议后,出现不确定的交互历史的概率可以忽略。即对于任意选择的 $r \in \{0,1\}^{POLY(n)}$,存在 $\overline{m}$ 使得 $(r, \overline{m})$ 为不确定的交互历史的概率可以忽略。

满足上述性质的第一个比特承诺方案是 Manuel Blum 提出的。Blum 方案基于二次剩余特性。令 N 为 Blum 整数,该方案使用模 N 的二次剩余表示 0,模 N 的二次非剩余表示 1。该方案的确定性是显然的,因为一个数不能既是二次剩余又同时是二次非剩余。该方案显然也能满足保密性,因为多项式时间接收方在不知道 N 的因数分解情况时,不能攻破二次剩余问题。

实际上,基于任意单向函数都可以设计出相应的比特承诺方案。

第一个实用的比特承诺方案是由 Damgard 提出的。该方案能一次提交一个任意比特长度的整数,并带有各种附加协议,以满足比特承诺比较、比特承诺加法以及逐比特释放等需要。Damgard 比特承诺方案基于因数分解假设。用户可以使用 Damgard 比特承诺方案来证明自己知道比特承诺 $BC(s)$ 中隐藏的秘密整数 s,而且用户还能够一个比特一个比特地公开 s,而且验证者可以随时验证已公开部分的 s 是否真实。Damgard 比特承诺方案可以用于逐比特释放消息 m 的 RSA 签名 $s = m^{1/e} \bmod n$ 或 Rabin 签名 $s = m^{1/2} \bmod n$。Damgard 比特承诺方案满足计算性零知识证明特性。Damgard 比特承诺方案的可逐比特释放特性对于公平交换、网上合约签定等应用有着极其重要的意义。因为常常会遇到这样的情况:我们需要保证秘密的公平交换,以避免用户 A 获得了用户 B 的秘密后,违反事先的约定,不将自己的秘密交给用户 B。这种安全需求可以通过加入可信的第三方来解决。但是,通过使用具有逐比特释放特定的比特承诺方案,我们就不必使用可信第三方,而同样可以达到公平交换的需求。这是因为在运行 Damgard 比特承诺协议的过程中,用户可以一个比特一个比特地公开比特承诺 $BC(s)$ 中隐藏的秘密整数 s,而不必一次将 s 全部公开。因此如果任何一方提前终止协议,他最多只能多拿到一个比特的秘密信息,而这在大多数情况下意义不大。自从 Damgard 方案提出以后,人们在这一领域进行了许多工作,并提出了许多 Damgard 方案的修改和变体以提高效率。

5.4.3 盲签名与部分盲签名

盲签名是一种很有用的密码技术。实际上它是一种特殊的数字签名技术。除了满足一般数字签名的三个基本特征(①签名者不能否认自己的签名;②任何其他人都不能伪造签名;③能够仲裁)外,盲签名还满足另外两个附加条件:1)签名者对其所签的信息是不可见的,即签名者不知道他所签的信息内容;2)签名信息不可追踪,即当签名信息被其所有者公布后,签名者无法知道这是他哪一次的签名。现在盲签名技术已被广泛应用于那些强调用户私有性的服务之中,例如电子现金、无记名电子投票和智能网中的电话投票业务等。为了保证这些服务的质量,需要一个安全和有效的盲签名方案。

世界上第一个盲签名方案是由 David Chaum 于 1982 年利用 RSA 公钥体制设计出来的。David Chaum 的盲签名协议的基本设定与 RSA 相同:设 d 为签名者的私钥,e 和 h 是签名者的公钥。附加的参数 k,被称为盲因子,由消息的提供者选定(比如说电子现金的序列号)。

提供者隐藏消息 M:

$$M' = Mk^e \bmod n;$$

签名者计算盲签名:

$$S' = (M')^d \bmod n = kM^d \bmod n;$$

提供者除去盲因子:

$$S = S'/k = M^d \bmod n.$$

通常签名者需要检查消息 M(如选票或电子现金)是否有效。为此提供者准备 n 条消息且每一条用一个不同的盲因子隐藏起来。然后签名者随机选择其中 $n-1$ 条,要求提供者发送相应的盲因子。签名者检验这 $n-1$ 条消息;若正确,他就对剩余的消息签名。

注意,以这种方式隐藏的电子现金只能用于在线支付系统;为了防止电子现金的重用,还必须在中心数据库检验电子现金是否已经使用过了。

除了 RSA 盲签名机制,目前已经提出了各种盲签名的实现方案,例如离散对数、二次剩余方案等。

在电子现金设计中,需要保证用户的身份匿名性和不可追踪性,即保证买卖双方的自由不受到干涉。当一个消费者想从金融机构提取一笔电子现金时,金融机构产生电子现金的数据,包含随机的电子现金序号,同时任取一个随机数,也称盲因子,对电子现金进行盲变换。金融机构将这些数据送给消费者,消费者去掉盲因子后,就可以使用经过金融机构验证有效的电子现金。但金融机构以后并不能得到这笔钱被如何使用的记录。Chaum 首先将自己设计的 RSA 盲签名方案应用于电子现金方案中,从而成功地将电子现金与其最初拥有者之间的联系遮掩起来,实现了电子现金的匿名性。David Chaum 基于 RSA 签名系统提出的盲签名协议可以提供买方匿名性和支付交易不可跟踪性的机制。David Chaum 的盲签名协议已经被授予了专利,并被运用到因特网支付软件上,还被用于 CAFE 项目中。如今,电子现金的效率在很大程度上依赖于所使用的盲签名方案的效率。因此,如何设计出安全高效的盲签名方案是电子现金研究中的一个关键问题。

与盲签名概念相近的是所谓的“部分盲签名”的概念,这里“部分”意味着待签名的信息是由发送方和签名方共同生成的,即签名方可以在待签名的盲签名候选中添加自己的信息。而发送方在最终拿到签名后,无法知道任何有关签名方添加的信息的知识。

通过将部分盲签名应用到电子现金中,可以使得电子现金不仅包含发送方提交的待签名消息,而且包括了由签名方提供的"身份信息"。通过部分盲签名的使用,可以极大地提高电子现金的效率。

盲签名方案可以被看作集合 $\{x, f(x), S(), V(), B(), U()\}$。这里 x 与 $f(x)$ 分别是签名方的私钥与公钥。$S(x, m)$ 是签名方使用私钥 x 对消息 m 的签名。$V()$ 是签名的验证函数,使得合法的 $\{f(x), m, S(x, m)\}$ 满足验证函数 $V(f(x), m, S(x, m))$。$B()$ 是致盲函数,使得当致盲因子 r 未被泄露时 $B(m, r)$ 与消息 m 统计无关。$U()$ 是脱盲函数,它使得 $U(S, r')$ 是脱盲后用户取得的最终签名,且在脱盲因子 r' 不泄露的前提下 $U(S, r')$ 与 S 统计无关。

盲签名协议如下。

① 发送方将致盲后的消息 $B(m, r)$ 发送给签名方。

② 签名方用它的私钥对消息进行签名,然后将签名结果 $S(x, B(m, r))$ 送给发送方。

③ 发送方检查签名是否满足验证函数 $V()$,然后对签名进行脱盲,即计算 $U(S(x, B(m, r)), r')$,从而得到 $S(x, m)$。然后它可以将签名 $S(x, m)$ 和消息 m 发送给任何验证方。

④ 验证方可以检查 $S(x, m)$ 和 m 是否满足验证函数 $V()$。

部分盲签名方案可以被看作一个集合 $\{x, f(x), c, S(), V(), B(), U()\}$,这里 x 和 $f(x)$ 分别是签名者的私钥和公钥。c 是签名者将在不泄露给发送者的前提下加入签名中的信息。$S(x, c, m)$ 是签名者用私钥 x 对消息 m 的签名。$V()$ 是签名验证函数,它使得 $\{f(x), m, S(x, c, m)\}$ 满足 $V(f(x), m, S(x, c, m))$。$B()$ 是致盲函数,使得当致盲因子 r 未被泄露时 $B(m, r)$ 与消息 m 统计无关。$U()$ 是脱盲函数,它使得 $U(S, r')$ 是脱盲后用户取得的最终签名,而且在脱盲因子 r' 不泄露的前提下 $U(S, r')$ 与 S 统计无关。

部分盲签名协议如下。

① 发送方将致盲后的消息 $B(m, r)$ 发送给签名方。

② 签名方用它的私钥对消息进行签名,然后将签名 $S(x, c, B(m, r))$ 送给发送方。

③ 发送方检查签名是否满足验证函数 $V()$,然后对签名进行脱盲,即计算 $U(S(x, c, B(m, r)), r')$,从而计算得 $S(x, c, m)$。然后它可以将签名 $S(x, c, m)$ 和消息 m 发送给任意验证方。

④ 验证方可以检查 $S(x, c, m)$ 和 m 是否满足验证函数 $V()$,但是它无法获取任何有关用户的身份 c 的信息。

第6章

网络安全协议

　　有位铁匠为自己做了一扇特别结实的防盗门,但是他家仍然被盗了。为什么呢?因为铁匠家的窗仅有一层玻璃,小偷很容易就打破玻璃并偷走了东西。在这个故事中,铁匠犯的错误是安全性考虑不周。如何才能考虑周全呢?最省事的办法就是采用一套完整的安全规范,或安全协议。本章将要介绍网络世界中的主要网络安全协议。掌握了这些网络安全协议后,就可能不会再犯那位铁匠的错误了。只钻研具体的安全技术而忽略安全协议的人,就好像是只埋头拉车而不抬头看路的人。虽然不必人人都是安全协议专家,但是,适当了解一些网络安全协议的基本知识非常有助于建立一套完整的安全体系结构。

6.1　TCP/IP 协议族

　　TCP/IP 协议族是因特网的基础协议,它并不是 TCP 协议和 IP 协议这两个协议的和,而是一组协议的集合,包括基于传输层的 TCP 协议、UDP 协议和基于网络层的 IP 协议、ICMP 协议和 IGMP 协议。

6.1.1　TCP/IP 协议族的基本组成

　　OSI 参考模型是用七层概念功能层的方法来描述网络的结构,但因特网体系结构却只用了四层,如图 6.1 所示。

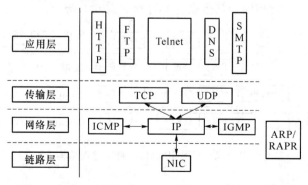

图 6.1　TCP/IP 协议族的体系结构

（1）应用层

应用层协议包括 HTTP、FTP、SMTP 协议等。原则上来讲，所有安全服务都可以在应用层实现，根据应用实体的不同，要求的安全服务也不同，所以应用层的安全服务一般是专用的。但是，从合理性和效率上来讲把所有安全服务都纳入应用层也是不妥的。

（2）传输层

传输层协议主要包括 TCP、UDP 协议。TCP 协议负责面向连接的、高可靠性的网络传输需要，而 UPD 协议负责处理面向无连接的网络传输。传输层处于通信子网和资源子网之间，起着承上启下的作用，并支持多种安全服务。

（3）网络层

网络层协议包括 IP、ICMP、IGMP 协议等。IP 协议的主要功能包括寻址、路由选择、分段和重新组装；互联网控制报文协议 ICMP 处理网络上差错控制、阻塞控制，依靠 IP 数据包进行传送，ICMP 是一个可靠的、无连接协议；互联网组管理协议 IGMP 帮助 IP 管理特殊信息，如单播、多播和广播。

（4）链路层

链路层相当于 OSI 参考模型的数据链路层和物理层，ARP、RARP 协议工作在网络层和数据链路层，是 TCP/IP 协议的组成部分。

6.1.2 TCP/IP 协议的封装过程和封装格式

TCP/IP 是 20 世纪 70 年代中期美国国防部为其 ARPANET 开发的网络体系结构和协议标准。以 TCP/IP 为基础建立的因特网是目前国际上规模最大的计算机网络。经过多年实践证明，TCP/IP 是一个相当成熟的网络协议。下面简要介绍一下 TCP/IP 协议中数据封装过程和数据封装格式。

在基于 TCP/IP 协议的网络中，各种上层应用程序的数据都被封装在 IP 数据包中在因特网中进行传输。其数据封装过程如图 6.2 所示。

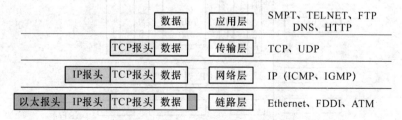

图 6.2 TCP/IP 协议的封装过程结构

基于 TCP/IP 协议的所有应用层的数据(如 FTP、E-mail 等)在传输层时都是通过 TCP(或 UDP)数据包的格式进行封装(如图 6.3 所示)。

源端口							目的端口	
序号								
确认号ACK								
头长度	保留	码位					16位的滑动窗口	
		URG	ACK	PSH	RST	SYN	FIN	
校验和							紧急指针	
选项							填充字节	
数据								

图 6.3 TCP 数据包的封装格式

其中 TCP 数据报的各字段信息如下。

- 源端口,是一个数据流的管道(端口),取值范围是 0～65535。
- 目标端口,是一个数据流的管道(端口),取值范围是 0～65535。
- 序列号,指出"IP 数据报"在发送端数据流中的位置(依次递增)。
- 确认号,指出本机希望下一个接收的字节的序号。TCP 采用捎带技术,在发送数据时捎带进行对对方数据的确认。
- 头长度,指出以 32 bits 为单位的段头标长度。
- 码位,指出该 IP 包的目的与内容,如表 6.1 所示。
- 窗口,用于通告接收端接收数据的缓冲区的大小(滑动窗口)。

表 6.1 码位中各位的含义

位	含义	位	含义
URG	紧急指针有效	RST	连接复位
ACK	确认域有效	SYN	同步序号
PSH	PUSH 操作	FIN	发送方已到字节末尾(Final Segment)

在基于 TCP/IP 协议的所有应用层的数据(如 FTP、E-mail 等)在网络层时是通过 IP 数据包的格式进行传输,最终通过网络接口设备将数据通过各种物理网络进行传输(如图 6.4 所示)。

0	4	8	16 20	31
版本	头标长	服务类型	总长	
标识			标志	片偏移
生存时间		协议类型	头标校验和	
源IP地址				
目的IP地址				
IP选项			填充区	
数据(整个TCP或UDP协议数据包)				

图 6.4　IP 包的封装格式

IP 数据包的字段信息如下。

- 版本,版本标识所使用的头"格式",通常为 4。
- 头标长,说明报头的长度,以 4 字节为单位。
- 服务类型,主要用于 QOS 服务,如延时、优先级等。
- 总长,表示整个 IP 数据包的长度,它等于 IP 头的长度加上数据段的长度。
- 标识,一个报文的所有分片标识相同,目标主机根据主机的标识字段来确定新到的分组属于哪一个数据报。
- 标志,该字段指示"IP 数据报"是否分片、是否是最后一个分片。
- 片偏移,说明该分片在"IP 数据报"中的位置,用于目标主机重建整个新的"数据报分组",以 8 字节为单位。
- 协议,该字段用来说明此 IP 包中的数据类型,如 1 表示 ICMP 数据,2 表示 IGMP 数据包,6 表示 TCP 数据,17 表示 UDP 数据包。
- 生存时间,表示 IP 包在网络的存活时间(跳数),缺省值为 64。
- 头标校验和,该字段用于校验 IP 包的头信息,防止数据传输时发生错误。
- IP 选项,IP 选项由三部分组成:选项(选项类别、选项代号)、长度、选项数据。

6.1.3　TCP 连接的建立与关闭过程

在 TCP/IP 协议的网络应用中,通常采用客户机与服务器模式。客户机与服务器之间的面向连接的访问是基于 TCP 的"三次握手协议"。在这个协议中,主动连接方(通常是客户机)先发送一个 SYN 连接请求连接,然后等待被连接方(通常是服务器)的应答信息,主动连接方收到应答信号后,再发送一个确认信号,这才正式建立连接,以后就可以传输数据了(如图 6.5 所示)。

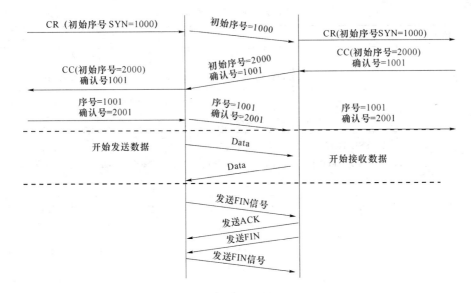

图 6.5　TCP 连接图的建立与关闭过程

6.2　网络安全协议概论

表 6.2 按 TCP/IP 协议分层结构列出了各种常用的网络安全协议。

6.2.1　数据链路层安全协议

链路层的安全协议主要有 PPTP、L2F、L2TP 等协议。

1. 点到点隧道协议（PPTP）

PPTP 是由微软、朗讯和 3COM 等公司推出的协议标准,并集成在 Windows NT4.0、Windows 98 等系统上的数据加密封装协议,它以 IP 协议封装 PPP 帧,通过在 IP 网上建立的隧道来透明传送 PPP 帧。PPTP 并不为认证和加密指定专用算法,但是提供了一个协商算法时所用的框架。这一协商并不是 PPTP 专用的,而且依赖于现有的包含在 PPP 压缩协议（CCP）之中的 PPP 协商可选项、挑战握手认证协议（CHAP）以及其他一些 PPP 的增强和扩展协议。

尽管 PPTP 已经提交给 IETF 以进行标准化,但目前它只适用于使用 Windows NT 4.0 服务器和 Linux 系统的网络。目前,微软的 PPTP 实现（MS－PPTP）是提供 VPN 拨号连接的,应用最广泛的协议。它也是 Windows NT 服务器软件的一部分,并广泛应用于商用 VPN 产品。微软的 PPTP 服务器只能在 Windows NT 上运行,而客户端软件可以运行在 Windows 95 和 Windows 98 上（将来可能在所有的 Windows 操作系统版本下都能运行）。

表 6.2　网络安全协议

网络层次	安全协议	内　　容
应用层	S-HTTP	Secure HTTP，为保证 Web 的安全，由 EIT 开发的协议。该协议利用 MIME，基于文本进行加密，报文认证和密钥分发等
	SSH	Secure Shell，对 BSD 系列的 UNIX 的 r 系列命令加密而采用的安全技术
	SSL-Telnet SSL-SMTP SSL-POP3	以 SSL 协议分别对 Telnet、SMTP、POP3 等应用进行的加密
	PET	Privacy Enhanced Telnet。使 Telnet 具有加密功能，在远程登录时对连接本身进行加密的方式（由富士通和 WIDE 开发）
	PEM	Privacy Enhanced Mail。由 IEEE 标准化的具有加密签名功能的邮件系统（RFC1421－1424）
	S/MIME	Secure/Multipurpose Internet Mail Extensions。RSA Data Security PKCS(Public-Key Cryptography Standards) MIME(RFC2311－2315)
	PGP	PGP(Pretty Good Privacy)是具有加密及签名功能的电子邮件协议（RFC1991）
会话层/ 传输层	SSL	SSL(Secure Socket Layer)是基于 WWW 服务器和浏览器之间的具有加密、报文认证、签名验证和密钥分配的加密协议
	TLS	Transport Layer Security(IEEE 标准)，是将 SSL 通用化的协议(RFC2246)
	SOCKS v5	防火墙和 VPN 用的数据加密和认证协议。IEEE RFC1928（由 NEC 开发为主）
网络层	IPSec	Internet Protocol Security(IEEE 标准)。为通信提供机密性、完整性等
链路层	PPTP	Point to Point Tunneling Protocol
	L2F	Layer 2 Forwarding
	L2TP	Layer 2 Tunneling Protocol。综合了 PPTP 和 L2F 协议
	Ethernet、WAN 链路加密设备	

（1）MS-PPTP 认证

目前，MS-PPTP 支持三种认证方式：

• 明文口令：客户端通过明文传送的口令向服务器认证。

- 散列口令:客户端通过口令的散列值向服务器认证。
- 挑战-应答:客户端和服务器通过 MS-CHAP 互相认证,这里 MS-CHAP 是通用 CHAP 的微软版本。

显然,明文口令认证对口令窃取攻击十分敏感,因而并不安全。对散列口令认证,针对 Windows NT 的 MS-PPTP 实际上采用了两种单向散列函数:局域网管理器散列函数和 Windows NT 散列函数。

局域网管理器散列函数基于 DES 算法。它的基本工作流程如下。

- 将口令转换成 14 位字符串,对于多于 14 位的口令,取其前 14 位,对于少于 14 位的口令则补 0。
- 所有的小写字母都转换成大写字母(数字和非字母字符保持不变)。
- 将 14 位字符串划分成两个 7 位字符串,然后以每个 7 位串作为密钥,用 DES 算法对一个固定的常量加密。结果得到两个 8 位加密字符串。
- 将所得的两个加密字符串级联起来生成一个 16 位的散列值。

与之相对,Windows NT 散列函数基于 MD4 单向散列函数。其基本工作流程为如下。

- 将口令(不超过 14 位并且区分大小写)转换成为统一代码(Unicode);
- 用 MD4 单向散列函数对口令进行散列计算,产生一个 16 位的散列值。

显然,字典攻击很容易击破局域网管理器散列函数。Windows NT 散列函数是对局域网管理器散列函数的一个改进,因为大小写字母区分提供了更多的口令熵,口令长度可以超过 14 位,而且对整个口令进行散列的性能要优于只对部分口令段进行散列的性能。但是,这两种散列函数都不支持 salt 机制(如 UNIX 操作系统即采用 salt)。因此,两个具有相同口令的用户其局域网管理散列值和 Windows NT 散列值也分别相同,所以将散列口令和一个预先计算好的所有可能的口令的散列值字典相比较,仍然是一个有效的攻击方法。并且请注意这两个散列值总是在一起发送。因此,采用野蛮破解攻击完全有可能破解基于弱散列函数(局域网管理器散列函数)的口令,然后将大写字母转换为相应的小写字母来得到另一个散列值(Windows NT 散列)。

若使用 MS-CHAP,即 MS-PPTP 认证的挑战─应答选项,客户端首先请求一个登录询问,然后服务器返回一个 8 位随机询问。客户端然后计算出局域网管理器散列值,加 5 个 0 位以生成一个 21 位字符串,并将这个串分成三个 7 位密钥。分别用每个密钥和 DES 算法对该询问加密,生成一个 24 位的加密串。该串作为应答被送回服务器。客户端对 Windows NT 散列函数的处理与此相同。然后,服务器从它的本地数据库中查找这两个散列值之一,用相应的散列值将询问加密,并将此与它所接收到的加密散列值相比较。如果两者相匹配,则认证成功。注意,服务器可以选择对局域网管理器散列或 Windows NT 散列进行此项比较。两种情况的结果应该是相同的。至于服务器到底使用哪一个散列值,取决于客户端应答消息中的一个标志。如果该标志已被设置,服务器就检测 Windows NT 散列值;如果该标志未被设置,服务器就检测局域网管理器散列值。

在两种情况下,都必须使用 MS-CHAP 以保证后继的 PPTP 包都被加密。如果采用另外两种认证选项(明文口令或散列口令),则 MS-PPTP 就没有加密。

(2) MS-PPTP 加密

除了各种 PPTP 认证选项之外,微软点到点加密(MPPE)协议也使得 PPTP 分组的加密成为可能。简言之,MPPE 协议假定通信双方共享一个秘密密钥,并且使用 40 位(国际版)或者 128 位(美国版)的 RC4 流密码。对 MPPE 使用的协商通过 PPP CCP 中的一个选项来完成。协商之后,PPP 会话开始传递加密数据的有效负载(对该分组不提供消息认证或数据完整性服务)。MPPE 的 40 位版本已经和 PPTP 一起捆绑到 Windows 95 和 Windows NT 4.0 的拨号网络中,而 128 位的版本则仅仅在美国和加拿大可用。

2. L2F

L2F 是第二层转发/隧道协议,是由 Cisco Systems 建议的标准,它在 RFC 2341 中定义,它是基于 ISP 的、为远程接入服务器 RAS 提供 VPN 功能的协议,是 1998 年标准化的远程访问 VPN 的协议。

3. L2TP

1996 年 6 月,Microsoft 和 Cisco 向 IETF PPP 扩展工作组(PPPEXT)提交了一个 MS-PPTP 和 Cisco L2F 协议的联合版本。该提议被命名为二层隧道协议(L2TP)。L2TP 是综合了 PPTP 和 L2F 等隧道协议的另一个基于数据链路层的隧道协议,它继承了 L2F 的格式和 PPTP 的信令,目前正在研究其他扩张功能,如 Qos 功能。

概括地说,二层转发/隧道协议,如 L2F 协议、PPTP 和 L2TP 协议,为虚拟专用网提供了一些方法。但需要指出的是,如果一个协议(或协议实现)的密码系统很脆弱或者有先天缺陷,那最终安全性就不会比不用密码系统的协议好。事实上,其最终安全性可能会更糟(因为宣称使用了密码系统使用户可能会传输一些在正常环境下不会传输的东西)。注意,脆弱的或先天不足的密码系统可以使任何一个协议的安全性都变得更糟,而不是只针对二层转发/隧道协议而言。

6.2.2 网络层安全协议

IPSec 协议是在网络层上实现的具有加密、认证功能的的安全协议,由 IETF

标准化,它既适合 IPv4,也适合 IPv6 。IPSec 协议能够为所有基于 TCP/IP 协议的应用提供安全服务。

6.2.3 传输层安全协议

传输层(包括会话层)的安全协议有 Netscape 公司开发的 SSL、由 IETF 标准化的 TLS 以及 SOCKS v5 等。

SSL 是为客户机/服务器之间的 HTTP 协议提供加密的安全协议,作为标准被集成在浏览器上。SSL 位于 TCP 与应用层之间,并非是 Web 专用的安全协议,也能为 Telnet、SMTP、FTP 等其他协议所应用。但 SSL 只能用于 TCP,不能用于 UDP。

TLS 是 SSL 通用化的加密协议,由 IETF 标准化。

下面将专门详细介绍 SSL 协议和 TLS 协议。

SOCKS v4 是为基于 TCP 客户服务器应用提供非安全防火墙遍历的协议,SOCKS v5 是其扩展版本,它支持基于 UDP 的应用并包括认证架构(以及一个扩展地址方案,这里不做考虑)。此协议在传输层及应用层之间进行操作。

例如,一个基于 TCP 的客户想要与在内部主机上运行的过程建立连接,而只有通过防火墙才能与该内部主机联系。为此,客户必须首先与防火墙主机上的 SOCKS 服务器建立 TCP 连接。SOCKS 服务器在 TCP 端口 1080 上监听。在连接请求中,客户提议一种或多种认证方法(如 GSSAPI 或用户名/口令)。SOCKS 服务器选择一种方法并通知客户。如果选择的方法为客户所接受,服务器与客户将进一步商议及交换认证参数(如用户名及口令或完整性机制)。例如,如果客户只发送用户名及口令,服务器会检查其正确性。如果选择了完整性机制,其后的消息将进行 GSSAPI 封装。现在,用户可以向服务器发送正式的请求了,这些请求包括以下几点。

- 与某个 IP 地址及 TCP 端口建立连接(CONNECT)。
- 或者,如果协议要求客户接受与服务器的连接(如 FTP)就要建立客户-服务器二级连接,在此,应用协议的客户方可使用专用请求(BIND)。
- 在 UDP 中继过程中建立关联以处理 UDP 数据报(UDP ASSOCIATE)。

对 CONNECT 请求的答复包括服务器分配的用于连接目标主机的端口号以及相关的 IP 地址。

对于 BIND 请求,SOCKS 服务器发送两个答复。第一个答复包括 SOCKS 服务器分配的端口号,用于监听引入的连接及相关的 IP 地址。第二个答复只在宣称的引入连接成功或失败后才出现,它包括连接主机的地址及端口号。

在对 UDP ASSOCIATE 请求的答复中,SOCKS 服务器指出了 UDP 中继服

务器的 IP 地址及 UDP 端口,客户向该 UDP 中继服务器发送数据报。如果所选择的认证方法为实现认证、完整或保密而提供封装,那么 UDP 数据报将被封装。

在 SOCKS 认证及连接建立成功后,数据将在外部主机与内部主机之间传输。

另外还可能会执行一个命令,这就是 Berkeley 套接字程序库与具有相同 API 的 SOCKS 库的交换,但需要对功能进行修改。例如,称为套接字或连接的功能看起来相同,但所执行的命令支持 SOCKS。通过这种方法,就无需改变已存在的使用 Berkeley 套接字的应用,而只需对其进行再编写或再连接即可。

6.2.4 应用层安全协议

加密电子邮件、与远程登录有关的加密技术是典型的应用层安全协议。

1. 加密电子邮件

加密电子邮件包括 PEM、MOSS、S/MIME 及 PGP 等。

PEM 是因特网最初的加密邮件协议。MOSS 协议与 PEM 不同,MOSS 包含了 PEM,PEM 只处理文本数据,而 MOSS 还能对多媒体数据进行加密。S/MIME 不仅处理文本字符,还可以提供 MIME 的安全功能。S/MIME 建立在以下三个公钥密码标准(PKCS)之上:PKCS♯1、PKCS♯10 和 PKCS♯7。S/MIME 的应用并不局限于电子邮件。事实上,所有能传输 MIME 对象的应用协议都能使用 S/MIME安全服务。例如,HTTP 可以传输 MIME 对象,也就能用 S/MIME 保证服务器和浏览器间的通信安全,而不一定使用 SSL 或 TLS。同样,S/MIME 也能用于在因特网上交换数字签名过的 EDI 数据。PGP 是美国 Philip 公司开发的加密技术,它提供电子邮件及文件的安全服务。

2. 远程登录

在通过因特网对主机做远程登录的情况下,为防止来自外界的非法访问,SSH、PET 和 SSL-Telnet 提供了这种远程登录的安全保护。目前已经出现了多个安全型的 Telnet 软件包。比如:

- SSH 软件包的 slogin 应用。
- AT&T 贝尔实验室开发的用于 4.4BSD UNIX 的安全 Telnet 软件。
- Texas A&M 大学开发的安全 RPC 认证(SRA)软件包。
- Secure Telnet(STEL)是另一个 UNIX 下的安全 Telnet 软件包,由 Milan 大学与意大利 CERT 合作开发。

6.3 IPSec 协议

IPSec 是在 IP 层提供通信安全而制定的一套协议族。它由两部分组成,即安全协议部分和密钥协商部分。安全协议部分定义了对通信的各种保护方式；密钥协商部分定义了如何为安全协议协商保护参数，以及如何对通信实体的身份进行鉴别。IPSec 的优点主要体现在以下方面。

- 与同类协议比较，IPSec 比其他同类协议具有更好的兼容性。
- 比高层安全协议（如 SOCKs v5）的性能更好，实现起来更方便；比低层安全协议更能适应通信介质的多样性。
- 系统开销小。不仅可以实现密钥的自动管理以降低人工管理密钥的开销，而且多种高层协议和应用可以共享由网络层提供的密钥管理结构，这大大降低了它们密钥协商的开销。
- 透明性。对传输层以上的应用来说是完全透明的，操作系统中原有的软件无需修改就可以自动拥有 IPSec 提供的安全功能，降低了软件升级和用户培训的开销。
- 管理方便。自动管理密钥和安全联盟（SA），在需要很少人工配置的情况下，保证一个公司的 VPN 策略能在外延网络上方便和精确地实现。这些功能使得 VPN 的规模可以伸缩到业务所需的任何大小。
- 开放性。IPSec 定义了一个开放的体系结构和一个开放的框架，它为网络层安全提供了一个稳定的、长期持久的基础。比如，它既能采用目前的加密算法，也允许采用更有力的更新算法。

6.3.1 IPSec 的安全体系结构

IPSec 协议主要由因特网密钥交换与管理协议（IKE）、认证头（AH）以及安全封装载荷（ESP）三个子协议组成，同时还涉及认证和加密算法以及安全关联（SA）等内容。它们之间的关系如图 6.6 所示。

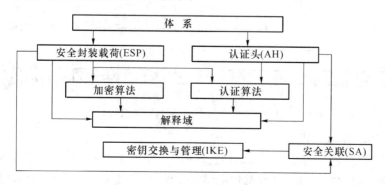

图 6.6 IPSec 安全体系结构

- 因特网密钥交换与管理协议（IKE），用于动态建立安全关联（SA）。

- 认证头(AH),是插入 IP 数据包内的一个协议头,具有为 IP 数据包提供数据完整性、数据源认证和抗重传攻击等功能。
- 安全封装载荷(ESP),是插入 IP 数据包内的一个协议头,具有为 IP 数据包提供机密性、数据完整性、数据源认证和抗重传攻击等功能。
- 安全关联(SA),是发送者和接收者之间的一个简单的单向逻辑连接,是一组与连接相关的安全信息参数的集合,是安全协议 AH 和 ESP 的基础。
- 认证/加密算法,是 IPSec 实现安全数据传输的核心。

6.3.2 IPSec 的工作模式

IPSec 的工作模式可分为传输模式和隧道模式。

1. IPSec 传输模式

IPSec 传输模式主要对 IP 包的部分信息提供安全保护,即对 IP 数据包的上层数据信息(传输层数据)提供安全保护。当采用 AH 传输模式时,主要为 IP 数据包(IP 头中的可变信息除外)提供认证保护,而采用 ESP 传输模式时,主要对 IP 数据包的上层信息提供加密和认证双重保护。IPSec 传输模式下的 AH、ESP 的数据封装格式如图 6.7 所示。

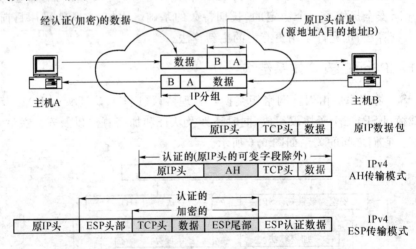

图 6.7 IPSec 传输模式下的 AH、ESP 数据封装格式

2. IPSec 隧道模式

IPSec 隧道模式的基本原理是构造新的 IP 数据包,将原 IP 数据包作为新数据包的数据部分,并为新的 IP 数据包提供安全保护(如图 6.8 所示)。当采用 AH 隧道模式时,主要为整个 IP 数据包提供认证保护(可变字段除外)。当采用 ESP 隧道模式时,主要为整个 IP 数据包提供加密和认证双重保护。

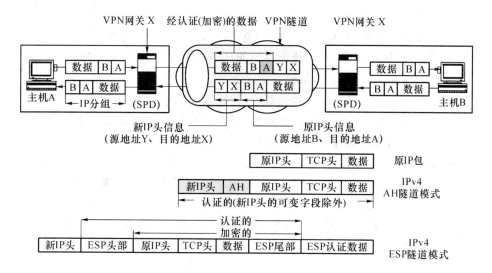

图 6.8　IPSec 隧道模式下的 AH、ESP 的数据封装格式

6.3.3　认证头

认证头(AH)的协议代号为 51,是基于网络层的一个安全协议,是 IPSec 协议的重要组成部分,用于为 IP 数据包提供安全认证的一种安全协议。

1. 认证头的功能

认证头是为 IP 数据包提供强认证的一种安全机制,它具有为 IP 数据包提供数据完整性、数据源认证和抗重传攻击等功能。

在 IPSec 中,数据完整性、数据源认证和抗重传攻击这三项功能组合在一起统称为认证。其中,数据完整性是通过消息认证码产生的校验值来保证的;数据源认证是通过在数据包中包含一个将要被认证的共享秘密或密钥来保证的;抗重传攻击是通过在 AH 中使用了一个经认证的序列号来实现的。

2. 认证头的格式

AH 的格式在 RFC2402 中有明确的规定(如图 6.9 所示),其中:

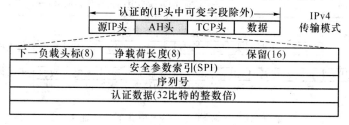

图 6.9　AH 的格式

- AH,由固定长度的五个字段构成。
- 下一负载头标,是标识 AH 后的有效负载的类型,域长度为 8 比特。
- 净载荷长度,是以 32 比特为单位的认证头总长度减 2,或者 SPI 后的以 32 比特为单位的总长度,域长度为 8 比特。
- 保留,保留为以后使用,将全部 16 比特置成 0。
- 安全参数索引,是一个 32 比特的整数,它与目的 IP 地址、安全协议结合在一起即可唯一地标识用于此数据项的安全关联。
- 序列号,长度为 32 比特,是一个无符号单调递增计数值,每当一个特定的 SPI 数据包被传送时,序列号加 1,用于防止 IP 数据包的重传攻击。
- 认证数据,是一个长度可变的域,长度为 32 比特的整数倍,该字段包含了这个 IP 数据包中的不变信息的完整性检验值(ICV),用于提供认证和完整性检查。具体格式随认证算法而不同,但至少应该支持 RFC2403 规定的 HMAC-MD5 和 RFC2404 规定的 HMAC-SHA1。

3. 认证头的认证算法

用于计算完整性校验值(ICV)的认证算法由 SA 指定,对于点到点通信,合适的认证算法包括基于对称密码算法(如 DES)或基于单向 Hash 函数(如 MD5 或 SHA-1)的带密钥的消息认证码(MAC)。RFC1828 建议的认证算法是带密钥的 MD5,最新 Internet 草案建议的 AH 认证算法是 HMAC-MD5 或 HMAC-SHA。

4. 认证头的两种工作模式

AH 有两种工作方式,即传输模式和隧道模式。传输模式只对上层协议数据和 IP 头中的固定字段提供认证保护,主要适合于主机实现。隧道模式对整个 IP 数据包提供认证保护,既可以用于主机,也可用于安全网关,并且当 AH 在安全网关上实现时,必须采用隧道模式。在这两种模式下 AH 的数据封装格式如图 6.10 所示。

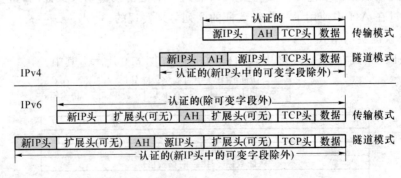

图 6.10 传输模式和隧道模式下的认证头

6.3.4 安全封装载荷

由于认证信息只确保 IP 数据包的来源和完整性,而不能为 IP 数据包提供机密性保护,因此,需要引入机密性服务,这就是安全封装载荷(简称 ESP),其协议代号为 50。

1. ESP 的功能

ESP 主要支持 IP 数据包的机密性,它将需要保护的用户数据进行加密后再封装到新的 IP 数据包中。另外 ESP 也可提供认证服务,但与 AH 相比,二者的认证范围不同,ESP 只认证 ESP 头之后的信息,比 AH 认证的范围要小。

2. ESP 的格式

ESP 的格式在 RFC2406 中有明确的规定(如图 6.11 所示),其中:

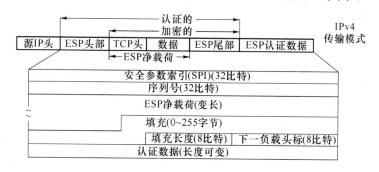

图 6.11 ESP 格式

- 安全参数索引(SPI),被用来指定加密算法和密钥信息,是经过认证但未被加密的。如果 SPI 本身被加密,接收方就无法确定相应的安全关联 SA。
- 序列号(SN),是一个增量的计数值,用于防止重传攻击。SN 是经过认证但未被加密的,这是为了在解密前就可以判断该数据包是否是重复数据包,不至于为解密花费大量的计算资源。
- ESP 净载荷,该字段中存放了 IP 数据包的数据部分经加密后的信息。具体格式因加密算法而不同,但至少应符合 RFC2405 规定的 DES-CBC。
- 填充,根据加密算法的需要填满一定的边界,即使不使用加密也需要填充到四字节的整数倍。
- 填充长度,指出填充字段的长度,接收方利用它来恢复 ESP 净载荷数据。
- 下一负载头标,标识有效负载的类型。
- 认证数据,认证数据字段是可选的,该字段的长度是可变的,只有在 SA 初始化时选择了完整性和身份认证,ESP 分组才会有认证数据字段。具体格式因所使用的算法而不同,ESP 要求至少支持两种认证算法:HMAC-MD5

和 HMAC-SHA-1。

3. ESP 的两种模式

和 AH 一样,ESP 也有两种使用模式,即传输模式和隧道模式。

在传输模式下,ESP 头部被插入到 IP 头部后面,ESP 尾部和可选的认证数据被放在源 IP 数据包的最后面。传输模式下的 ESP 只对 IP 数据包上层协议数据(传输层数据)、ESP 头部和 ESP 尾部字段提供认证保护,如果选择了加密,那么就可以对原始 IP 数据包的负载和 ESP 尾部进行加密处理,这种模式仅适合于主机实现。

在隧道模式下,需要创建一个新的 IP 头,将原始 IP 数据包作为数据封装在新的 IP 数据包中,然后对新的 IP 数据包实施传输模式的 ESP。隧道模式下的 ESP 不但为原始 IP 数据包提供身份认证,而且还对原始 IP 数据包和 ESP 尾部进行加密处理(如果选择了加密),不过新的 IP 头还是没有得到保护。这种模式既可以用于主机,也可用于安全网关,并且当 ESP 在安全网关上实现时,必须采用隧道模式。在安全关联中,只要有一端涉及网关,就应该使用隧道模式,而在两个防火墙之间也总是要实施隧道模式。虽然网关通常工作在隧道模式下,但是,如果通信的目的地就是网关本身,那么网关也可以和普通主机一样工作在传输模式下。

这两种模式下 ESP 在 IP 数据包中的格式如图 6.12 所示。

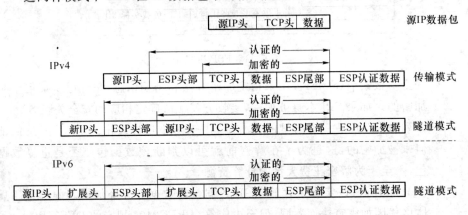

图 6.12　传输模式和隧道模式下的 ESP

6.3.5　因特网密钥交换协议

用 IPSec 保护一个 IP 包之前,必须建立一个安全关联,SA 可以手工创建或动态建立。因特网密钥交换协议(IKE)用于动态建立安全关联 SA,IKE 以 UDP 的方式通信,其端口号为 500。

IKE 建立在 Internet 安全关联和密钥管理协议(ISAKMP)定义的一个框架之

上。同时,IKE具有两种密钥管理协议(Oakley和SKEME)的一部分功能。此外,IKE定义了自己的两种密钥交换方式。因此,IKE是一个"混合型"协议,它是建立在SAKMP、Oakley和SKEME这三个协议基础之上的,沿用了ISAKMP的框架基础、Oakley的密钥交换模式和SKEME的密钥分类、共享和更新技术,这三部分有机地组合形成了一种因特网密钥交换协议,定义出自己独特的验证加密生成技术以及协商共享策略(如图6.13所示)。

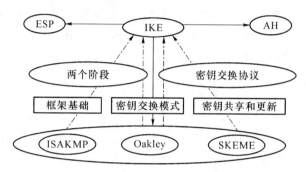

图6.13 IKE的理论模型

IKE是IPSec目前正式确定的密钥交换协议,IKE为IPSec的AH和ESP协议提供密钥交换管理和安全关联管理,同时也为ISAKMP提供密钥管理和安全管理。

IKE定义了通信实体间进行身份认证、创建安全关联、协商加密算法以及生成共享会话密钥的方法。IKE分为两个阶段来实现(如图6.14所示)。

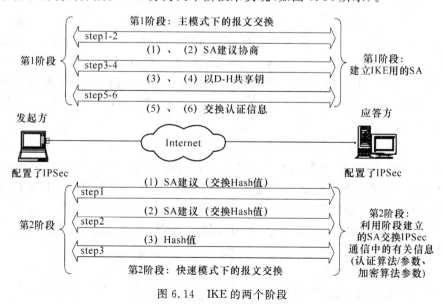

图6.14 IKE的两个阶段

第一个阶段为建立 IKE 本身使用的安全信道而协商 SA,主要是协商建立"主密钥"。通常情况下,采用公钥算法来建立系统之间的 ISAKMP 安全关联,同时还用来建立用于保护阶段二中 ISAKMP 协商报文所使用的密钥。

第二阶段利用第一阶段建立的安全信道来交换 IPSec 通信中使用的 SA 的有关信息,即建立 IPSec 安全关联。

当利用 IKE 进行相互认证时,IKE 对发起方和应答方定义了三种相互认证方式,预先共享密钥;数字签名(DSS 和 RSA);公钥加密(RSA 和修改的 RSA)。在这三种认证方式中只有预先共享密钥是必须配置的,大多数 VPN 产品都支持使用基于 X.509 标准的数据证书的认证。

6.3.6 安全关联

当利用 IPSec 进行通信时,采用哪种认证算法、加密算法以及采用什么密钥都是事先协商好的。一旦通信双方取得一致后,在通信期间将共享这些安全参数信息来进行安全信息传输。

1. 安全关联的定义

为了使通信双方的认证算法/加密算法保持一致,相互间建立的联系被称为"安全关联",简称 SA。SA 是构成 IPSec 的重要组成部分,是与给定的一个网络连接或一组网络连接相关的安全信息参数的集合,它包含了通信系统执行安全协议 AH 或 ESP 所需要的相关信息,是安全协议 AH 和 ESP 赖以执行的基础,是发送者和接收者之间的一个简单的单向逻辑连接。

2. 安全关联的特点

由于 SA 是单向的,所以在一对对等系统间进行双向安全通信时,就需要两个 SA。如果通信双方(用户 A 和用户 B)通过 ESP 进行安全通信,那么用户 A 需要有一个 SA,即 SA(out),用来处理发送的(流出)数据包,同时还需要另一个不同的 SA,即 SA(in),用来处理接收到的(流入)数据包。用户 A 的 SA(out)和用户 B 的 SA(in)共享相同的加密参数,同样用户 A 的 SA(in)和用户 B 的 SA(out)共享相同的加密参数。

SA 与协议相关,一个 SA 为业务流仅提供一种安全机制(AH 或 ESP),即每种协议都有一个 SA。如果用户 A 和用户 B 同时通过 AH 和 ESP 进行安全通信,那么针对每个协议都会建立一个相应的 SA。因此,如果要对特定业务流提供多种安全保护,那么就要有多个 SA 序列组合(称为 SA 绑定)。

SA 可以通过静态配置来建立,也可以利用 Internet 密钥管理协议(IKE)来动态建立。

3. 安全关联的组成

一个 SA 通常由以下参数定义。

- AH 使用的认证算法和算法模式。
- AH 认证算法使用的密钥。
- ESP 使用的加密算法、算法模式和变换。
- ESP 使用的加密算法使用的密钥。
- ESP 使用的认证算法和模式。
- 加密算法的密钥同步初始化向量字段的存在性和大小。
- 认证算法使用的认证密钥。
- 密钥的生存周期。
- SA 的生存周期。
- SA 的源地址。
- 受保护的数据的敏感级。

一个系统中,可能存在多个 SA,而每一个 SA 都是通过一个三元组(安全参数索引 SPI,目的 IP 地址,安全协议标识符 AH/ESP)来唯一标识。

4. 安全关联的工作模式

安全关联的工作模式有两种:一种是传输模式,仅对 IP 数据包的上层协议数据部分提供保护;另一种是隧道模式,对整个 IP 数据包提供保护。

5. 安全关联的安全策略

一个 SA 提供的安全保护依赖于所选择的安全协议(AH/ESP)、SA 模式(传输模式/隧道模式)、SA 的端点和协议中可选服务的选择。

在安全体系中,为了处理 IP 业务流定义了一个通用模型,该模型中有两个与 SA 相关的数据库,它们是安全策略数据库(SPD)和安全关联数据库(SAD),实现 IPSec 必须维护这两个数据库。

(1)安全策略数据库

安全策略决定了为一个数据包提供哪些安全服务。对所有 IPSec 实施方案来说,它们都会将安全策略保存在一个数据库中,这个数据库叫作安全策略数据库。

IP 数据包的发送与接收都以安全策略为依据。在发送与接收 IP 数据包时,需要查阅安全策略数据库,SPD 定义了对所有外出/进入业务应采取的安全策略,它指明了为 IP 数据包提供什么服务以及用什么方式提供,从而决定系统应该为这个数据包提供哪些安全服务。为了对非对称策略的支持(两个主机之间分别为发送与接收的数据包提供不同的安全服务),可以为发送和接收的数据包维护不同的 SPD。然而,密钥管理协议总是协商双向 SA,即对称安全策略。

在对所有出/入业务,包括非业务的处理期间必须咨询 SPD。对出入 IP 数据包的处理有三种可能的选择。

- 丢弃:不允许该 IP 数据包在此主机上存在,不允许通过此安全网关或根本

就不能传递给上层应用程序的业务流。

- 绕过 IPSec：允许通过而无需进行额外的 IPSec 安全保护处理。
- 采用 IPSec：需要进行 IPSec 安全保护处理。对于这种业务流，SPD 还必须指明所需提供的安全服务、采用的协议类型以及使用何种算法等。

SPD 用于控制通过一个 IPSec 系统的所有业务流，包括安全关联和密钥管理业务流（如 IKE）。

（2）安全关联数据库

安全关联数据库 SAD 包含与每个活动 SA 相关的所有参数信息，它由一系列 SA 条目组成，每个条目定义一个 SA 的参数。

6. 安全参数索引

SPI 是和 SA 相关的一个非常重要的元素。SPI 实际上是一个 32 位长的数据，用于唯一标识接收/发送端上的一个 SA。

在通信的过程中，需要解决如何标识 SA 的问题，即需要指出发送方用哪一个 SA 来保护发送的数据包，接收方用哪一个 SA 来检查接收到的数据包是否安全。通常的做法是随每个数据包一起发送一个 SPI，以便将 SA 唯一地标识出来。目标主机再利用这个值，对 SADB 数据库进行检索查询，提取出适当的 SA。如何保证 SPI 和 SA 之间的唯一性呢？根据 IPSec 结构文档的规定，在数据包内，由＜SPI、目标地址＞来唯一标识一个 SA，如果接收端无法实现唯一性，数据包就不能通过安全检查。发送方对发送 SADB 数据库进行检索，检索的结果就是一个 SA，该 SA 中包括已经协商好的所有的安全参数（包括 SPI）。

实际使用的过程中，SPI 被当作 AH 和 ESP 头的一部分进行传输，接收方通常使用＜SPI、目标地址、协议类型＞来唯一标识 SA，此外，还有可能加上一个源地址＜SPI、源地址、目标地址、协议类型＞来唯一标识一个 SA。对于多 IP 地址的情况，还有可能使用源地址来唯一标识一个 SA。

6.4 SSL 协议和 TLS 协议

6.4.1 SSL 协议

安全套接层协议（SSL）是在因特网基础上提供的一种保证机密性的安全协议。它能使客户/服务器应用之间的通信不被攻击者窃听，并且始终对服务器进行认证，还可选择对客户进行认证。SSL 协议要求建立在可靠的传输层协议之上。SSL 协议的优势在于，它与应用层协议独立无关。高层的应用层协议能透明地建立于 SSL 协议之上。SSL 协议在应用层协议通信之前就已经完成加密算法、通信密钥的协商以及服务器认证工作。在此之后应用层协议所传送的数据都会被加密,从而保证通信的机密性。到现在为止,SSL 有三个版本。

- SSL1.0 只在 Netscape Navigator 公司内部应用。由于包括严重的缺陷而不再公开发行。

- SSL2.0 通过 2.x 并入 Netscape Navigator1.0。它也有一些如中间攻击的弱点。为了消除用户对 SSL 的安全忧患,Microsoft 又在 1996 年的 IE 首版中引进了很有竞争力的保密通信技术(PCT)协议。

- 而 Netscape Navigator 公司为了和 IE 竞争,也引进了 SSL3.0 来弥补 SSL2.0 中的缺陷,同时加入了一些新的特征。在这点上,Microsoft 公司放弃了自己的主张,同意在各种基于 TCP/IP 的软件版本中支持 SSL(虽然它自己的软件为了向后兼容而仍然支持 PCT)。

最新的 SSL3.0 规范在 1996 年 3 月正式发行。Netscape Navigator3.0 和 IE3.0(或更高的版本)均可以执行它。SSL3.0 已经被 IETF TLS WG 所采用。实际上,TLS1.0 协议标准是 SSL3.0 的一个派生。

SSL 协议提供的安全信道有以下三个特性。

- 机密性:因为在握手协议定义了会话密钥后,所有的消息都被加密。
- 确认性:因为尽管会话的客户端认证是可选的,但是服务器端始终是被认证的。
- 可靠性:因为传送的消息包括消息完整性检查(使用 MAC)。

然而,SSL 并不能抵抗通信流量分析。例如,通过检查没有被加密的 IP 源和目的地址以及 TCP 端口号或者检查通信数据量,一个通信分析者依然可以揭示哪一方在使用什么服务,有时甚至揭露商业或私人关系的秘密。为了利用 SSL 的安全保护,客户和服务器必须知道另一方也在用 SSL。

一般地,SSL 会话与状态相关,SSL 协议用于初始化和保持客户与服务器端的会话状态信息。通过 SSL 的握手协议来同步客户端和服务器的状态,因而允许它们一致地操作,而不管它们的协议状态是否并行。

SSL 协议主要有两部分:SSL 记录协议和在记录协议之上的几个 SSL 子协议。一方面,SSL 记录协议要求建立在可靠的传输层协议之上,提供消息源认证、数据加密以及数据完整服务(包括重放保护)。另一方面,在 SSL 记录协议之上的 SSL 各子协议对 SSL 的会话和管理提供支持。

SSL 子协议中,最重要的是 SSL 握手协议。它是认证、密钥交换协议,也对在 SSL 会话、连接的任一端的安全参数以及相应的状态信息进行协商、初始化和同步。握手协议执行完后,应用数据就根据协商好的状态参数信息通过 SSL 记录协议发送。

1. SSL 记录协议

SSL 记录协议从它之上的高层 SSL 子协议收到数据后,对它们进行数据分段、压缩、认证、加密。更确切地说,它把输入的任意长度的数据输出为一系列的 SSL 数据段(或者叫"SSL 记录"),每个这样的段最大为 $2^{14}-1=16,383$ 个字节。从原始数据段到生成 SSL 明文分段、SSL 压缩、SSL 密文(加密步骤)记录的过程。最后,每个 SSL 记录包括下面的信息:

- 内容类型;
- 协议版本号;
- 长度;
- 数据有效载荷;
- MAC。

这里,"内容类型"定义了必定用于随后处理 SSL 记录有效载荷(在合适的解压缩和解密之后)的高层协议。"协议版本号"确定了所用的 SSL 版本号(特别是 3.0 版本)。每个 SSL 记录数据有效载荷都根据当前的由 SSL 会话所定义的压缩方法和密码说明进行压缩和加密。在每个 SSL 会话之初,压缩方法和加密说明都不加定义。它们是在 SSL 握手协议初始执行期间被设置的。最后,一个 MAC 被增添到每个 SSL 记录之中。它提供了消息源认证和数据完整性服务。与加密算法类似,用于计算和验证 MAC 的算法是根据密码说明和当前的会话状态而定义的。在默认情况下,SSL 记录协议采用了 RFC 2104 中指定的 HMAC 结构的轻微修正版本。此处的修正,是指在杂凑之前将一个序列号放入消息中,以此抵抗特定形式的重传攻击。最后,要注意到 MAC 总是在有效数据载荷被加密之前被计算并加入 SSL 记录的。

在 SSL 记录协议上面有几个子协议。每个子协议可能指向正用 SSL 记录协议发送的特定类型的消息。SSL3.0 规范定义了下面三个 SSL 协议:

- 报警协议;
- 握手协议;
- 更改加密说明协议。

简言之,SSL 报警协议通过 SSL 记录协议传输警告。它由两部分组成:警告级和警告描述。SSL 握手协议是最重要的一个子协议。更改加密说明协议被用来在一个加密说明和另外一个之间进行转换。虽然加密说明一般在握手协议后改变,它也可以在任何时候改变。除了这些 SSL 子协议,SSL 应用数据协议被用来把应用数据直接传给 SSL 记录协议。从用户的角度来看,这可能是 SSL 的最主要用处。

2. SSL 握手协议

SSL 握手协议是位于 SSL 记录协议之上的主要子协议。因此,SSL 握手消息提供给 SSL 记录层,在那里它们被封装进一个或多个 SSL 记录。这些记录根据当前 SSL 会话指定的压缩方法、加密说明和当前 SSL 连接对应的密码密钥来进行处理和传输。SSL 握手协议的目的是使客户端和服务器建立并保持用于安全通信的状态信息。更具体地说,此协议使得客户端和服务器获得共同的 SSL 协议版本号、选择压缩方法和密码说明、可选的相互认证、产生一个主要秘密并由此得到消息认证和加密的各种会话密钥。

3. SSL 协议的实现

SSL 的重要实现有三个:SSLref、SSLeay 和 SSL Plus。此外,有越来越多的基于 Java 程序语言的 SSL 实现(例如,由 Phaos 技术公司所研究和销售的 SSLava Toolkit)。因为它允许用 Java 程序来实现 SSL 协议,从而可以动态地下载到浏览器。

SSLref。这是 Netscape 公司生产的一个 SSL 参考实现模型,它实现于 1995 年,是完全用 C 语言写成的。SSLref 源代码可以免费用于非商业应用。SSLref 不执行 RC2 或 RC4 加密算法。但是,很多采用 SSL 的程序,例如,Netscape Navigator,却又只包含 RC2 或 RC4 算法。结果,为了能够使基于 SSLref 的程序与类似 Netscape Navigator 的软件实现互操作,就需要从 RSA 公司获得 RC2 或 RC4 算法的批准。

SSLeay。它指的是 SSL2.0、SSL3.0 和 TSL1.0 的独立实现。这个软件在很多匿名 FTP 站点上均可以免费获得。SSLeay 使用 RC2 和 RC4 算法。它还包括 DES、Triple-DES、Blowfish 加密算法。

SSL Plus。SSL Plus 安全工具包由 Consensus 发展公司研制,它是当前市场上实现 SSL3.0 的领先者。它已被几个大公司批准和使用,并由此获得应用公钥密码学和签名证书的安全。

4. SSL 协议性能分析

很显然,SSL 的应用降低了与 HTTP 服务器和浏览器相互作用的速度。这主要是由于在浏览器和服务器之间用来初始化 SSL 会话和连接的状态信息需要用公钥加密和解密方案。实际上,在开始连接到 HTTP 服务器和收到第一个 HTML 页面时,用户经历了一个额外的几秒钟的停顿。因为 SSL 被设计成缓存以后的会话中的主秘密。这个耽搁只影响浏览器和服务器之间的第一次 SSL 连接。与创建会话相比,采用 DES、RC2、RC4 算法来进行加密和解密数据的额外负担不算什么(没必要让用户感觉到)。所以,对于拥有高速计算机,而相对很慢的连网速度的用户来说,尤其是在 SSL 会话或多个利用共享的主秘密的 SSL 会话建立后,传送大量数据时,SSL 的开销就显得微不足道。另外,繁忙的 SSL 服务器管理者就会考虑为了配合公钥操作而去寻找速度很快的计算机或者硬件配置。

6.4.2　TLS 协议

1. 传输层安全协议(TLS)

1996 年年初,LETF 在安全和传输领域内授权了一个 TLS WG(TLS 工作组)。TLS WG 的目的就是利用当前的现有规范 SSL(2.0 和 3.0)、PCT(1.0)、SSH(2.0)编写 TLS 协议的因特网标准轨迹 RFCs。在 IETF 于 1996 年 12 月开完会后不久,TLS 1.0 就被作为因特网草案发行。此文档实质上和 SSL 3.0 一样,它是 IETF TLS WG 的基于 SSL 3.0 的 TLS 1.0 的详细策略,不支持 SSL 2.0、PCT 1.0、SSH 2.0 或者任何其他传输层安全协议方案。如果要合并 TLS 1.0、SSL,则需要进行三点修改。

第一,TLS 1.0 中要一致地使用 IETF Ipsec WG 所研制的 HMAC 结构。

第二,从 TLS 1.0 中去掉 FORTEZZA 基于令牌的 KEA,因为它指定了一种私有的和未公开的技术。然而,在 TLS 1.0 中应该包含基于 DSS 的密钥交换体制。

第三,TLS 记录协议和 TLS 握手协议应该分别在相关文档中具体详述。

在做了这些改进之后,所得到的 TLS 协议被列入了一系列的因特网草案之中。1999 年 1 月,TLS 协议 1.0 被列入了因特网标准轨迹 RFC 2246。TLS 1.0 与 SSL 3.0 二者之间的差别虽然不大,但是却不能互操作。TLS 实现可以退化到 SSL 3.0 机制,但是 TLS 1.0 却不能兼容该机制。

和 SSL 协议类似,TLS 协议也是由记录协议和在它上面的子协议组成。

- 在低层,TLS 记录协议将待传输的消息分成可处理的数据段(所谓的"TLS 记录")、有选择地压缩它们、对每一个记录计算和附加一个 MAC、对结果进行加密后进行传输。又和 SSL 类似,最终的记录被称为 TLS 明文、TLS 压缩、TLS 密文。一个被收到的 TLS 密文记录将被顺序地进行解密、验证、解压缩并在提交到应用协议之前被重新组合。TLS 的连接状态就是 TLS 记录协议的操作环境。它规定压缩、加密,以及消息认证算法,确定这些算法的参数,比如,在读或写方向上的连接所用的加密算法和 MAC 密钥以及 IVs。共有四个连接状态:当前读和写状态和待定的读和写状态。所有的记录在当前的读和写状态下进行处理。以后的状态参数是由 TLS 握手协议所确定的,而且握手协议有选择地把待定的状态转化为当前状态,而把当前状态舍弃掉;待定的状态再被初始化为空状态。

- 在高层,记录协议上边有几个子协议。例如,TLS 握手协议,它用来协商会话和连接信息元素(构成会话标识、对等证书、压缩方法、加密说明、主密钥、和会话是否可以重新开始以及启动一个新的连接的标记)。这些项目被用来创建安全参数使 TLS 协议保护应用数据。此外,还有 TLS 更改加密说明协议和 TLS 报警协议。这两个类似于 SSL 的相应子协议。

在 TLS 握手协议完成后,客户和服务器端就互换应用数据消息。这些消息被 TLS 记录协议所携带并被分段、压缩、认证、加密。对 TLS 记录协议来说,这些消息被看成是透明的。

TLS 1.0 已经被作为一个提议标准提交到 IESG。此外,也有提议来改进和增强 TLS 协议。例如,其中一个改进就是采用 Kerberos 作为一种额外的认证方法。它可以用于 RSA 或 DH/DSS 密钥交换体制。预主秘密可以用 Kerberos 会话密钥加密来保护。另一个提案即把基于口令的认证加进 TLS 协议。这个提议的根据是口令在当今还是被广泛地应用着,但是它和公钥证书相冲突。这个努力的结果就是共享密钥认证协议(SKAP)的出现。IETF TLS WG 的当前工作项目把椭圆曲线加密体制(ECC)的密码套接字加入 TLS 协议、在 TLS 上使用 HTTP,以及扩展基于证书的认证属性和因特网属性证书简表。

2. 无线传输层安全协议(WTLS)

无线传输层安全协议(WTLS)定义了与 TLS 1.0 非常相似的安全协议。与 TLS 相同,WTLS 提供了同等认证、数据机密性和数据完整性。WTLS 可以在不可靠的传输协议上分层(例如它增加了数据包支持),然而 TLS 必须在可靠的传输协议上分层。握手协议(如对安全变量、密钥交换和认证的协商)必须是可靠的。可以这样实现,一方面将几个 TLS 记录连接成一条消息(如服务数据单元 SDU),另一方面通过重发和确认。

另外,WTLS 定义了简短和优化的 TLS 握手协议,因为移动网络中的数据速率比因特网中低得多。WTLS 还定义了动态密钥更新,这样加密密钥就可以在已经建立的安全连接当中进行交换。这个特征是很有用的,因为它避免了握手的系统开销。它也提供了更高的安全性,因为在安全连接的任何时候密钥均不会向蛮力攻击者暴露。

第7章

安全智能卡技术

以信用卡为代表的智能卡正在成为人们生活中必不可少的一部分。日常生活中鉴别身份、旅游、进入建筑物、从银行提款、商品买卖、服务付费、电话卡、健康保险卡、付费电视、GSM、认证以及数字签名等都越来越依赖于智能卡。每天还都有各种多样的新卡诞生。人们已经开始离不开各种各样的卡了。自然地，智能卡的安全问题也就变得越来越重要。

信用卡是智能卡的典型代表。最初的信用卡与可复制的名片并没有很大差别。只是印在信用卡上的信息要复杂一些，从而更难于复制。当时，卡的读取还是由人工操作来完成的。虽然压纹技术使得将信息转录到碳背纸张或化学纸张上成为可能，但是数据仍然是通过计算机系统中的键盘敲击操作来输入的。后来，磁条的使用使得整个处理过程达到了一个新的自动化程度，但是卡的本质作用还只是鉴别，卡的作用只是确认持卡者与账户之间的联系。现今的一些应用，比如健康卡、赊账记录和便携数据收集，都需要能够比磁条卡储存更多数据的卡。但是运用带有芯片的卡的真正原因更多的是安全。内部拥有集成电路的智能卡具有的许多特性，使得这些卡不仅可以安全地存储数据，而且还可以确保数据在其他计算机系统中的安全储存。本章将介绍智能卡的主要安全技术。

7.1　智能卡简介

智能卡是一个比较模糊的概念。智能卡家族的成员有很多。下面对其简要介绍。

7.1.1　磁卡

1. 磁条卡

将一个 12.7 毫米宽的磁条粘在标准白卡的底部，磁性颗粒附在条纹上。当进行解码时，这些颗粒从左到右或从右到左进行磁化，但没有完全极化。磁条技术实际上类似于磁带技术。许多空白卡都符合同一个标准（ISO 7811）。这个标准指定了卡上数据的位置、使用的三个磁道、以及编码方案。因此可以相对容易地制造一个磁条卡读卡机。磁条卡的安全缺陷是容易被复制。需要采用一些额外的技术来降低磁条卡被复制的风险。检查数字或是采用其他技术来防止新号码的产生,或者在 ATM 机或类似设备上留下一些不能复制的标志。

2. 高磁性卡

在磁场强度很大的地方,磁卡数据可能会丢失或破坏。这个问题可以采用高磁性(HiCo)材料来解决。只有处在比一般永久性磁铁磁性更强的地方,高磁性材料制成的磁条才会受到影响。HiCo 卡能够防止复制,提供更高程度的安全。从安全角度来说,这种卡的最大好处是处理 HiCo 条纹的商业编码器很少。HiCo 编码标准(ISO 7811−6)不被经常使用。如果有伪造者想为这种卡编码,除了制造出专用设备外,还必须设计出一套编码方案。

3. 其他类型的非标准磁卡

磁条允许放在卡上的不同位置,它本身可以是不连续的。磁性材料既适用于磁带,也适用于打印技术,操作人员可以很灵活地在卡上安排数据的位置。

4. 提高磁卡安全性的几个措施

磁卡的安全性有限,提高磁卡安全性的主要手段包括以下几种。

- 水印磁带:一条细薄的磁带,磁性颗粒交叉排列在上面,而不是沿着磁带边排列,磁带与卡的顶部结合在一起。水印磁带需要专用的读卡机才能读出,而这种读卡机可以安装在 ATM 机或其他设备上。磁带对于每张卡有一个独一无二的安全号码。这个号码,或是从号码计算出来的数值,就包含在磁条里。如果磁条与水印不相匹配,则这张卡就判断为伪造卡。这种系统与磁带的生产过程紧密相连。但不幸的是,这意味着读卡机的来源只能有一个,而磁条技术吸引人的一个地方就是读卡机的制造商可以有很多。

- 全磁技术:使用一个机器可读的全息图代替一般可视的全息图。但这种技术只适用于特殊的场合和特殊类型的读卡机。它可以用来保护 ATM 机,但不适用于零售点的读卡机。

- 卡签名:磁带质量或是数据比特位的变化可用特殊的读卡机测出来,而根据这些变化做出来的签名可用加密的形式保存在标准磁道里。这种系统不仅可以检测假卡,也能够检测是否有人在未授权的情况下企图改变卡上数据。但这种技术在日常的系统中使用并不广泛。这可能是因为磁条容易磨损或被读卡机的磁头改变,导致真卡被读卡机错误地拒绝。

7.1.2 光卡

光卡,类似 CD,利用激光头检测卡表面光反射的强度,并以此来保存大容量的数据:一个标准尺寸的光卡的一面可以保存 6 Mbit/s 的数据。虽然正在使用的光

卡数目有限,制造商也不多,另外光卡和相应的读卡机价格也比较昂贵,但是这种技术的安全性较高。因为保存在光卡上的数据一般不易丢失,非常适合保存健康记录和医疗数据。读卡机的开销和限制也为数据的保护提供了一定程度的安全保证。

虽然光卡具有上面提到的各种好处,但是现在的光卡技术还没有实现当初的设想。如果这种光卡系统变得非常普遍,就很难实现数据的保密。光卡上的数据也许可以采用加密形式保存,但是密钥的保存和比较依赖于系统,这样就失去了卡的兼容性所带来的好处。现在生产的光卡读卡机依靠软件控制数据的访问;这对于处理日常生活中的敏感数据还是远远不够的。

7.1.3 芯片卡或 IC 卡

芯片卡,也称为集成电路(IC)卡,满足 ISO 7810 标准,它们的尺寸和厚度与银行卡相同,但是可能嵌入一个或多个集成电路(IC)。有些 IC 卡仅仅是存储卡,而不是微处理器卡。

芯片卡的组件与一台"正常"的电脑是相同的:微处理器作为智能部件(如 CPU)、存储器、输入/输出部分和软件资源。为了更好地执行,通常会有一个分离的加密协处理器(如模块化的算术协处理器用于计算公共密钥)。输入/输出部分和软件资源对不同类型的芯片卡是不同的,如带有金属接触的接触卡、带有感应连接的无接触卡以及带有键盘和显示器的超级智能卡。典型芯片卡的处理芯片含有三种不同类型的存储器:工作存储器 RAM(随机访问存储器)、屏蔽存储器 ROM(只读存储器)和数据存储器 EEPROM(电可擦除可编程存储器)。程序和通用加密算法存放在 ROM 中。当正在应用终端(如:PC)上运行的应用程序想同芯片卡通信时,必须将卡插入读卡机(也叫作卡终端或卡接受设备)。

最主要的国际芯片卡标准是 ISO/IEC 7816 标准。而对于电子商务应用还有 EMV 规范说明和交互部分电子钱包标准 EN 1546。EMV 规范说明是由 Europay、MasterCard 和 Visa 定义的,它基于 ISO 7816,同时还有额外的私有特征以满足金融行业的特定需求。对于 GSM,SIM－ME 规范说明 GSM11. 11 是最相关的。

7.1.4 混合型卡

一张智能卡可以同时采用几种技术。值得一提的是,许多智能卡既有磁条又有芯片。这种卡是专为国际使用的银行卡而设计的。当一张混合型卡被使用时,必须遵循一定的规则,并安排不同技术使用的优先顺序:读卡机使用之前,先要试一试芯片。如果没有芯片,或是芯片不能使用,读卡机应该允许使用磁条。应用中应该注意的是，虽然磁条没有包括在芯片内部的安全机制中，但是它可以防止伪造者破坏芯片后（加上一个过电压，或是简单的用锤子敲击），取得对账号的访问权。

7.1.5 PCMCIA 卡

随着膝上计算机市场的增长，一种非常小的，不同于 PC 总线的标准卡接口已经成为人们的需求。个人计算机存储卡国际协会（PCMCIA）已经制定了一些标准，要求小型存储卡和类似磁盘驱动器的设备能够同卡的格式相配合：比信用卡稍长一些，厚 10.5 mm。PCMCIA 存储卡可以包含任何类型的半导体存储器（一般只使用一种类型而不是混合型的），其中许多卡包含一个电池，用来支撑存储器，而使用这种技术的存储器的容量是以兆字节为单位来计算的。PCMCIA 内存卡用来在膝上计算机和桌面计算机系统间传输数据。虽然 PCMCIA 卡内部可以包含一个芯片，但是 PCMCIA 卡并不控制存储器的访问。PCMCIA 卡的使用者通常要利用标准的 PC 文件加密包，加强密码系统保护数据。

7.1.6 智能卡的安全问题

许多与智能卡有关的安全漏洞并不是由智能卡本身的安全漏洞引起的。比如，卡丢失或被盗、卡在用信件传输的过程中被截取，或者卡的分配过程被欺骗使得卡被分发给了错误的用户。因此任何为提高智能卡系统安全性而提出的建议都必须在整个系统中定位，而不是仅仅局限于卡本身。安全性在智能卡系统中之所以特别重要是因为以下原因。

- 智能卡的许多应用都是与经济活动和支付行为直接相关的，这肯定会潜在地牵涉到很大数目的钱。全世界主要的信用和借记卡系统中欺诈性的业务加起来占总周转额的 0.2%，每年要超过 10 亿美元。运用智能卡的主要目的在于减少欺诈行为。
- 许多智能卡系统都被运用在一些敏感的区域，比如个人的身份和健康信息。如果安全性受到损害，结果将会影响公众对这些系统的信心，并且会缩小卡在这个领域中的运用范围。

智能卡的安全框架已由欧洲主要芯片生产商开发出来，并且将被用于未来评估那些使用通用标准的智能卡产品。这种保护架构有两个特征：卡中数据的完整性和机密性；可实现安全特性的完整性和机密性，特别是工序间的存储器保护和存储器管理。此框架不包括评估对诸如认证功能本身的评价。智能卡的安全问题可分为以下四个领域。

- 卡体安全。
- 硬件（如芯片）安全。

- 操作系统安全。
- 卡应用安全。

7.2　智能卡硬件安全

对智能卡安全的攻击可以发生在智能卡生命周期的任何阶段,智能卡的研发、制造、个人化(如存储唯一的持卡人个人身份数据时)或使用阶段。另外,不同的攻击可发生在卡活动(如有电源)或者是不活动的时候,前者称为动态攻击,后者称为静态攻击。

7.2.1　防静态攻击的安全技术

智能卡的安全主要基于卡中芯片自身的安全。攻击智能卡的手段主要有静态攻击和动态攻击。静态攻击时,"黑客"拥有大量的时间,并可以采用各种各样相当尖端的工具,如显微镜、激光切割机或用于探测和分析芯片上电过程的高速计算机。为了对付这些静态攻击,在布置芯片电路时,可以采用很多技巧。

- 压条法:一个复杂的微处理器由许多逻辑层组成。通常,在电路设计中保持原样被认为是很好的设计方案;为了阻止分析,很多功能却似乎随机地分布在许多层内。将易于分析的成分(特别是 ROM)尽可能地隐藏到较低层。
- 隐蔽或不规则总线:总线不一定按顺序排列,且在不同的层有不同的顺序。
- 不规则编址:存储器排列的顺序不一定与所提出的逻辑地址顺序相同。
- 虚构的结构用以迷惑攻击者。比如,若空间允许的话,加进一些伪部件和伪功能。
- 活动组件或连线可能通过或跨过最后的金属层和钝化层。该钝化层能够保护芯片不受外界影响,当任何入侵者分析时,通常必须去掉该钝化层。
- 不透明的篡改层用以阻止直接观察、探测或假造芯片表面。

还可以为芯片设计几种特殊的检测功能来检测黑客攻击。

- 低频和高频检测:这种检测试图使芯片处于慢速操作时,分析或引进可能减少错误的短脉冲(低频干扰)。
- 温度检测:这种检测可在达到最高温度时,使芯片停止工作。
- 光测:将芯片表面不透明的聚脂去掉后检测曝光性。
- 侵蚀检测:使用侵蚀酸将钝化层除去。
- 其他防篡改探测机制,如封面切换或用动作探测器去探测诸如切割或演练的动作。

7.2.2 防动态攻击的安全技术

与静态攻击相对应,智能卡还面临另一种攻击,即动态分析,此种攻击可以确定卡上正在执行何种卡命令(这样潜在地显示了敏感信息)。如果不同的命令有不同的功耗,那么就可对它进行攻击,所以一种保护机制只能用于有相似功耗的命令。还有一种可能就是不同的方法产生相同的功耗(如在加密算法中),这样每一次可随机地选择一种方法。

时间攻击也是一种有名的攻击。时间攻击计算和分析卡的特定运算所需要的时间间隔。举例来说,如果卡要加密数据,对不同的密钥和数据进行计算所需的持续时间变化越大,那么减少可能的密钥组就越容易。有一种保护机制是使加密计算的持续时间独立于输入的数据("不受噪声限制算法")。

还有一种攻击是基于差分故障分析的攻击。此种攻击试图破坏智能卡的功能(如改变电源电压或外部时钟的频率,或者将卡暴露在不同的辐射之下)。卡每次执行对称或者非对称的加密计算时,密钥中的一个比特在某个位置上改变。一系列计算的结果可用于分析和计算(先前不知道的)密钥,这些结果是不同的,因为每次计算改变的比特位是不同的。最简单的保护机制是让卡执行两次同一个加密算法并且比较结果(它们必须完全相同)。然而这种方法相当耗时。一种更实际的方法是在待加密的数据后附加一个随机数,这样攻击者就无法分析同一个纯文本的不同结果。当然,智能卡上的随机数产生器应该在卡的生命周期中的任何时候都产生不同的随机数。

智能卡防止动态分析的保护机制有以下几种。

- 采用电压"看家狗",当电源电压超出特定范围时,它会关闭芯片模块。
- 将代表秘密或者私人信息(如加密密钥)的任何变量置为零的机制。
- 环境故障保护,当环境条件超出正常操作范围(如芯片温度过高)时,关闭芯片或将敏感变量置为零。

7.2.3 智能卡安全的其他保护措施

在制造智能卡时,也必须着重强调制造过程中的安全性。工厂的物理安全必须仔细控制。制造商的身份号和系列号被写入一次性可编程存储器(OTP),它可锁存数据。在芯片离开铸造车间前须进行测试。如果通过测试,则用于测试的可熔连接件被吹净,且加注安全注册标志。芯片被嵌入智能卡中后,反复进行上述过程。甚至在卡片被个性化之后,还可能需要进一步重复上述过程。

智能卡微控制器(如芯片)必须尽可能地能够抵抗篡改。这意味着打破安全机制的花销必须比所能得到的更高。卡上存储的保密数据必须不可读,如加密密钥、

卡上运行的监控进程,否则攻击者就能对敏感信息作出推断。

在智能卡的研发和制造阶段的安全措施包括对卡数据物理访问的控制。另一个非常重要的问题是仅实现记录过的功能,因为未经过记录的功能在估值和测试中是不加考虑的,这样就存在一个安全漏洞。每个芯片含有唯一的序列号,序列号自身是不能抵抗攻击的,但是它却作为产生加密密钥的信息。在生产中,芯片甚至芯片的细节是由基于传输代码的认证机制加以保护的。

智能卡还需要具有几个外部安全特性:微缩印刷、UV-感光墨水、全息图、签名条码或印刷签名、持卡人照片等。

为安全应用领域设计的智能卡芯片通常内置协处理器。在有些情况下,硬件中的协处理器可执行标准的多种长度的算术运算(乘法和求幂),而在另一些情况下,处理器设计成可直接执行一般的加密功能,如 DES 加密和 RSA 签名。

智能卡芯片的存储器由存储器管理电路控制,它提供硬件保护,防止未经授权的访问。这种保护可利用分层的数据文件体系:最高一层是主文件(MF),它下面的几层是专用文件(DF),最后一层是基本文件(EF)。访问较低层文件必须依次通过它的上一级文件,这样形成了通往基本文件的逻辑信道。上一级文件包含访问规则和有关下一层的控制信息。ISO 7816-4 定义的安全机制,规定了在正常访问时对数据、密钥和控制领域的认证性和机密性。智能卡本身也提供了这些安全机制。

7.2.4 智能卡面临的常见攻击与反攻击

智能卡所面临的“黑客”攻击既可以根据被攻击智能卡所处的状态来分为动态攻击和静态攻击,又可以根据攻击来自何处而分为外部攻击和内部攻击。外部攻击来自外部,并通过一般的接触点或无线接口来操作智能卡。内部攻击在芯片上直接执行操作。

内部攻击通常需要用丙酮熔化塑料将微型模块从卡中去掉,然后在酸性溶液中去掉环氧树脂。芯片露出来后,使用光学显微镜或电子显微镜进行分析,用针探测,或者用聚焦离子束系统(FIB)进行修正。离子束可以毁掉产生 E^2PROM 编程所需电压的电容网络,因此数据在连续操作过程中不会改变。

内部攻击的典型例子有以下几种。

(1)微观分析

使用光学显微镜和电子显微镜检查芯片的物理结构,它允许对设备,或对诸如安全装置或数据存储器等特别感兴趣的区域进行分析或逆向工程设计。为了防止此种方法产生任何有用的信息,总线可能被搅乱,或逻辑存储结构随机映射到物理存储器上：一位存储在这里，另一位存储在那里，这样就无法利用存储映射，分析者就不能够重构这些数据。除了最简单的智能卡微处理芯片外，其他所有的智能卡都使用随机映射方式。更复杂的芯片按层次构成，它具有存储管理功能、PROM和其他在最低层的高敏感成分。为了更进一步地防止这种电子微观分析，安全芯片在整个芯片周围包括一个金属层；这层金属依次与主要的安全逻辑取得联系，这样任何想移走金属层的企图都会毁坏芯片。某些高度安全芯片包含有能探测电子显微镜的辐射电路，并且毁掉存储在存储器中的数据（E^2PROM 数据能在任何情况下被电子束擦除）。

（2）机械探测

当芯片暴露后，分析人员能够访问某些不显示在外的输入和检测点。非常尖的探针（机械微探测器）在芯片上与金属轨迹发生电流接触。操作中通过总线传送的数据能够被传出，尽管有损坏芯片的危险。芯片制造商采用 $0.5\ \mu m$ 或更小的工艺，或被金属层保护，一般不能被当前的工具所探测。

（3）测试模式的应用

在卡片的制造过程中，在芯片上需要提供测试模式和测试点。一旦测试成功，这些测试模式和测试点就会被（软、硬件）禁用。有时这些功能部件可能被定位、重建，然后被错误操作，然后从卡中恢复出秘密。防止蚀刻的保护层成为最好的保护装置。

外部攻击包括智能卡的使用（经常是很多智能卡一起使用）。这样的攻击可以设计成使用一张旧的或无效的卡片来攻击一张有效的卡片。对于大多数攻击来说，成功的概率非常低，但是只要有足够的资源和时间，这些攻击方法中，某种攻击获得成功的可能性就不能排除了。无论是出于金融、政治狂热或是智力挑战等目的，只要动机足够强烈，总是有持续协同攻击成功的例子，甚至最好的加密系统也容易遭受"碰大运"式的冒险攻击。

外部攻击的例子有以下几种。

（1）线路分析

线路分析包括输入低频率操作和观测输出结果。许多芯片包括检测线路。该检测线路检测任何操作芯片超出它正常的时钟或计时参数的企图，并且能够立即关闭芯片。同时随机携带的时钟产生器也可阻碍这种类型的攻击。

（2）操作参数的测量

智能卡芯片与其他计算机相比很慢。因此，可以测量执行一定的任务所花费的时间，并根据结果作出推论。例如，"hit"的查找可能会花费一点操作时间。或者测量电流，得出关于写入数据量的信息。成千上万的这种类型的重复观察，会找

到有用的数据进行分析。某些芯片因此产生空操作,或单操作的随机变化,来毁掉通过外部测量得到的任何信息的有用性。

(3) 故意导致错误

数据,特别是公钥密码的私钥,通过在某轮(一般是倒数第二轮)故意导致一个错误,然后观察最后一轮的结果,就可以把数据得到。例如,可以在时钟和电流供应上设置一个小故障,或通过放射来完成。尽管当芯片遇到异常操作(在时钟或电压变化)时,应该能马上停止操作,但很少有芯片能检测到这种放射。然而,这种类型的错误实际上不可能被系统地引进。因此,观察者可能不得不分析海量数据,否则就没有把握获得结果。显然,这种攻击的回报和所付出的努力不成比例。对智能卡而言,防止这种攻击的一般保护机制是在开始任何操作之前,对终端进行认证。芯片可以通过两次操作,或做一个加密变换的逆运算,并检查所得到的原始数据来避免这种攻击。虽然这种办法会增加操作时间,但它们却能提供必要的安全。

7.3　智能卡操作系统安全

智能卡操作系统(COS)的发展始于 20 世纪 80 年代初。现在市场上有很多这类操作系统(如 Siemens 的 CardOS、Schlumberger 的 Cyberflex、Maosco 的 Multos)。COS 必须尽可能地小(如 16 KB)和简单,这样就能够使测试和估值变得容易,同时可以验证高的安全要求能否满足。操作系统代码是写在 ROM 中的,这意味着 ROM 掩码一旦得到定义并且生产了大量的卡的话,如果没有重大损失是不会再做改变的。与"常用"操作系统类似,通常会发布补丁和新的版本。如果有必要使卡的程序可修改,那么就可以把程序写在昂贵得多的 EEPROM 中。EEPROM 的写/删除操作的次数是有限的(如达到10^5)。一些较新的 COS,如 Java 卡、SIM 卡和 Multos,能够提供 API 并能允许将应用代码下载到卡上。

从安全角度来看,智能卡操作系统包括一系列的层次(如图 7.1 所示)。最里面的一层是关于进入个人领域的操作接入及如何操作这些领域。文件管理器管理 DF－EF 结构和访问这些文件的规则。命令管理器解释命令并检验命令在这次操作中是否有效。下一层执行 ISO 7816-4 规定的安全信息,该层设计为提供读卡机和卡之间交换数据时的认证和机密性。最后传输管理器提供 ISO 7816-3 规定的低级通信功能。该结构使卡具有相当高的保密能力,在一切正常操作条件下,保护存储在卡中的数据。

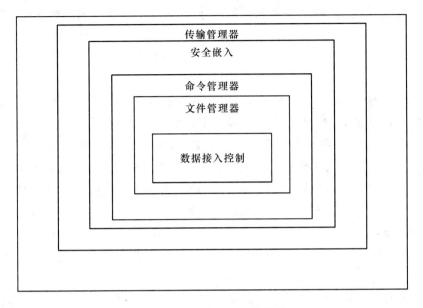

图 7.1　智能卡操作系统结构

智能卡操作系统的安全机制主要有如下几点。

- 基于初始化时校验和的硬件、软件和存储器操作测试。
- 操作系统设计的模块化和结构分层,这样可使差错传播达到最小。
- 硬件支持严格地分别属于不同应用的存储区域(如通过附加的存储管理单元(MMU))。
- 基于 PIN 的访问控制。

　　一种有名的攻击是突然断电,比如在将智能卡从读卡机上移开时。如果操作处于某一特定时候,那么这种类型的攻击可产生严重的后果。举例来说,将电子钱包加载在终端上并且在智能卡的余额增加时刻将卡从读卡机上移开。如果智能卡对终端没有反应或者是在智能卡上没有新的记录产生,终端就会认为加载交易不成功。对这种攻击的最佳保护方法是使用原子交易。这意味着交易要么完全完成,要么就是没有进行。保护机制可使用缓冲器标记,这样当数据要被复制到存储器时,位置就准备好了,然后标志位置位("缓冲数据有效")。如果这时候电源断掉,下一次有电时,操作系统会知道要复制缓冲数据。一旦数据被复制后,标志位就复位了("缓冲数据无效")。

　　在大多数 COS 中文件访问控制是基于命令的。这意味着在访问授权以前特定的命令必须成功地执行。举例来说,写访问只有在 PIN 成功地被特定命令(如 VERIFY)验证以后才会得到授权。另一种方法是基于状态的访问控制。基本上定义一个状态机器人用以具体说明卡上所有允许的执行流(如命令序列)。第三种

是面向对象的访问控制,在这里被保护的对象携带有自己的访问控制信息。

7.4 智能卡应用安全

PIN,也称为持卡人验证(CHV),是控制对智能卡应用的访问的最常用机制。通常持卡人可以有三次机会输入正确的 PIN,如果都不对的话卡就被禁止使用了。要想解禁,必须输入另一个所谓的个人去禁密钥(PUK)。PIN 方法的一个缺点是,PIN 必须在不信任的终端上输入。为了确保更安全的持卡人验证可采用带有完整的 PIN 便签簿的特定卡终端(如 Schlumberger 的 Reflex 60)。PIN 便签簿保证经过加密的 PIN 从卡上传输,同时能够排除窃听的可能。每一个卡应用应该能够产生记录并存储在卡上,这样一旦出了故障,时间序列便可以重新建立。举例来说,假如电子钱包出错了,可分析记录,恢复最后一次有效余额,并把最后一次相关数额归还给用户。

当智能卡与应用终端(如银行终端)通信时,终端通常要求卡认证自身,但是终端也是有必要经过认证的。卡终端认证协议是挑战—响应协议,同时它可基于加密散列函数或者对称或非对称的加密算法。另外,在卡和终端之间建立安全通信信道是很有必要的,特别是对于远端连接。

还有一个未解决的安全问题是不可信任的应用终端。举例来说,持卡人可在家里使用智能卡进行在线购买。卡与持卡人的 PC 进行通信,这通常是可信任的。比如持卡人通常从因特网上下载程序,但是他不能够知道他的 PC 上是否已有一个特洛伊木马取代了他原来的终端卡应用程序。举例来说,当持卡人被要求签购买订单时,特洛伊木马程序会显示出正确的订单,但是却发送一个假订单让智能卡签。类似的攻击有中途拦截(并修改)终端应用程序和卡的之间的通信。最佳的解决办法是拥有个人的抗篡改设备,包括 PIN 便签簿、读卡机和显示器,这样就可以显示出持卡人要签署的真正内容("所见即所签")。

带有公共密钥功能的智能卡可保护公共密钥对中的私有部分(如私钥)。私钥由可信任方(如发卡者)产生并加载到卡上。更好的方法是在卡的个人化阶段直接在卡上产生密钥对,这样私钥就从未离开过卡,因此也不会暴露在攻击下。

除了公钥以外,智能卡也需要对称密钥。它们可用作认证或者会话密钥。认证密钥通常由主密钥(特别地用于整个智能卡密钥的产生)和一些特定的卡信息(如卡号)产生。会话或动态密钥还可基于随机数或时间独立的值。

一些带有安全功能的典型智能卡有以下几种。

• Java 卡:它是一种带有 Java 卡虚拟机(JCVM)的智能卡,它可以解释独立于操作系统的 Java 程序(称为卡的小程序或 cardlet)。Cardlet 与"一般的"Java 小程序书写方式类似,但是由于智能卡的内存和计算能力有限,仅支持语言特征中的一个小子集(如没有线程、异常或垃圾收集等)。Java 卡对环境的最小要求是 24 KB 的 ROM、16 KB 的 EEPROM(为 cardlet)和 512 字节的 RAM。Java 卡的一个主要优点是它可以容纳多个应用(如多种的小程序可以放在卡上)。这个特征增加了安全问题,因为它使小程序可以访问彼此的数据。因此,Java 卡有一个称为"小程序防火墙"的机制,这意味着小程序在未被允许通过共享接口的条件下,不能访问彼此的数据。它也支持基于 PIN 的持卡人认证机制。

- SIM 卡:它是 GSM 用户身份模块,它用于存储个人用户数据,它可以用智能卡的形式执行(GSM 11. 11 和 GSM 11. 14)。现在市场上已经有了基于 Java 卡 2.0 的 SIM 卡,如 Cyberflex Simera。卡小程序可从内容提供者或销售点终端传到卡上。SIM 卡含有 Java 虚拟机,它支持沙盒安全模型、强字节代码验证和卡小程序间的防火墙。

下一代 SIM 卡将被称为 UIM(用户身份模块)或者 USIM(全球用户身份模块)。与 SIM 卡相比,UIM 卡能够与网络之间进行相互认证,它很可能将使用椭圆曲线机制。

第 2＋代 SIM 卡加入了一个叫作 SIM 工具箱(STK)的功能,同时还将卡的存储空间增加到了 16 KB。STK 为 SIM 卡内不同的应用之间提供了一个标准的界面、显示屏和键盘等。它允许数据和应用被直接下载到 SIM 卡,然后用户就可以调用这些功能,或者由无线传输的命令来调用这些功能,这样就可以为电话增加新的功能。显示的模式是可以随意设定的,并不需要遵从标准的短消息显示。对于一些应用而言,STK 是很完美的,比如,访问银行账户或信息服务菜单。常用数据和标识语等都可以储存在 SIM 卡中,并不需要每次用时再下载。

- MULTOS 卡:与 Java 卡被覆盖在专用操作系统上不同的是,MULTOS 卡的一部分与专用操作系统集成在一起。它执行(采用翻译方式)MEL 语言(MULTOS 可执行语言)。其应用使用 Maosco 公司提供的开发软件包时,也可用 C 语言进行编译。MULTOS 卡 的优点在于其安全性。由于银行界和高强度保密卡最初都使用 MULTOS 系统,因此,卡发行商严格控制与卡有关的一切事情。每个应用软件的装载或下载都必须通过卡发行商确认,由 Maosco 公司发给装载或下载许可证书。这种高度安全的基础设施难免要加大成本。

- 智能视窗卡:这是微软公司开发的一种智能卡,其重点在于把视窗环境扩

展到芯片卡上。因此具有开发视窗应用软件经验的开发商们能够很快地为芯片卡写程序。由于 Windows 2000 操作系统与芯片卡支持结合在一起,不仅保证了安全的注销认证,而且使用了 Kerbros 公共密钥基础设施,因此,越来越多的 PC 机都装上了完整的智能卡读卡机(典型的是使用 PC/SC 或是 OCF 标准读卡机)。只要应用软件中需要认证功能或者需要少量便携的个人数据存储,应用软件开发商就会寻求使用这种操作系统。智能视窗卡所具有的安全结构将 Windows 文件管理系统扩展到卡中。对于高度保密的应用软件来说,它可以满足与 PC 机有关的大部分要求。智能视窗卡的优点主要是基于微软开发商。大部分微软开发商已经使用过某些相关工具,他们现在每个人每个季度收到的只读光盘中都存有与芯片卡有关的最新开发的工具。

第8章

公钥基础设施

当前,主要的安全技术总是围绕访问控制、加密、认证、签名、数据完整性这五方面来进行的。目前主要的网络安全产品有防火墙、虚拟专用网系统、入侵检测系统、病毒检查、内容过滤等。如何对这些设备进行安全维护和管理,使这些设备之间相互通信、相互配合,从而达到协同工作和互动式操作呢? 本章将要介绍的公钥基础设施(PKI)就是实现这种协同和互动的最佳方式之一。

8.1 PKI 的组成

PKI 是一种遵循标准的密钥管理系统或安全平台,它能为所有的网络应用透明地提供公钥加密和数字签名等密钥服务所必需的密钥和证书管理,从而建立一个安全的网络通信环境。

PKI 主要包括五个部分:认证中心(CA)、证书库、密钥备份和恢复系统、证书作废处理系统、PKI 应用接口系统。PKI 的实现也主要围绕这五部分来构建。

8.1.1 认证中心

CA 是证书的签发机构,是 PKI 的核心。CA 的基本功能是接收用户的申请,为用户发放证书并维护用户的证书库,同时还要负责对用户证书的黑名单登记和黑名单发布。

CA 认证中心包括管理服务器、登记审批服务器、证书签发服务器、LDAP 目录服务器、录入员终端、审核员终端、签发员终端,总体架构如图 8.1 所示。

概括地说,CA 的功能有:证书发放、证书更新、证书验证、证书撤销、证书查询和证书归档。CA 的核心功能就是发放和管理数字证书。

1. 证书发放

CA 认证中心接收、验证用户的证书申请,根据申请的内容来确定是否受理该申请。如果验证通过,首先需要确定给用户颁发哪种类型的证书,将用户的公钥和用户的其他信息和证书捆绑在一起,然后用 CA 认证中心的私钥对新的用户证书进行签名,最后将签名后的证书发送到目录服务器,供用户下载和查询。为了保证消息的完整性,返回给用户的所有应答信息都要使用认证中心的签名,同时还负责

对用户证书的黑名单登记和黑名单发布。

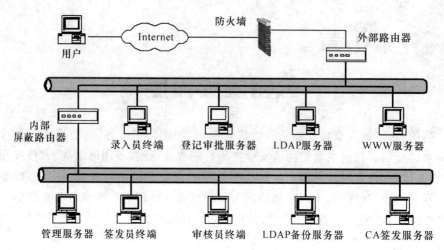

图 8.1　CA 认证中心总体架构图

2. 证书更新

CA 中心通常在以下几种情况下需要更新证书,CA 中心已过了系统的有效期;证书过了有效期;当用户请求更新证书时需要对证书进行更新。

3. 证书验证

当需要验证一个证书是否有效、是否过期以及该证书的正确性和合法性时,通常由 CA 中心来完成。

4. 证书撤销(作废)

当员工离职、用户的私钥被泄密或证书已过有效期时,CA 中心需要自动将该证书撤销。撤销证书有以下策略。

- 作废一个或多个主机的证书。
- 作废由某一对密钥签发的所有证书。
- 作废由某个 CA 签发的所有证书。

作废证书主要通过将证书列入作废证书列表(CRL)来完成。

5. 证书查询

证书查询分为两种,一种是证书申请的查询,认证中心根据用户的查询请求,返回当前用户证书申请的处理过程;第二种是用户证书的查询,这由目录服务器来完成,目录服务器根据用户的请求返回适当的证书。

6. 证书归档

证书具有一定的有效期,当证书过了有效期之后就需要将证书作废,但是不能将证书简单地丢弃,因为有时为了验证以前的某个交易过程产生的数字签名,还需要查询作废的证书。所以,认证中心还应该具有管理作废证书和作废密钥的功能。

8.1.2 证书库

证书库是证书集中存放的地方,是网上的一种公共信息库,用户可以从证书库查询其他用户的证书或公钥。构造证书库的最佳方法是使用支持 LDAP 协议的目录系统,通过 LDAP 来访问证书库。系统必须确保证书库的完整性,以防止伪造、篡改证书。

8.1.3 密钥备份和恢复系统

如果用户丢失了用于解密的密钥时,经加密后的信息就无法解密,这样将会造成数据丢失,为了避免这种情况,PKI 提供了备份和恢复解密密钥的机制,这必须由信任机构来完成,例如 CA 认证中心。必须注意的是,密钥的备份与恢复只能针对解密密钥,签名密钥不能够备份。

8.1.4 证书作废处理系统

证书作废处理系统是 PKI 的一个重要组成部分。和其他证件一样,证书在有效期过后、用户私钥泄密、员工离职等情况下都需要将证书作废,并将作废的证书列入作废证书列表(CRL)。当用户需要验证证书时,由 CA 负责检查证书是否在 CRL 之列。

8.1.5 PKI 应用接口系统

PKI 应用接口系统可以为用户提供良好的应用接口,使得各种各样的应用能够以安全、一致、可信的方式与 PKI 交互,确保所建立起来的网络环境的可信性。

8.2 PKI 的基本功能

PKI 采用证书来管理公钥,通过第三方的可信任机构——认证中心,把用户的公钥和用户的其他标识信息捆绑在一起,在因特网上验证用户的身份。PKI 把公钥密码和对称密码结合起来,在因特网上实现密钥的自动管理,保证网络上数据的安全传输。

从广义上讲,所有提供公钥加密和数字签名服务的系统,都可以叫作 PKI 系统,PKI 的主要目的是通过自动管理密钥和证书,为用户建立一个安全的网络运行环境,使用户可以在多种应用环境下方便地使用加密和数字签名技术,从而保证数据传输和存储的机密性、完整性、不可否认性。机密性是指数据在传输过程中,不能被非授权者偷看;完整性是指数据在传输过程中不能被非法篡改;不可否认性是

指发送方或接收方不能否认自己的操作。一个有效的 PKI 系统要求对用户必须具有安全性和透明性,用户在获得加密和数字签名服务时,不需要详细地了解 PKI 是怎样管理证书和密钥的。

一个典型的、完整的和有效的 PKI 应用系统至少应具有以下功能。

- 公钥证书管理。
- 黑名单的发布和管理。
- 密钥的备份和恢复。
- 自动更新密钥。
- 自动管理历史密钥。
- 支持交叉认证。

PKI 就是提供公钥加密和数字签名服务的系统,目的是为了更好地管理密钥和证书,保证网上信息传输的机密性、真实性、完整性和不可否认性。因此,PKI 作为网络安全的一种基础设施,应该具有以下性能。

1. 透明性和易用性

PKI 必须尽可能地向上层应用程序屏蔽安全服务实现细节,向用户屏蔽复杂的安全解决方案,使得安全服务对用户透明、简单、易用。

2. 可扩展性

证书库和 CRL 必须具有良好的可扩展性。

3. 互操作性

由于不同国家、不同行业的 PKI 实现可能是不同的,这就要求 PKI 具有互操作性。要保证 PKI 之间的互操作性,必须将 PKI 建立在国际标准之上,这些标准包括加密算法、数字签名算法、Hash 算法、密钥交换和管理、证书格式、目录标准、信封格式、安全会话格式以及安全 API 规范等。

4. 支持多种操作系统

PKI 应该支持目前广泛使用的各种操作系统,如 Windows、UNIX 操作系统等。

5. 支持多种应用

PKI 是一种支持多种操作系统的安全基础设施,要求能够为文件传输、电子邮件、Web 等应用提供安全服务。

8.3 PKI 证书

8.3.1 PKI 证书的概念

证书是一个由可信的权威证书授权中心颁发的、经数字签名的、包含用户公开密钥以及用户其他信息的电子文件。数字证书如同我们日常生活中使用的身份证,它是持有者在网络上证明自己身份的凭证。

证书一方面可以用来向系统中的其他实体证明自己的身份,另一方面由于每份证书都携带着证书持有者的公钥,所以证书也可以向接收者证实某人或某个机构对公开密钥的拥有,起着公钥分发的作用。

8.3.2　PKI 证书的格式

证书包括证书的内容、签名算法以及使用该签名算法对证书的签名三部分,X.509证书的格式如图 8.2 所示。

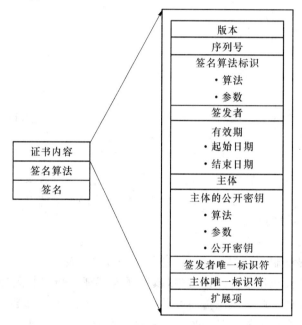

图 8.2　PKI 证书格式

- 版本:用于识别证书版本号,版本号可以是 V1、V2 和 V3 等,目前常用的版本是 V3。
- 序列号:是由 CA 分配给证书的唯一的数字型标识符,当证书被取消时,将此证书的序列号放入由 CA 签发的 CRL 中。
- 签名算法标识:用来标识对证书进行签名的算法和算法所需的参数。协议规定,这个算法同证书格式中出现的签名算法必须是同一个算法。
- 签发者:表示该证书的 CA 的名称。
- 有效期:起始日期和结束日期,证书在这段日期之内有效。
- 主体:是证书持有者的名称。

- 主体的公开密钥:信息包括算法名称、需要的参数和公开密钥。
- 签发者唯一标识符:用于唯一标识证书的签发者。
- 主体唯一标识符:用于唯一标识证书的使用者。
- 扩展项:签发者唯一标识、主体唯一标识和扩展项都是可选项,可根据具体需求进行选择。

X.509 的证书的第三版规定了证书的扩展项,公开密钥证书的标准扩展可分为以下四类。

1. 密钥信息扩展

标准扩展给出了四类提供关于公开密钥对和证书进一步使用信息的扩展:

- CA 密钥标识符。
- 证书持有者密钥标识符。
- 密钥用途。
- 私有密钥使用有效期。

2. 政策信息扩展

政策信息扩展为 CA 提供了一种解释和使用一类特定证书的方法,主要有两类扩展:证书使用政策和政策映射。

3. 证书持有者及 CA 属性扩展

证书持有者及 CA 属性的扩展提供一种识别证书持有者及 CA 身份信息的机制,包括证书持有者别名、签发者别名和证书持有者目录属性。

4. 证书路径限制扩展

证书路径限制扩展主要为 CA 提供一种控制和限制在证书交叉认证中对可信的第三方的扩展机制,包括基本限制、名字限制和政策限制。

政策限制扩展也用于交叉证书中,该扩展为管理者指定交叉证书中可以使用的政策提供了方便。政策限制扩展可以指定是否所有的证书都必须使用同一个政策或者在处理一个证书链时是否禁止某些政策映射。

除了上述扩展外,扩展项还可能包含 E-Mail 地址、CRL 分布点、电话号码、传真、通信地址、邮编、邮箱、证书级别和法人等。

8.3.3　证书存放方式

考虑到电子商务业务的终端类型的多样化以及业务应用的方便程度等因素,数字证书一般以两种方式存放。

1. 使用 IC 卡存放用户证书

这种方式是将用户的数字证书写到 IC 卡中,供用户随身携带,这样用户在所有能够识别 IC 卡证书的电子商务终端上都可以进行电子商务活动。使用这种方式存放用户证书需要完善以下配套设施:

- 专门与计算机或工作站相连的读/写卡机。
- 较大容量的 IC 卡。
- 能够使用 IC 卡的各种电子商务终端。
- 电子商务系统的终端软件要能够从 IC 卡读取用户的证书。

这种方式可以使电子商务的业务范围、用户群、使用地点得到大幅度的增加，真正把电子商务与人们的日常生活紧密联系在一起，用户只要携带自己的 IC 证书卡，就可以随时随地享受电子商务带来的便利服务。

2. 用户证书以文件的形式直接存放在磁盘或自己的终端上

用户将从 CA 申请来的证书下载或复制到磁盘或自己的 PC 机或智能终端上，当用户使用自己的终端享受电子商务服务时，可以直接从终端读入。

8.4　PKI 的信任模型

PKI 的主要目的是管理在开放的因特网环境中使用的数字证书，从而为一个机构或组织建立一个相对安全和值得信赖的网络环境。也就是说，PKI 为需要进行安全通信的双方建立了一种信任关系，使得彼此可以相互信任。这种信任关系的建立都是通过对证书链的验证来完成的。证书链由一系列彼此相连的证书组成，起始端叫"信任锚"，是验证方信任的起始点。证书链的末端是需要验证的用户证书，中间可以有零个或多个 CA 证书。

但是"信任锚"的选择和证书链的构造方式不是唯一的，这样就构成了不同的信任模式。主要的信任模式有：级联模式、网状模式、混合模式、桥接模式和多根模式。下面我们对这些种信任模式进行分析和比较。

8.4.1　级联模式

级联模式可以被描绘为一棵倒长的树（如图 8.3 所示），根在顶部，树枝向下伸展，树叶在最下面。在这棵倒长的树上，根代表一个对整个 PKI 系统的所有实体都有特别意义的 CA——根 CA，它充当"信任锚"。在根 CA 的下面是零层或多层子 CA，子 CA 的下面又可以有子 CA。与非 CA 的 PKI 实体相对应的树叶通常被称作终端实体。

在这种模式中，所有实体都信任唯一的根 CA，根 CA 证书作为"信任锚"。每个终端实体都必须拥有根 CA 的公钥，该公钥的获取是在这个模式下进行证书认证的基础。因此，它必须通过一种安全的方式来完成。例如，一个实体可以通过物理途径如信件或电话来取得这个密钥；也可以选择通过电子方式取得该密钥，然后再通过其他机制来确认，如将密钥的散列结果公布在报纸上或网站上。

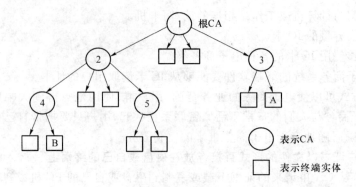

图 8.3　级联模式

这种模式下的证书链构造也很简单,因为每一条证书链都开始于根证书,并且从根到需要认证的终端实体之间只有唯一的一条路径可达,这条路径上的所有证书便构成了一条证书链。例如 A 对 B 的证书进行验证时,A 事先知道 CA1(根 CA)的公钥,就能验证 CA2 的证书,从而能验证 CA4 的证书,最后也就能验证 B 的证书。这也是从根到 B 的唯一一条证书路径。

许多机构(如政府部门)的组织结构就是级联的层次关系,因而在建设机构内部的 PKI 体系时,这种模式就特别适合。但是这种模式在企业间不容易推广,因为要使多个不同企业都信任同一个根 CA 是一件很难做到的事。另外这种模式还有一个缺陷,如果根 CA 的签名私钥泄露,那么整个 PKI 系统中的所有证书都要重新签发。

8.4.2　网状模式

与级联模式不同,网状模式中"信任锚"的选取并不是唯一的,任一 CA 证书都可以作为信任的起始点。在网状模式中,没有一个所有实体都信任的根,终端实体通常都选取直接给自己发证的 CA 作为"信任锚"(如图 8.4 所示)。

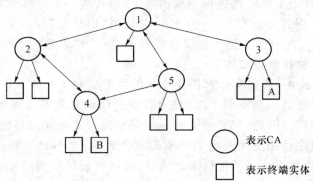

图 8.4　网状模式

在这种模式中,每对相邻的 CA 之间通过互相签发对方的证书来实现"交叉认证",这样就在 CA 之间构成了一个双向的信任关系网。与级联模式中每个 CA 只有唯一的一个父 CA 不同,网状模式中的每个 CA 都有多个父 CA,从而使得在证书链的选取上就存在着多种方式,这也在一定程度上增加了证书链的构造复杂度,因为在这种模式下构造的证书链有可能是一个死循环。例如 A 信任 CA3,B 信任 CA4,当 A 对 B 的证书进行验证时,证书链的起始点为 CA3 的证书,终点为 B 的证书,但中间的证书路径有多条,其中是短的一条路径是 CA3→CA5→CA4→B。

网状模式特别适合作为不是上下级关系的多个企业之间的 PKI 系统的构建模式,因为大家不用事先确定一个共同信任的根,每个企业都可以有自己的"信任锚"。

8.4.3 混合模式

当多个企业(每个企业内部 PKI 系统都为级联模式)为了建立相互信任关系时,可以通过每两个企业的根 CA 互签证书来实现,从而使得企业的根 CA 之间采取网状模式,而企业内部为级联模式,这被称为混合模式(如图 8.5 所示)。

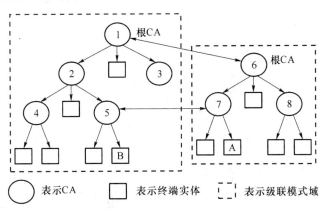

图 8.5 混合模式

混合模式中有多个根 CA 存在,所有的非根 CA(子 CA)都采用从上到下的级联模式被认证,根 CA 之间采用网状模式进行交叉认证。不同信任域的非根 CA 之间也可进行交叉认证,这可以缩短证书链的长度。

在这种模式中,每个终端实体都把各自信任域的根 CA 作为"信任锚"。证书链的构造也非常简单:同一信任域的证书链构造就等同于级联模式下的证书链构造,证书链由自上而下的唯一一条证书路径组成;不同信任域的证书链构造与前面类似,只是证书链的起始点是另一信任域的根证书。例如 A 和 B 处于不同的信任域,A 的"信任锚"是 CA6 的证书,B 的"信任锚"是 CA1 的证书。当 A 认证 B 时,证书链的构造为 CA6→CA1→CA3→CA5→B,这是一条最容易构造的证书链,所

有证书的认证都可以通过这种方法来实现。但是如果不同信任域的某些非根 CA 之间也事先进行了交叉认证,那么证书链的长度也许会更短些。如 A 认证 B 的证书链可以这样构造:CA6→CA7→CA5→B。

8.4.4 桥接模式

混合模式可以为几个独立的信任域建立信任关系,它通过根 CA 之间相互签发交叉证书来实现。这种模式适合少量的信任域,但是对于需要建立信任关系的信任域数目很多的情况,这种模式就不太适合了。例如,现在有 n 个信任域,若采用混合模式来建立信任关系,共需要 $n(n-1)$ 个交叉证书。当 n 很大时,每个信任域的根 CA 都需要签发大量的交叉证书,这非常不利于存储和管理。桥接模式正是为了解决这个问题而被提出的。

在这种模式中,有一个专门进行交叉认证的机构——桥 CA,它的目的就是为需要建立信任关系的不同信任域签发交叉证书,从而在不同信任域之间架起一座沟通的桥梁(如图 8.6 所示)。

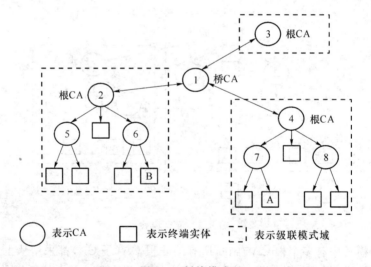

图 8.6 桥接模式

在混合模式下,每增加一个信任域,混合模式中的每个信任域都要与新增的这个信任域相互签发交叉证书,这不便于信任域的扩展。而在桥接模式中,信任域的扩展是很方便的,每增加一个信任域,只需桥 CA 与这个信任域的根 CA 互签交叉证书,其余的信任域无需作任何改动。

在桥接模式中,“信任锚”的选取和证书链的构造与混合模式相同。

8.4.5 多根模式

在多根模式中,每个终端实体都有多个"信任锚"供选择,每个"信任锚"都是自签名的根证书。证书链的构造也非常简单,验证方只需从被验证证书开始向上追溯,直至一个自签名的根证书,如果这个根证书在验证方的"信任锚"集合中,那么这个证书就能被认证。多根模式如图 8.7 所示。

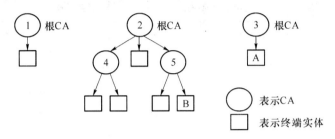

图 8.7 多根模式

多根模式现在多应用于浏览器产品中,许多根 CA 证书被预装在标准的浏览器上。这些证书确定了一组浏览器用户的"信任锚"。其实这种模式也可看作是一种级联模式,最顶端的根相当于是浏览器厂商,而与被嵌入的证书相对应的 CA 就是它所认证的 CA,但是这种认证并不是通过签发证书来实现的,而只是物理地把CA 的证书嵌入到浏览器中。

多根模式在方便性和简单互操作性方面有明显的优势,但是也存在许多安全隐患。例如,当浏览器用户对一个证书认证通过后,并不能确定这个证书是合法的。因为浏览器的用户自动地信任预安装的所有证书,而这些根证书里也许有一个非法的根 CA(用户不信任该 CA),但是由这个根 CA 签发的证书也能通过认证。这种认证能够通过的原因是,浏览器用户一般不知道收到的证书是由哪一个根证书验证的。在嵌入到其浏览器中的多个根证书中,浏览器用户可能只认可所给出的一些 CA,但并不了解其他 CA。然而在多根模式中,浏览器平等而绝对地信任这些 CA,并接受它们中任何一个签发的证书。

另外一个潜在的安全隐患是没有实用的机制来废除嵌入到浏览器中的根证书。如果发现一个根证书是非法的或者与根证书相应的私钥被泄露了,要使全世界的每个浏览器都自动地废除该证书的使用是不可能的。

表 8.1 对 PKI 的信任模式在"信任锚"的选取、证书链的构造、信任域扩展的难易程度等方面作了比较。

表 8.1 PKI 的信任模式比较

项目	级联模式	网状模式	混合模式	桥接模式	多根模式
"信任锚"的选取	唯一的根 CA	任意 CA	不同信任域中的根 CA	不同信任域中的根 CA	多个根 CA
证书链的构造	简单,从上到下的唯一一条证书路径	复杂,存在多条证书路径,要避免出现死循环	较简单,可能存在多条证书路径	简单,所有跨信任域的证书路径都经过桥 CA	简单,从上到下的唯一一条证书路径
信任域的扩展	不能扩展,只能信任同一个根	容易,适合少量的信任域	容易,适合少量的信任域	非常容易,不受数量限制	不容易,需要浏览器厂商预先设置
信任建立方式	自上而下的单向信任	CA 间双向信任	单一信任域内单向信任,信任域间双向信任	单一信任域内单向信任,信任域与桥 CA 间双向信任	多个自上而下的单向信任
适用环境	一个组织或机构内部	一个机构内部或数目不多的多个机构	数目不多的多个机构	数目不限的多个机构	多个机构,需要浏览器厂商支持

第 9 章

物联网安全

计算模式的发展推动着计算机不断融入人们的日常生活,以"连接世界上万事万物"为目标的物联网,其实质是实现物理世界与信息世界的高度融合,为人类生活提供高效管理和方便服务。

面对这样一个迅速发展起来的海量终端网络,其必然会带来诸多新的信息安全问题,特别是人类生活完全融入这个网络后所带来的新的隐私安全问题,这些新问题是原有保护方法简单叠加无法解决的。因此需要我们结合物联网的新特点,在总结现有研究成果的基础上,提出新的解决思路。

本章共分三节,首先介绍物联网的概念及现状,并总结物联网的新特点,然后分层次对物联网发展过程中遇到的安全问题进行总结并提出安全保护架构,最后阐述物联网中的隐私安全问题并给出一些典型的隐私保护方法。

9.1 物联网概念

9.1.1 计算模式与计算机形态

自 20 世纪 40 年代计算机诞生以来,科技的进步与发展不断推动着计算模式(Computing Paradigm)的演变和革新。最初,由于计算机数量较少,且计算能力和应用领域有限,计算机主要表现为单机工作模式及多对一的人机关系,我们称之为主机计算模式(Mainframe Computing)。

20 世纪 70 年代,随着图形用户界面和多媒体技术应用于计算机中,这种桌面计算模式(Desktop Computing)提供了方便的计算机操作,使得个人计算机数量呈现高速增长,形成了一对一的人机关系。极大地推动了计算机网络互联和互联环境下不同应用需求的发展,形成了今天的互联网络和多种网络应用通信。

进入 20 世纪 90 年代,人们发现无论是主机计算还是桌面计算,都无法摆脱以计算机为中心的人机交互模式,这种局限性使得计算机很难融入人们的日常工作和生活中,成为计算机应用的新阻碍。随着无线传感器技术和各种网络技术的不断进步,为了打破计算机应用的这种局限性,使计算机更好地融入日常生活,人们开始考虑新的计算模式,这就是普适计算(Ubiquitous/Pervasive Computing)和云

计算(Cloud Computing)模式。

相应地,下一代网络(Next General Networks,NGN)、泛在网(Ubiquitous Sensor Networks,USN)、无线传感网(Wireless Sensor Networks,WSN)、M2M、物理信息系统(Cyber Physical System,CPS)及物联网(Internet of Things,IoT)等概念相继被提出,初期虽然有所差别,但是随着这些概念在发展过程中技术的相互叠加,彼此间的界限也越来越模糊。不做概念上的争论,本书将这个连接海量终端、普适泛在的网络称为物联网。其主要目标就是实现物理世界与信息世界的高度融合,在任何时间、任何地点连接任何事物,实现无所不在的计算。

9.1.2　物联网的定义

物联网概念最早由美国 MIT Auto-ID Center 于 1999 年提出。当时,Auto-ID Center 的研究人员只是想通过条码、智能卡、RFID 等实现物体的识别与管理,提高工业自动化系统的自动化程度,降低故障率。后来,IoT 概念被人们迅速接受,演化成"物物相联的互联网"。2005 年,国际电信联盟(ITU)发布"ITU Internet Report 2005：The Internet Of Things",正式提出了物联网概念。

物联网代表了未来计算与通信技术发展的方向,被认为是继计算机、Internet 之后,信息产业领域的第三次发展浪潮。最初,物联网是指基于 Internet,利用射频标签(Radio Frequency Identification,RFID)技术、电子产品编码(Electronic Prod-uct Code,EPC)标准在全球范围内实现的一种网络化物品实时信息共享系统。后来,IoT 逐渐演化成为一种融合了传统网络、传感器、Ad Hoc 无线网络、普适计算等的 ICT(Information and Communications Technology)技术,并正在形成一种新的信息产业。目前,物联网在国际上尚无统一定义,几个代表性定义如下。

(1) ITU 定义

从时-空-物三维视角看,物联网是一个能够在任何时间(Anytime)、任何地点(Anyplace),实现任何物体(Anything)互联的动态网络,它包括了 PC 之间、人与人之间、物与人之间、物与物之间的互联。

(2) 欧盟委员会的定义

物联网是计算机网络的扩展,是一个实现物物互联的网络。这些物体可以有 IP 地址,嵌入到复杂系统中,通过传感器从周围环境获取信息,并对获取的信息进行响应和处理。

(3) IERC 定义

作为未来 Internet 的重要组成部分,物联网以一系列标准和可互操作的通信协议为基础,构成了一个具有自配置能力的全球化、动态网络基础设施。同时,它也是一个信息网络,在该网络中物理的、虚拟的物体都具有可标识性,其物理属性、虚拟特征均可被读取,并能通过智能接口无缝集成。

(4)中国物联网年度发展蓝皮书定义

物联网是一个通过信息技术将各种物体与网络相连,以帮助人们获取所需物体相关信息的巨大网络。物联网通过使用射频识别 RFID、传感器、红外感应器、视频监控、全球定位系统、激光扫描器等信息采集设备,通过无线传感网、无线通信网络(如 Wi-Fi、WLAN 等)把物体与互联网连接起来,实现物与物、人与物之间实时的信息交换和通信,以达到智能化识别、定位、跟踪、监控和管理的目的。

这些定义从不同角度,对物联网进行了阐述,侧重点各不相同。但归结起来物联网概念有以下几方面技术特征。

(1)物体数字化与虚拟化

物体的数字化、虚拟化使物理实体成为彼此可寻址、可识别、可交互、可协同的智能物;

(2)泛在互联

以互联网为基础,将数字化、智能化的物体接入其中,实现自组织互联,是互联网的延伸与扩展;

(3)信息感知与交互

在网络互联基础上,实现信息感知、采集响应、控制闭环;

(4)信息处理与服务

支持信息处理,为用户提供基于物物互联的新型信息化服务。

从不同关注点来看,物联网的特征也有所不同。

(1)IT 技术

物联网是下一代互联网,它通过嵌入到物体上的各种数字化标识、感应设备,如 RFID 标签、传感器、响应器等,使物体具有可识别、可感知、交互和响应的能力,并通过与 Internet 的集成实现物物相联,构成一个协同的网络信息系统。

(2)产业

物联网是一个具有巨大市场潜力的信息技术产业,其产业链包含了传感器/RFID 标签制造商、设备提供商、软件企业、系统集成商、网络提供商、系统集成商、运营及服务商、最终用户。物联网将为产业链的各个环节带来巨大商机。

(3)用户

物联网是一个将人、物、Internet 实现无缝互联的网络化信息系统,并能向用户提供新型 IT 服务。

未来的物联网会将信息与通讯技术充分应用到各行各业,将传感器嵌入到汽车、家电、电网、桥梁、建筑等物体中,通过网络实现智能物体的互联与信息采集,通过云计算平台实现海量数据的高效处理,有效共享设备、信息、服务等资源。未来

的物联网将最终实现物理网络与社会网络的融合,大幅提高人们生产、生活的智能化水平。

9.1.3 体系结构

从感应、传输、服务角度,按照功能纵向划分,物联网可以分为处理层、传输层和感知层,这三个层次可以进一步细化为如图 9.1 所示的结构。

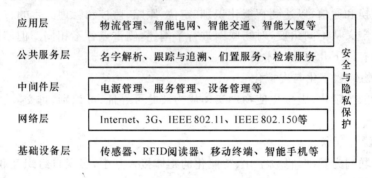

图 9.1 物联网层次结构

（1）应用层

该层包括了物联网在各个领域的应用,如物流管理、智能家庭、远程医疗、工业自动化、环境监测、军事应用、灾害应急、智能电网、智能大厦等。

（2）公共服务层

为物联网应用提供公共服务,包括安全与隐私保护、位置服务、名字解析、跟踪与追溯、检索服务、信息服务等。

（3）中间件层

负责数据存储管理、设备管理、服务管理、电源管理、QoS 管理等。

（4）网络层

负责物体与物体之间的网络互联,为物联网提供路由、数据传输支持。主要支撑包括广域网及局域网\个域网技术。广域网如 Internet、3G 通信网络等,局域网\个域网如 IEEE 802.3 网络、IEEE 802.11 网络、IEEE 802.15 网络、无线自组织网络等。

（5）基础设备层

包含了物联网所涉及的各种物理设备,如传感器、响应器、RFID 标签、RFID读写器、移动终端、智能手机等。这些设备主要实现信息采集/预处理、事件响应及用作用户终端或控制设备。

9.2 物联网安全挑战及保护架构

尽管对物联网概念还有其他一些不同的描述,但内涵基本相同。在分析物联网中的信息安全问题时,也相应地将其分为三个逻辑层,即感知层、传输层和处理层。除此之外,在物联网的综合应用方面还应该有一个应用层,它是对智能处理后的信息的利用。在某些框架中,尽管智能处理应该与应用层被作为同一逻辑层进行处理,但从信息安全的角度考虑,将应用层独立出来更容易描述物联网中的安全问题。本节将按照逻辑层次描述物联网中存在的安全与隐私问题。

9.2.1 感知层安全

感知层的任务是全面感知外界信息,或者说是原始信息收集器。该层的典型设备包括 RFID 装置、各类传感器(如红外、超声、温度、湿度、速度等)、图像捕捉装置(摄像头)、全球定位系统(GPS)、激光扫描仪等。这些设备收集的信息通常具有明确的应用目的,因此传统上这些信息直接被处理并应用,如公路摄像头捕捉的图像信息直接用于交通监控。但是在物联网应用中,多种类型的感知信息可能会同时处理、综合利用,甚至不同感应信息的结果将影响其他控制调节行为,如湿度的感应结果可能会影响到温度或光照控制的调节。

同时,物联网应用强调的是信息共享,这是物联网区别于传感网的最大特点之一。比如交通监控录像信息可能还同时被用于公安侦破、城市改造规划设计、城市环境监测等。于是,如何处理这些感知信息将直接影响到信息的有效应用。为了使同样的信息被不同应用领域有效使用,应该有综合处理平台,这就是物联网的智能处理层,因此这些感知信息需要传输到一个处理平台。

在感知信息进入传输层之前,感知信息要通过一个或多个与外界网连接的传感节点,称之为网关节点(sink 或 gateway),所有与传感网内部节点的通信都需要经过网关节点与外界联系,因此在物联网的感知层,只需要考虑传感网本身的安全性即可。

1. 感知层安全挑战

(1)传感网的网关节点或普通节点被敌手捕获或控制;(2)传感网的节点(普通节点或网关节点)受来自于网络的 DOS 攻击;(3)接入到物联网的超大量传感节点的标识、识别、认证和控制问题。

敌手捕获网关节点不等于控制该节点,一个传感网的网关节点实际被敌手控制的可能性很小,因为需要掌握该节点的密钥,而这是很困难的。如果敌手掌握了一个网关节点与传感网内部节点的共享密钥,那么他就可以控制传感网的网关节

点,并由此获得通过该网关节点传出的所有信息。但如果敌手不知道该网关节点与远程信息处理平台的共享密钥,那么他不能篡改发送的信息,只能阻止部分或全部信息的发送,但这样容易被远程信息处理平台觉察到。因此,若能识别一个被敌手控制的传感网,便可以降低甚至避免由敌手控制的传感网传来的虚假信息所造成的损失。

传感网遇到的比较普遍的情况是某些普通网络节点被敌手控制而发起的攻击,传感网与这些普通节点交互的所有信息都被敌手获取。敌手的目的可能不仅仅是被动窃听,还通过所控制的网络节点传输一些错误数据。因此,传感网的安全需求应包括对恶意节点行为的判断和对这些节点的阻断,以及在阻断一些恶意节点后,网络的连通性如何保障。

对传感网络分析更为常见的情况是敌手捕获一些网络节点,而不需要解析它们的预置密钥或通信密钥,只需要鉴别节点种类,比如检查节点是用于检测温度、湿度还是噪声等。有时候这种分析对敌手是很有用的。因此安全的传感网络应该有保护其工作类型的安全机制。

既然传感网最终要接入其他外在网络,包括互联网,那么就难免受到来自外在网络的攻击。目前能预期到的主要攻击除了非法访问外,应该是拒绝服务攻击了。因为传感网节点的计算、通信和供电等能力有限,所以对抗 DOS 攻击的能力比较脆弱,在互联网环境里不被识别为 DOS 攻击的访问就可能使传感网瘫痪,因此,传感网的安全应该包括节点抗 DOS 攻击的能力。考虑到外部访问可能直接针对传感网内部的某个节点(如远程访问某个摄像头所观测的区域),而传感网内部普通节点的资源一般比网关节点更小,因此,网络抗 DOS 攻击的能力应包括网关节点和普通节点两种情况。

传感网接入互联网或其他类型网络所带来的问题不仅仅是传感网如何对抗外来攻击的问题,更重要的是如何与外部设备相互认证的问题,而认证过程又需要特别考虑传感网资源的有限性,因此认证机制需要的计算和通信代价都必须尽可能小。此外,对外部互联网来说,其所连接的不同传感网的数量可能是一个庞大的数字,如何区分这些传感网及其内部节点,有效地识别它们,是安全机制能够建立的前提。

针对上述的挑战,感知层的安全需求可以总结为如下几点。

(1)机密性:多数传感网内部不需要认证和密钥管理,如统一部署的共享一个密钥的传感网。

(2)密钥协商:部分传感网内部节点进行数据传输前需要预先协商会话密钥。

(3)节点认证:个别传感网(特别当传感数据共享时)需要节点认证,确保非法节点不能接入。

(4)信誉评估:一些重要传感网需要对可能被敌手控制的节点行为进行评估,以降低敌手入侵后的危害(某种程度上相当于入侵检测)。

(5)安全路由:几乎所有传感网内部都需要不同的安全路由技术。

2. 感知层保护架构

了解了传感网的安全威胁,就容易建立合理的安全架构。在传感网内部,需要有效的密钥管理机制,用于保障传感网内部通信的安全。传感网内部的安全路由、连通性解决方案等都可以相对独立地使用。由于传感网类型的多样性,很难统一要求有哪些安全服务,但机密性和认证性都是必要的。机密性需要在通信时建立一个临时会话密钥,而认证性可以通过对称密码或非对称密码方案解决。

使用对称密码的认证方案需要预置节点间的共享密钥,在效率上也比较高,消耗网络节点的资源较少,许多传感网都选用此方案;而使用非对称密码技术的传感网一般具有较好的计算和通信能力,并且对安全性要求更高。在认证的基础上完成密钥协商是建立会话密钥的必要步骤。安全路由和入侵检测等也是传感网应具有的性能。

由于传感网的安全一般不涉及其他网络的安全,因此是相对较独立的问题,有些已有的安全解决方案在物联网环境中也同样适用。但由于物联网环境中传感网遭受外部攻击的机会增大,因此用于独立传感网的传统安全解决方案需要提升安全等级后才能使用,也就是说在安全的要求上更高,这仅仅是量的要求,没有质的变化。相应地,传感网的安全需求所涉及的密码技术包括轻量级密码算法、轻量级密码协议、可设定安全等级的密码技术等。

9.2.2 传输层安全

物联网的传输层主要用于把感知层收集到的信息安全可靠地传输到信息处理层,然后根据不同的应用需求进行信息处理,即传输层主要是网络基础设施,包括互联网、移动网和一些专业网(如国家电力专用网、广播电视网)等。在信息传输过程中,可能经过一个或多个不同架构的网络进行信息交接。在信息传输过程中跨网络传输是很正常的,在物联网环境中这一现象更突出,而且很可能在正常而普通的事件中产生信息安全隐患。

1. 传输层安全挑战

网络环境目前遇到前所未有的安全挑战,而物联网传输层所处的网络环境也存在安全挑战,甚至是更高的挑战。同时,由于不同架构的网络需要相互连通,因此在跨网络架构的安全认证等方面会面临更大挑战。物联网传输层将会遇到下列安全挑战。

- DOS 攻击、DDOS 攻击。
- 假冒攻击、中间人攻击等。
- 跨异构网络的网络攻击。

在物联网发展过程中,目前的互联网或者下一代互联网将是物联网传输层的核心载体,多数信息要经过互联网传输。互联网遇到的 DOS 和分布式拒绝服务攻击(DDOS)仍然存在,因此需要有更好的防范措施和灾难恢复机制。考虑到物联网所连接的终端设备性能和对网络需求的巨大差异,对网络攻击的防护能力也会有很大差别,因此很难设计通用的安全方案,而应针对不同网络性能和网络需求有不同的防范措施。

在传输层,异构网络的信息交换将成为安全性的脆弱点,特别在网络认证方面,难免存在中间人攻击和其他类型的攻击(如异步攻击、合谋攻击等)。这些攻击都需要有更高的安全防护措施。

如果仅考虑互联网和移动网以及其他一些专用网络,则物联网传输层对安全的需求可以概括为以下几点。

(1) 数据机密性:需要保证数据在传输过程中不泄露其内容;

(2) 数据完整性:需要保证数据在传输过程中不被非法篡改,或非法篡改的数据容易被检测出;

(3) 数据流机密性:某些应用场景需要对数据流量信息进行保密,目前只能提供有限的数据流机密性;

(4) DDOS 攻击的检测与预防:DDOS 攻击是网络中最常见的攻击现象,在物联网中将会更突出。物联网中需要解决的问题还包括如何对脆弱节点的 DDOS 攻击进行防护;

(5) 移动网中认证与密钥协商(AKA)机制的一致性或兼容性、跨域认证和跨网络认证(基于 IMSI):不同无线网络所使用的不同 AKA 机制给跨网络认证带来不利。这一问题亟待解决。

2. 传输层安全架构

传输层的安全机制可分为端到端机密性和节点到节点机密性。对于端到端机密性,需要建立如下安全机制:端到端认证机制、端到端密钥协商机制、密钥管理机制和机密性算法选取机制等。在这些安全机制中,根据需要可以增加数据完整性服务。对于节点到节点机密性,需要节点间的认证和密钥协商协议,这类协议要重点考虑效率因素。

机密性算法的选取和数据完整性服务则可以根据需求选取或省略。考虑到跨网络架构的安全需求,需要建立不同网络环境的认证衔接机制。另外,根据应用层的不同需求,网络传输模式可能区分为单播通信、组播通信和广播通信,针对不同类型的通信模式也应该有相应的认证机制和机密性保护机制。简言之,传输层的安全架构主要包括如下几个方面。

(1) 节点认证、数据机密性、完整性、数据流机密性、DDOS 攻击的检测与预防;

（2）移动网中 AKA 机制的一致性或兼容性、跨域认证和跨网络认证（基于 IMSI）；

（3）相应的密码技术。密钥管理（密钥基础设施 PKI 和密钥协商）、端对端加密和节点对节点加密、密码算法和协议等；

（4）组播和广播通信的认证性、机密性和完整性安全机制。

9.2.3 处理层安全

处理层是信息到达智能处理平台的处理过程，包括如何从网络中接收信息。在从网络中接收信息的过程中，需要判断哪些信息是真正有用的信息，哪些是垃圾信息甚至是恶意信息。在来自于网络的信息中，有些属于一般性数据，用于某些应用过程的输入，而有些可能是操作指令。在这些操作指令中，又有一些可能是多种原因造成的错误指令，或者是攻击者的恶意指令。如何通过密码技术等手段甄别出真正有用的信息，又如何识别并有效防范恶意信息和指令带来的威胁是物联网处理层的重大安全挑战。

1. 处理层安全挑战

物联网处理层的重要特征是智能，智能的技术实现少不了自动处理技术，其目的是使处理过程方便迅速，而非智能的处理手段可能无法应对海量数据。但自动过程对恶意数据特别是恶意指令信息的判断能力是有限的，而智能也仅限于按照一定规则进行过滤和判断，攻击者很容易避开这些规则，正如垃圾邮件过滤一样，这么多年来一直是一个棘手的问题。因此，处理层的安全挑战包括如下几个方面：

（1）来自于超大量终端的海量数据的识别和处理；

（2）智能变为低能；

（3）自动变为失控；

（4）灾难控制和恢复；

（5）非法人为干预；

（6）设备的丢失。

物联网时代需要处理的信息是海量的，需要处理的平台也是分布式的。当不同性质的数据通过一个处理平台处理时，该平台需要多个功能各异的处理平台协同处理。但首先应该知道将哪些数据分配到哪个处理平台，因此数据类别分类是必须的。同时，安全的要求使得许多信息都是以加密形式存在的，因此如何快速有效地处理海量加密数据是智能处理阶段遇到的一个重大挑战。

计算技术的智能处理过程较人类的智力来说还是有本质的区别，但计算机的智能判断在速度上是人类智力判断所无法比拟的。由此，期望物联网环境的智能处理在智能水平上不断提高，而且不能用人的智力去代替。也就是说，只要智能处

理过程存在,就可能让攻击者有机会躲过智能处理过程的识别和过滤,从而达到攻击目的。在这种情况下,智能与低能相当。因此,物联网的传输层需要高智能的处理机制。

智能处理层虽然使用智能的自动处理手段,但还是允许人为干预,而且是必须的。人为干预可能发生在智能处理过程无法做出正确判断的时候,也可能发生在智能处理过程有关键中间结果或最终结果的时候,还可能发生在其他任何原因而需要人为干预的时候。人为干预的目的是为了处理层更好地工作,但也有例外,那就是实施人为干预的人试图实施恶意行为时。来自于人的恶意行为具有很大的不可预测性,防范措施除了技术辅助手段外,更多地需要依靠管理手段。因此,物联网处理层的信息保障还需要科学管理手段。

智能处理平台的大小不同,大的可以是高性能工作站,小的可以是移动设备,如手机等。工作站的威胁是内部人员恶意操作,而移动设备的一个重大威胁是丢失。由于移动设备不仅是信息处理平台,而且其本身通常携带大量重要机密信息,因此,如何降低作为处理平台的移动设备丢失所造成的损失是重要的安全挑战之一。

2. 处理层保护架构

为了满足物联网智能处理层的基本安全需求,需要如下的安全机制。

(1) 可靠的认证机制和密钥管理方案;

(2) 高强度数据机密性和完整性服务;

(3) 可靠的密钥管理机制,包括 PKI 和对称密钥的有机结合机制;

(4) 可靠的高智能处理手段;

(5) 入侵检测和病毒检测;

(6) 恶意指令分析和预防,访问控制及灾难恢复机制;

(7) 保密日志跟踪和行为分析,恶意行为模型的建立;

(8) 密文查询、秘密数据挖掘、安全多方计算、安全云计算技术等;

(9) 移动设备文件(包括秘密文件)的可备份和恢复;

(10) 移动设备识别、定位和追踪机制。

9.2.4 应用层安全

应用层设计的是综合的或个性化的具体应用业务,它所涉及的某些安全问题通过前面几个逻辑层的安全解决方案可能仍然无法解决。在这些问题中,隐私保护就是典型的一种。无论感知层、传输层还是处理层,都不涉及隐私保护的问题,但它却是一些特殊应用场景的实际需求,即应用层的特殊安全需求。物联网的数据共享有多种情况,涉及到不同权限的数据访问。此外,在应用层还将涉及知识产权保护、计算机取证、计算机数据销毁等安全需求和相应技术。

1. 应用层安全挑战

应用层的安全挑战主要来自于下述几个方面。

（1）如何根据不同访问权限对同一数据库内容进行筛选；

（2）如何提供用户隐私信息保护，同时又能正确认证；

（3）如何解决信息泄露追踪问题；

（4）如何进行计算机取证；

（5）如何销毁计算机数据；

（6）如何保护电子产品和软件的知识产权。

由于物联网需要根据不同应用需求对共享数据分配不同的访问权限，而且不同权限访问同一数据可能得到不同的结果。例如，道路交通监控视频数据在用于城市规划时只需要很低的分辨率即可，因为城市规划需要的是交通堵塞的大概情况；当用于交通管制时就需要清晰一些，因为需要知道交通的实际情况，以便能及时发现哪里发生了交通事故，以及交通事故的基本情况等；当用于公安侦查时可能需要更清晰的图像，以便能准确识别汽车牌照等信息。因此，如何以安全方式处理信息是应用中的一项挑战。

随着个人和商业信息的网络化，越来越多的信息被认为是用户隐私信息。需要隐私保护的应用至少包括如下几种。

（1）移动用户既需要知道（或被合法知道）其位置信息，又不愿意非法用户获取该信息；

（2）用户既需要证明自己合法使用某种业务，又不想让他人知道自己在使用某种业务，如在线游戏；

（3）病人急救时需要及时获得该病人的电子病历信息，但又要保护该病历信息不被非法获取，包括病历数据管理员。事实上，电子病历数据库的管理人员可能有机会获得电子病历的内容，但隐私保护采用某种管理和技术手段使病历内容与病人身份信息在电子病历数据库中无关联；

（4）许多业务需要匿名性，如网络投票。

很多情况下，用户信息是认证过程的必需信息，如何对这些信息提供隐私保护，是一个具有挑战性的问题，但又是必须要解决的问题。例如，医疗病历的管理系统需要病人的相关信息来获取正确的病历数据，但又要避免该病历数据跟病人的身份信息相关联。在应用过程中，主治医生知道病人的病历数据，这种情况下对隐私信息的保护具有一定困难性，但可以通过密码技术手段掌握医生泄露病人病历信息的证据。

在使用互联网的商业活动中，特别是在物联网环境的商业活动中，无论采取什

么技术措施,都难免恶意行为的发生。如果能根据恶意行为所造成后果的严重程度给予相应的惩罚,那么就可以减少恶意行为的发生。技术上,这需要搜集相关证据。因此,计算机取证就显得非常重要,当然这有一定的技术难度,主要是因为计算机平台种类太多,包括多种计算机操作系统、虚拟操作系统、移动设备操作系统等。

与计算机取证相对应的是数据销毁。数据销毁的目的是销毁那些在密码算法或密码协议实施过程中所产生的临时中间变量,一旦密码算法或密码协议实施完毕,这些中间变量将不再有用。但这些中间变量如果落入攻击者手里,可能为攻击者提供重要的参数,从而增大成功攻击的可能性。因此,这些临时中间变量需要及时安全地从计算机内存和存储单元中删除。计算机数据销毁技术不可避免地会为计算机犯罪提供证据销毁工具,从而增大计算机取证的难度。因此,如何处理好计算机取证和计算机数据销毁这对矛盾是一项具有挑战性的技术难题,也是物联网应用中需要解决的问题。

物联网的主要市场将是商业应用,在商业应用中存在大量需要保护的知识产权产品,包括电子产品和软件等。在物联网的应用中,对电子产品的知识产权保护将会提升到一个新的高度,对应的技术要求也是一项新的挑战。

2. 处理层安全架构

基于物联网综合应用层的安全挑战和安全需求,需要如下的安全机制。

(1) 有效的数据库访问控制和内容筛选机制;

(2) 不同场景的隐私信息保护技术;

(3) 叛逆追踪和其他信息泄露追踪机制;

(4) 有效的计算机取证技术;

(5) 安全的计算机数据销毁技术;

(6) 安全的电子产品和软件的知识产权保护技术。

针对这些安全架构,需要发展相关的密码技术,包括访问控制、匿名签名、匿名认证、密文验证(包括同态加密)、门限密码、叛逆追踪、数字水印和指纹技术等。

9.3 物联网隐私安全及保护方法

9.3.1 隐私的概念

一般认为,最早研究隐私问题的文章是美国学者 Samuel D. Warren 和 Louis D. Brandeis 于 1890 年发表的首篇关于隐私的法律学论文"隐私权"。1967 年,Alan Westin在其出版的《隐私与自由》一书中从社会、法律、历史角度论述了隐私的本质含义,为后来的隐私相关问题研究奠定了基础。当人类开始利用计算机存储和处理越来越多的个人信息的时候,计算机科学家开始为那些存储着越来越多敏感而有价值数据的计算机的隐私与安全问题感到担忧。

1974 年,Jerry Saltzer 和 Michael Schroeder 在他们的信息安全文章中引用了 Alan Westin 对隐私的定义:隐私是个人、团体和机构决定其自身何时、以何种方式、将何种程度的信息传达给他人的应有权利。这一引用将隐私概念引入到信息安全领域,其目的是为了引导计算机工程师们建立起一个能够保护隐私的系统,自此计算机科学家们开始对计算机中的隐私安全问题展开了研究。

9.3.2 隐私保护与一些信息安全技术的区别

同时,我们需要注意的是,隐私保护技术与加密技术、访问控制技术有着本质的区别。加密与访问控制技术要实现的数据的秘密性、保证数据的授权访问,相应的手段分别是采取加密技术使数据不可用和采取访问控制技术来授权数据访问者的权限。从攻击者的角度来看,其所要实现的就是要获取这种隐密的数据及其访问权限。而隐私保护技术并不以保护数据的隐秘性为主要目标,甚至隐私数据可以完全对外公开、可以被任何人访问,可以被任何人使用。隐私保护技术的本质是要保护隐私数据本身与实体身份之间的对应关系,即隐私数据是可以被公布的,但是不能把这些数据映射到具体的某个人身上。

从攻击者的角度来看,其所要实现的就是获取隐私数据本身与实体身份之间的对应关系。某种意义上说,隐私保护技术要实现的是更高水平的信息安全,因为访问控制技术和加密技术可以保证数据不被未授权者获得,即使被未授权者获得也能保证数据本身的不可用性,但是却无法保证合法授权从获取的信息中推断出其他消息。Saltzer 和 Schroder 在文献中较好地说明了安全和隐私之间的区别:数据安全(security)技术是一种对计算机中数据的使用和修改的控制机制和技术,而隐私(privacy)保护技术则侧重于指个人或组织决定何时何地向何人释放个人或组织信息的能力。

随着研究者对研究隐私保护问题的不断拓展,针对不同的具体应用选择了不同的研究方向,例如数据挖掘中的隐私保护、普适计算中的隐私保护、社会网络中的隐私保护等。虽然基于应用和所要解决问题的差异,各种研究方向的侧重点有所不同,但是隐私保护最终的实现技术是统一的。因此,本文将隐私保护问题分成隐私保护的研究方向和隐私保护研究的技术与策略两个内容来阐述。不同的研究方向中,可以采用相同的实现技术或策略。

9.3.3 典型的隐私保护技术

隐私保护技术之所以不同于其他信息安全技术,主要是由于隐私保护的目标是实现个人身份与隐私内容之间的分离,相应的实现技术主要可以分为对隐私身份的隐藏和对隐私内容的泛化。某些情况下,防止隐私暴露只需对某一身份下的一些涉及隐私内容的属性进行模糊即可,这些方法直接针对隐私内容,防止直接窥探或间接挖掘隐私的情况发生,如随机扰动、安全多方计算等。而某些情况服务方需要较为详细的信息来提供精准的服务,但又不能过分暴露隐私内容及所有者的身份,因此这种情况不适合再模糊某些具体的隐私内容,而需要选择模糊身份的技术,如匿名和假名技术等。因此本书从隐私保护的主要思想出发,将隐私保护技术主要分成基于模糊身份的隐私保护技术和基于模糊内容的隐私保护技术两大类。

但是,一些新的方法中融合了多种技术,很难将这些新技术划分到某一类中。因此,本书只选取最基本的经典隐私保护技术来进行阐述,分析技术原理和应用。

1. 数据发布中的匿名技术

数据发布中的匿名技术研究的主要思想就是防止静态数据中所包含的一些属性通过关联推断的方法获取隐私者身份信息。学者 Sweeney 举了一个很好的推断攻击(也称链式攻击)的例子,如图 9.2 所示。攻击者通过患者信息与选民信息可以推断出患者的身份及其所患病症之间的对应,而这种对应关系,就是要防止隐私泄露的内容。以下介绍一些典型的匿名原则。

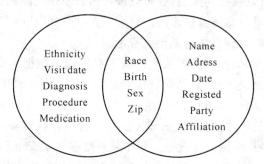

图 9.2 链式攻击

(1) 属性分类

数据发布中的一条隐私数据都可以将其分为包含若干属性信息的记录。

标识符(identifier):唯一能够标识实体身份的属性,如身份证号码、学号等。

准标识符(quasi—identifier ,QI):能够与其他数据表关联来确定实体身份信息的属性,如性别、出生日期、邮编等;准标识符的确定取决于与其相关联的数据表。

敏感属性(sensitive attributes):一些涉及具体隐私信息的属性,如薪水、宗教信仰、健康状况等。

非敏感属性(non-sensitive attributes):又称普通属性,这些属性的发布几乎不受限制。

(2) K-匿名

通过上面的分析可以看出,在不确定对方拥有信息量的情况下,即使对一些身份隐私数据进行简单消除也无法有效实现对隐私数据的保护,为此 Samarati 与 Sweeney 等人提出并陆续阐明了 K-匿名方法。K-匿名的思想是:首先将原数据表进行匿名转化,并把转化后具有相同准标识符的记录称为一个等价类。如果转化后准标识符中的每个序列值至少出现 k 次($k>1$),则称转化后的数据表满足 K-匿名。K-匿名实现了同一等价类中的数据无法相互区分,如表9.1和表9.2所示。一般 k 越大,对数据的保护程度越好,但信息缺失也就越大。

表9.1 医疗信息初始数据表

name	race	birth	sex	zip	disease
Alice	black	1975-02-06	F	02141	cancer
Bob	black	1975-03-06	M	02146	flue
David	black	1989-9-11	M	02135	obesity
Helen	black	1989-02-26	F	02137	toothache
Jane	white	1996-04-15	F	02136	headache
Paul	white	1996-10-01	M	02133	HIV

表9.2 转化后的2-匿名化表

race	birth	sex	zip	disease
black	1975	F	0214*	cancer
black	1975	M	0214*	flue
black	1989	M	0213*	obesity
black	1989	F	0213*	toothace
white	1996	F	0213*	headace
white	1996	M	0213*	HIV

但是,这种匿名方式仍不能有效地实现隐私保护。攻击者仍然可以通过所拥有的其他背景知识来推断出隐私信息与隐私者身份之间的联系,特别是 K-匿名没有对敏感信息进行约束,K-匿名容易受到背景知识攻击(background knowledge attack)和一致性攻击(homogeneity attack)。

从上述内容中可以看到,在实现研究匿名原则的同时,难免要牺牲一定的数据可用性,这样,当前学者在设计隐私保护原则的时候也多从考虑数据可用性与服务质量之间矛盾的角度出发。

2. 随机化技术

随机化技术就是采用随机化的方法在原始数据中添加噪声,使数据模糊的方

法。随机化技术主要包括随机扰动(Random Perturbation Technique,RPT)和随机应答(Randomized Response Technique,RRT)两种。

(1)随机扰动

随机扰动是对原始数据本身直接添加随机噪声,将原始数据修改成为新的数据的方法。随机扰动过程主要包含扰动和重构两个过程,其中的重构过程是利用扰动后的数据恢复原始数据分布的过程,但是重构不能恢复原始数据的精确值,只能恢复原始数据的分布情况。最早提出随机扰动方法的学者 R. Agrawal 和 R. Srikant描述了一个简单的扰动与重构过程,如图 9.3 所示。

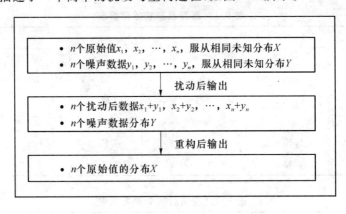

图 9.3　随机扰动过程及重构过程

(2)随机应答

随机应答技术源于统计学,是指隐私数据所有者以一个预定的基础概率 P 从不少于两个的问题中选择一个问题进行回答,其他所有人均不知道数据所有者的回答是针对哪一个问题。但是在大量回答的情况下,可以根据概率论的方法计算出一些设计隐私问题特征的真实分布情况。

Rizvi 提出的 MASK(Mining Associations with Secrecy Konstraints)是一种结合随机扰动与随机应答的随机化方法。它基于布尔类型数据的关联规则挖掘算法,首先利用预定义的函数产生随机数对原始数据进行扰动,然后结合随机应答信息,对原数据的分布进行重构,最后逐层重构项目集的支持度,得出频繁项集。

通过上面的分析,我们可以看出随机化是一种较好的隐私保护方法,而多数需要较多的计算支持来实现。但是并不是随意对数据进行随机化就能保证隐私数据安全,攻击者可以利用概率模型分析得出随机化过程中的多种性质。

3. 安全多方计算

安全多方计算(Secure Multi-party Computation,SMC)是指在无可信第三方的条件下,各方(包括诚实和不诚实的参与者)在参与协作计算的过程中只能了解到自己的输入与计算的最终结果,无法获得其他参与者任何信息的多方计算。我们来看一个简单的安全多方计算的例子。

例子：Alice、Bob 和 Marry 三人在一起工作，他们想了解平均工资，任何人不想让其他人知道自己的工资，但无仲裁者。

（1）Alice 生成一个随机数，将其与自己的工资相加，用 Bob 的公钥加密发送给 Bob；

（2）Bob 用自己的私钥解密，加进自己的工资，然后用 Marry 的公钥加密发送给 Marry；

（3）Marry 用自己的私钥解密，加进自己的工资，然后用 Alice 的公钥加密发送给 Alice；

（4）Alice 用自己的私钥解密，减去原来的随机数得到工资总和；

（5）Alice 将工资总和除以人数得到平均工资，宣布结果。

安全多方计算的提出源于对许多密码学问题的抽象，对于一个具体的密码学问题，我们可以以现有的安全多方计算理论成果为基础，探索解决该问题的理论可行性，如果可行那么可以构造相应的研究模型并设计安全多方计算协议。同时，安全多方计算协议也利用了许多基础密码学协议以及分布式通信协议，如零知识证明、盲签名、广播协议等。

广义上讲，任何一个分布式密码学协议都可以被认为是特殊的安全多方计算协议，协议所要完成的任务就是在多方的参与下共同完成一项任务，而参与方可能是不可信任的，这些都符合安全多方计算的特点。不同之处在于协议计算的函数不同，即协议的应用目的不同，如电子选举协议、电子现金协议等。实际上，设计密码协议（也称安全学协议）实现所需的功能已经是现代密码学的重要组成部分。为了便于理解，我们将密码学协议中各种协议的层次关系列举出来，如图 9.4 所示。

应用密码学协议	电子现金协议、电子选举协议、秘密分享……
基础密码学协议	零知识证明、盲签名协议、数字签名协议……
基础密码学算法	对称密码算法、非对称密码算法、哈希……
基本数学理论	抽象代数、图论、运筹学……

图 9.4 密码学协议层次关系

4. 泛化与抑制技术

泛化与抑制技术是在匿名化隐私保护技术中一种重要的实现技术，所谓泛化技术，就是采用将数据真实值能够传递出的信息放大，使信息的精确程度降低的方法来保护隐私信息的技术。如将某个人所处的地理位置信息"我在人民英雄纪念碑前"修改为"我在天安门广场"，将某人年龄"26 岁"修改为"18 岁～30 岁"等。和泛化技术放大信息的思想相反，抑制技术就是直接缩小信息发布量，限制发布一些

涉及隐私的重要数据项。

　　泛化与抑制技术都是以牺牲数据的可用性为代价,来实现对隐私信息的保护。因此在实现过程中,应当考虑数据可用性与服务质量间的平衡,在合理时间内找到平衡数据可用性与服务质量的最优解。A.Meyerson等证明了求最优的泛化与抑制方法是一个NP难问题。

　　在泛化的实现过程中,需要为每一个可以泛化的对象构造一个泛化树,如图9.5所示。在泛化树中,从根节点到叶子节点数据精确程度逐渐增加,叶子节点是某一个确定的属性值,越接近根节点泛化程度越高,数据的可用性越低。

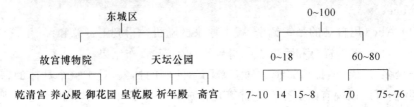

图9.5　泛化树

第**10**章
无线局域网安全技术

作为下一代无线网络重要支撑的无线局域网（Wireless Local Area Network，WLAN）技术已经经过十余年的演进，从 802.11a/g 到后来的 802.11g，现在已经进入到 802.11n 标准的新时代。截至 2009 年，全球 WLAN 用户已超过 1.2 亿。无线网络传输媒体的开放性使得在无线网络环境下，有线环境的安全威胁和针对无线环境的安全威胁并存，各种攻击更容易实施。为应对不断突出的 WLAN 安全问题，2004 年 6 月，IEEE 802.11 TGi 工作组正式发布了新一代 WLAN 安全标准——IEEE 802.11i，它包括 RSN（Robust Security Network）和 pre-RSN 两部分。其中 pre-RSN 向后兼容即 WPA（Wi-Fi Protected Access），RSN 即业界中常称的 WPA2。除了国际上的 IEEE 802.11i，我国在 2003 年 5 月也发布了无线局域网国家标准 GB15629.11，该标准中提出了全新的 WAPI（WLAN Authentication and Privacy Infrastructure）安全机制，即 WLAN 鉴别与保密基础架构。目前WAPI标准已经发展到 WAPI-XG1，其国际化进程已获重大进展。近年来，随机可信计算技术的快速发展，无线可信安全技术已成为近期研究的热点之一。本章将介绍无线局域网的主要安全技术。

10.1　WLAN 安全技术概述

由于 WLAN 使用无线电波作为传输载体，在任何无线信号覆盖到的地方，收发器都可以进行数据包的收发工作这个固有特性使 WLAN 的安全性很脆弱，随着WLAN 应用的广泛与深入，其安全问题日益凸显，本节将对近年来 WLAN 安全技术发展现状做一综述。

10.1.1　WLAN 环境所面临安全威胁的特点

对于无线局域网的用户提出这样的疑问可以说不无根据，因为无线局域网采用公共的电磁波作为载体，而电磁波能够穿越天花板、玻璃、楼层、砖、墙等物体，因此在一个无线局域网接入点的服务区域中，任何一个无线客户端都可以接收到此接入点的电磁波信号。这样，非授权的客户端也能接收到数据信号。也就是说，由于采用电磁波来传输信号，非授权用户在无线局域网（相对于有线局域网）中窃听

或干扰信息就容易得多。所以为了阻止这些非授权用户访问无线局域网络,从无线局域网应用的第一天开始便引入了相应的安全措施。

实际上,无线局域网比大多数有线局域网的安全性更高。无线局域网技术早在第二次世界大战期间便出现了,它源自于军方应用。一直以来,安全性问题在无线局域网设备开发及解决方案设计时,都得到了充分的重视。目前,无线局域网络产品主要采用的是 IEEE(美国电气和电子工程师协会)802.11b 国际标准,大多应用 DSSS 通信技术进行数据传输,该技术能有效防止数据在无线传输过程中丢失、干扰、信息阻塞及破坏等问题。802.11 标准主要应用三项安全技术来保障无线局域网数据传输的安全。第一项为 SSID 技术。该技术可以将一个无线局域网分为几个需要不同身份验证的子网络,每一个子网络都需要独立的身份验证,只有通过身份验证的用户才可以进入相应的子网络,防止未被授权的用户进入本网络;第二项为 MAC 技术。应用这项技术,可在无线局域网的每一个接入点下设置一个许可接入的用户的 MAC 地址清单,MAC 地址不在清单中的用户,接入点将拒绝其接入请求;第三项为 WEP 加密技术。因为无线局域网络是通过电波进行数据传输的,存在电波泄露导致数据被截听的风险。WEP 安全技术源自于名为 RC4 的 RSA 数据加密技术,以满足用户更高层次的网络安全需求。

10.1.2 早期的 WLAN 安全技术

1. 无线网卡物理地址过滤

每个无线工作站网卡都由唯一的物理地址标示,该物理地址编码方式类似于以太网物理地址,是 48 位。网络管理员可在无线局域网访问点 AP 中手工维护一组允许访问或不允许访问的 MAC 地址列表,以实现物理地址的访问过滤。如果企业当中的 AP 数量太多,为了实现整个企业当中所有 AP 统一的无线网卡 MAC 地址认证,现在的 AP 也支持无线网卡 MAC 地址的集中 Radius 认证。

在使用该技术时,需要好的工具软件,如 Kismet。Kismet 是一个无线网络嗅探器,同时可以作为入侵检测系统使用。Kismet 几乎拥有所有你期待的一个正式数据包过滤工具上出现的所有功能,而且它还拥有专门为无线网络量身定做的功能。例如,Kismet 拥有一个内建的机制,来检测任何运行 NetStumbler 的主机。这个软件同样被设计用来解码俘获的数据包。

MAC 地址的访问控制机制从理论上讲可以杜绝未经授权的非法访问无线网络,但是该机制也不能提供绝对的安全。因为 MAC 地址在无线局域网中是以明文的形式传输的,这样攻击者可以在无线网络中嗅探到合法的 MAC 地址;另一发面,目前很多无线设备均允许通过软件重新配置其 MAC 地址。攻击者完全可以利用这个缺陷,通过修改网卡的 MAC 地址冒充合法的用户访问无线网络。

2. 服务区标识符匹配

SSID(Service Set Identifier),也作 ESSID,直译为"服务区识别码"或"服务区标识符",可以简单把它理解成网络中"工作组"的概念,它主要用来区分不同网络,最多可以由 32 个字符组成,同一无线局域网中无线设备的 SSID 需要设置相同,才可相互通信;无线网卡可通过设置不同 SSID 的方法,选择进入不同无线网络。另外,它还具备一定的安全机制,SSID 存在于每个无线节点中,是无线客户端与无线接入点正常连接所必需的特定的"网络密匙"。SSID 一般通过 AP 广播出来,可通过操作系统自带的扫描功能查看区域内的可用 SSID。

无线工作站必须出示正确的 SSID,与无线访问点 AP 的 SSID 相同才能访问 AP;如果出示的 SSID 与 AP 的 SSID 不同,那么 AP 将拒绝它通过本服务区上网。因此可以认为 SSID 是一个简单的口令,从而提供口令认证机制,实现一定的安全。

在无线局域网接入点 AP 上对此项技术的支持就是可不让 AP 广播其 SSID 号,这样无线工作站端就必须主动提供正确的 SSID 号才能与 AP 进行关联。

3. 有线等效保密

有线等效保密(WEP)协议是由 802.11 标准定义的,用于在无线局域网中保护链路层数据。WEP 使用 40 位钥匙,采用 RSA 开发的 RC4 对称加密算法,在链路层加密数据。WEP 加密采用静态的保密密钥,各 WLAN 终端使用相同的密钥访问无线网络。WEP 也提供认证功能,当加密机制功能启用,客户端尝试连接上 AP 时,AP 会发出一个 Challenge Packet 给客户端,客户端再利用共享密钥将此值加密后送回存取点以进行认证比对,只有正确无误,才能获准存取网络的资源。40 位 WEP 具有很好的互操作性,所有通过 Wi-Fi 组织认证的产品都可以实现 WEP 互操作。现在的 WEP 一般也支持 128 位的钥匙,提供更高等级的安全加密。其主要用途如下。

(1) 提供接入控制,防止未授权用户访问网络;

(2) WEP 加密算法对数据进行加密,防止数据被攻击者窃听;

(3) 防止数据被攻击者中途恶意篡改或伪造。

在攻击 WEP 之前,非法攻击会嗅探合法密钥,并且通过重放攻击收集初始向量,最终破解 WEP 加密。性能好的接入点设备能够提供不易被利用的初始向量,从而经受这样的攻击,不被攻破。

WEP 也存在安全缺陷。WEP 的加密机制在多年来的使用过程中表明 WEP 所采用的 RC4 使用方式所表现出的密钥更新速度慢;初始化向量 IV 的重复使用;完整性校验无加密性。令安全性大大降低。RC4 使用静态 WEP 密钥和 24 位的随机数初始化向量 IV 混合产生的密钥来进行加密。适用范围:虽然 WEP 安全技术不能够为无线用户提供足够的安全保护,但由于大多数攻击都是依靠搜集传输

数据的合理样本来实现的,因此对于家庭用户而言,如果传送数据包的数量足够小,WEP 仍然是安全的选择。对于还在使用旧型路由器只支持 WEP 的用户来说,使用 128 位的 WEP 密钥会让无线网络更安全些。

10.1.3 WLAN 安全技术的发展方向

为了进一步增强无线网络的安全性,IEEE802.11 TGi 工作组于 2004 年 7 月推出了新的无线局域网安全标准 IEEE802.11i。标准主要包含 TKIP(临时密钥完整性协议)、AES(先进加密标准)加密技术和 IEEE802.1x 认证协议。其中,临时密钥完整性协议(TKIP)作为过渡解决方案,业界称为 WPA (Wi-Fi Protected Access),TKIP 内部像 WEP 一样基于 RC4 加密技术,在外层加强了接入认证机制,只是暂时缓解了 WEP 存在的脆弱性。

2008 年,德国学者 M. Beck 和 E. Tews 在日本的 PacSec 会议上展示了 15 分钟内对 WPA 的破解,并且提出了 60 秒内破解 WEP (Wired Equivalent Privacy)密钥的优化方案。目前,针对 WPA-PSK 的 CPU＋GPU 破解技术已经相当成熟,网络上流行的针对 TKIP 的字典攻击破解软件随处可见。所以,当前公认的唯一可以信赖的 WLAN 安全国际标准只有实现了 802.11i RSN 强制性要求的 WPA2,WPA2 基于 802.1x 和 CCMP(Counter-Mode/CBC-MAC Protocol)机制。不幸的是,2010 年 7 月,airtight 安全公司的研究人员发现了 WPA2 可遭利用"Hole 196"漏洞实施的内部中间人攻击(Man in the Middle,MITM),WLAN 安全问题再一次引起广泛关注。

与 802.11i 国际标准推出的同时,我国于 2003 年推出了自己的 WLAN 国家标准 GB15629.11。标准包含无线认证和保密基础设施 WAPI 机制,WAPI 是针对 IEEE802.11 中 WEP 协议的安全问题提出的 WLAN 安全解决方案,通过 WAI 和 WPI 两个重要组成部分,对用户身份的鉴别和传输数据的加密。虽然 WAPI 在国际化的道路上受阻,但是在 2008 年北京奥运会期间,中国移动采用 WAPI 技术、设备在北京、天津、秦皇岛、沈阳、上海、青岛 6 个奥运城市的 41 个奥运竞赛及非竞赛场馆中建设了奥运 WLAN 专网,为这些区域的用户提供了优质的无线通信服务,这是在国际重要比赛史上首次成功地使用无线局域网。WAPI 在奥运会上的示范性应用成功,意味着我国"产学研用"创新策略的成功实践,显示了 WAPI 可以提供较强级别的安全保护。

随着信息化的发展,恶意软件(如病毒、蠕虫等)的问题异常突出。现在已经出现了超过 3.5 万种的恶意软件,每年都有超过 4000 万台计算机被感染,而且这个数据还在逐年增大。面对如此严峻的形势,传统的防御技术已经难有大的突破了,必须换一个角度来解决问题,不仅需要解决安全的传输和数据输入时的检查,还要从源头上,即从每一台连接到网络的终端开始,遏制住恶意攻击。

2004 年 5 月 TCG 成立了可信网络连接分组(Trusted Network Connection Sub Group,TNC-SG),主要负责研究及制定可信网络连接(Trusted Network Connection,TNC)框架及其相关标准,该框架包括了开放的终端完整性(Integrity)架构和一套确保安全互操作(Interoperability)的标准。2005 年 5 月,TNC 发布了 V1.0 版本的架构规范和相应的接口规范,确定了 TNC 的核心,并在 Interop Las-Vegas 中进行了理念的展示。2006 年 5 月,TNC 发布了 V1.1 版本的架构规范,添加了完整性度量模型的相关内容,展示了完整性度量与验证的示例,发布了第一个部署实例,针对无线局域网、完整性度量与验证、网络访问、服务器通信等相关的产品进行了发布。2007 年 5 月,TNC 发布了 V1.2 版本的架构规范,增加了与 Microsoft NAP 之间的互操作,对一些已有规范进行了更新,并发布了一些新的接口规范,更多的产品开始支持 TNC 架构。2008 年,TNC 架构中最上层的 IF-M 接口规范进入了公开评审阶段,历史 3 年多的 TNC 架构规范完整公开。2008 年 4 月,TNC 发布了 V1.3 版本的架构规范,增加了可信网络连接协议 IF.MAP(Interface for Metadata Access Point),TNC 架构具有了安全信息共享和动态策略调整功能。2009 年 5 月,TNC 发布了 TNCl.4 版本的架构规范,同时增加了 IF-T:Bindin to TLS、Federated TNC 和 Clientless End-point Support Profile 三个规范,进一步支持跨域场景和无 TNC 客户端的场景。

目前国际上网络访问控制架构主要为微软的网络访问保护 NAP 架构,思科的网络访问控制 NAC 架构和 TNC 架构。NAC、NAP 和 TNC 具有相似的目标和实现技术,同时具有各自发布者的不同背景,三种技术侧重点有所不同。Juniper 公司研制出符合 TNC 规范的统一接入控制 UAC 解决方案,华为 3corn 公司推出了端点准入防御 EAD 解决方案,天融信公司推出了可信网络架构 TNA。

10.2 802.11i 安全机制

IEEE802.11i标准可以为无线局域网用户提供可靠的安全解决方案,它可以在提供用户所需要的安全的同时提供更多的自由。出色的可靠性和灵活性使得它成为安全无线网络的强解决方法。802.11i作为新一代的安全标准,既不断引进新的安全技术又兼容了 802.11 中的安全机制。从认证的角度来说,它继承了 802.11 的两种认证方式:开放式系统认证方式和共享密钥认证方式,并且提出了基于 802.1x 的认证机制,建议最好采用基于 802.1x 的认证机制。从加密的角度来说,它仍然保留了 WEP,但是也提出了基于 WEP 的过渡解决方案

TKIP 和下一代 WLAN 的加密机制 CCMP,并且建议逐步实现 WEP-TKIP-CC-MP 的过渡过程。除了使用强度更大的认证和加密方案外,为了完善整个系统的安全性能,合理的密钥管理措施、管理帧和控制帧的保护以及漫游条件下的预认证机制都在该协议中详细描述。在 802.11i 中提出了无线局域网新安全体系——强健安全网络 RSN(Robust Security Network),以实现更加可靠的网络安全。相对于 RSN 体系结构,802.11i 把基于 WEP 协议的安全体系结构称为Pre-RSN;为了兼容 Pre-RSN 设备,定义了安全能力协商机制,用于协调不同类型终端之间的安全业务内容的配置,包括认证协议、密钥管理协议和加密套件等。RSN 体系结构主要分为两大部分:安全关联管理和数据加密机制。其中RSN 安全关联管理机制包括三部分:RSN 安全能力协商过程、802.1x 认证过程和802.1x 密钥发布过程。802.11i 选择了 IEEE802.1x 基于端口的接入控制协议,实现了申请者(Supplicant)、认证者(Authentication)和认证服务器(Authenticate Server,AS)的接入控制模式。

如图 10.1 所示,RSN 安全能力协商之后进行 802.1x 认证,认证完成之后就是 802.1x 的密钥发布过程,产生用于数据通信的密钥。RSN 的数据加密机制主要有 TKIP 和 CCMP。网络的安全架构必须要提供网络访问控制接入的身份认证。RSN 提供的机制是通过 IEEE802.1x 标准在数据链路层控制实体的网络连接。网络连接是通过端口的概念提供的,而端口依赖这种机制所处的环境。在无线局域网中,网络的端口就是客户端和 AP 之间的连接。

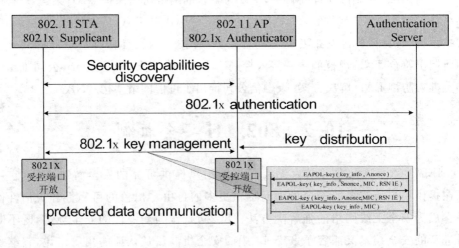

图 10.1　RSNA 建立过程

10.2.1 802.11i 的访问控制机制

IEEE802.11i 使用 802.1x(基于端口的网络访问控制)来实现网络的接入控制。802.1x 是一种基于端口的网络接入控制(Port Based Network Access Contr01)技术,在网络设备的物理接入级对接入设备进行认证和控制,它提供了一种既可用于有线网络也可以用于无线网络的用户认证和密钥管理的框架,可以控制用户只有在认证通过以后才能连接到网络。802.1x 协议包括 3 个认证实体:网络服务申请者、认证者和认证服务器。802.1x 的主要目的是实现接入请求者(Supplicant)和认证者(Authenticator)的端口接入实体(PAE)之间通过认证服务器的相互认证,从而提供了基于端口的不同级别的接入控制下的接入服务,并且通过简单网络管理协议(SNMP)实现管理操作。这里的端口可以是物理端口,也可以是用户设备的 MAC 地址、VLAN、IP 等,它有两个逻辑端口:受控端口(Controlled Port)和非受控端口(Uncontrolled Port)。非受控端口始终处于双向连通状态,不管是否处于授权状态,都允许申请者和网络中的其他机器进行数据交换,主要用来传递 EAPoL 协议帧,可保证随时接受客户端发出的认证报文;受控端口只有在认证通过的状态下才打开,用于传递网络资源和服务,可配置双向受控和仅输入受控两种方式,以适应不同的应用环境。

802.1x 为接入控制搭建了一个框架,使得系统可以根据用户的认证结果决定是否开放服务端口。基于 IEEE 802.1x 标准的认证和密钥管理协议 AKM 包括 IEEE 802.1x 认证协议和 IEEE 802.1x 密钥管理协议,其增强了无线局域网认证和密钥管理的安全强度,实现了双向认证和动态的密钥分配。IEEE 802.11i 采用的基于 IEEE 802.1x 标准的认证和密钥管理的原理如图 10.2 所示。申请者和认证者之间的访问认证标准是 802.1x,认证者和认证服务器之间的通信标准是 AAA 协议,即 RADIUS 或 DIAMETER 协议。申请者和认证服务器之间的认证对话通过 EAP 帧来传送,在 802.1x 上 EAP 作为 EAPoL 帧传送,在 AAA 协议中 EAP 作为 AAA 协议的属性来传送。

802.1x EAP 认证开始后,申请者通过认证者的非受控端口向认证者发送一个 EAP Start 帧,认证者返回一个回应,802.1x EAP 请求帧要求申请者提供身份信息。申请者将自己的身份信息通过 802.1x EAP 响应帧提交给认证者,由认证者通过接入请求帧(即 AAA 协议中的 RADIUS/DIAMETER 帧)转交给认证服务器。认证服务器用 EAP 中封装的具体的认证方法来认证用户身份的合法性。最后认证服务器会把认证的结果通过接入成功或者接入失败帧(ACCESS ACCEPT 或 ACCESS REJECT)通知认证者认证结果。认证者把认证结果通过 802.1x EAP 成功/失败帧发送给申请者,然后根据认证结果决定是否开放受控端口。一个完整

的 RSN 接入认证过程如图 10.2 所示。

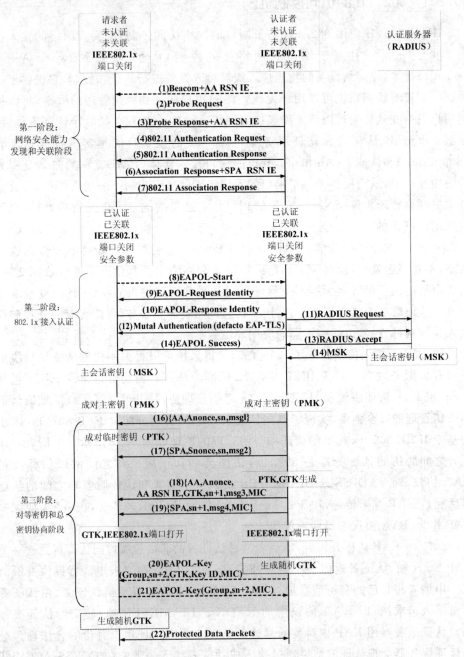

图 10.2　802.11i RSN 的接入过程

10.2.2　802.11i 的数据加密机制

为了提高数据安全性,在 IEEE 802.11i 对 WEP 进行修订,提出了两种新的加密协议,即 TKIP(Temporal Key Integrity Protocol)和 CCMP(Counter Mode with CBC-mac Protocol)。这两种加密协议主要是针对 WEP 和 WLAN 的特点来设计的,目的是为了有效地抵抗各种主动和被动攻击,建立一个符合 RSN 的安全网络。TKIP 是基于 WEP 的加密算法,但对 WEP 采取了相应的措施来增强其安全能力。TKIP 存在的主要目的是因为目前大多数设备只支持 WEP,它可使这些设备能升级到具有 RSN 能力。CCMP 基于高级加密算法(Advanced Encryption Standard,AES),是一种高强度的加密算法,其安全性很高。CCMP 是 IEEE802.11i 标准协议强制要求实现的加密协议,但使用 AES 需要使用新的硬件设备,现有市面上的绝大部分 WLAN 设备基本上都支持 AES 加密机制。

1. TKIP 加密机制

TKIP 是对传统 WEP 算法的进行增强的加密协议,它在本质上仍使用的是 RC4 加法,可以让用户在不更新硬件设备的情况下,提高系统的安全性。TKIP 围绕 WEP。添加了一系列其他措施来增强安全性,比如消息完整性、更大的 IV 空间。TKIP 在以下几个方面加强了 WEP 协议。

(1)消息完整性校验码(Message Integrity Check,MIC)。使用新的信息完整性校验算法——Michael 算法,实现完整性保护,并将源端地址、目的端地址和有效载荷一起进行完整性计算,从而保护了源地址和目的地址,有效对抗伪造攻击。

(2)对抗措施(countermeasure)。因为攻击者可以通过相对少的消息来攻破 TKIP MIC,TKIP 采取了一些抵抗措施,它把成功伪造的可能性和攻击者获得密钥所需要的信息量相结合起来。

(3)TKIP 使用 TKIP 序列号(TSC)来给它所发送的协议数据单元(MAC Protocol Data Unit,MPDU)来排序,接收者丢掉那些不符合序列的 MPDU。比如,不是以升序收到的报文,这提供了一种抵抗重播攻击的方法。

(4)TKIP 使用加密的混合函数来组合临时密钥(Temporal key),TA 和 TSC 组合成 WEP 的种子,该种子包括了 WEP IV。接收者从接收到的 MPDU 中得到 TSC,并使用混合函数来计算出同样的 WEP 种子,它是解密 MPDU 所必需的,密钥混合函数是用来抵抗 WEP 密钥容易受到的弱密钥攻击。

2. CCMP 加密机制

为了从根本上解决无线局域网在数据加密、完整性校验和抗重放攻击等方面的问题,在 IEEE802.11i 里为无线局域网设计了一个全新的密码协议 CCMP (Counter Mode CBC-MAC Protocol)。

　　CCMP 是基于 CCM 模式的高级加密算法(Advanced Encryption Standard, AES)。CCM 模式结合了 Counter(CTR)模式和 Cipher Block Chaining Message Authentication Code(CBC-MAC)模式,用于数据加密和数据完整性校验。AES 是美国 NIST 为替代 DES 而制定的分组加密算法,CCMP 中的 AES 使用的是 128 位密钥,它的加密块大小是 128 位。

　　CCM 是一种通用的模式,可以使用在任何成块的加密算法中。CCMP 的操作是在分段后的 MPDU,CCM 每次会话都需要一个新鲜的临时密钥 TK。CCM 在每个 TK 保护的数据帧中使用了 48 位的报文号码(PN)和一个唯一的 Nonce 值(包括 QoS-Tc:QoS 参数,A2:MAC 头的地址 2,PN)。

10.2.3　802.11i 的密钥管理机制

　　为了增强无线局域网的安全性,在增强无线局域网的接入认证的同时,IEEE 802.11i 采用了密钥协商机制。在认证成功的基础上,进一步对密钥进行协商,产生及更新加密所需的密钥,并且给出了密钥管理的一些建议。

　　IEEE 802.1x 密钥管理协议能够支持动态的密钥管理,申请者和认证者通常在认证过程中产生共同的主密钥,但并没有详细规定如何生成新的密钥、更新密钥等机制。认证时服务器与用户端协商生成会话密钥。在 EAP 认证完后,服务器和申请者同时根据会话密钥生成对等主密钥(Pairwise Master Key,PMK),具体操作中分别取会话密钥的前 32 个字节作为 PMK,接着服务器将密钥发送给认证者。申请者和认证者进行四步握手,并生成对等传输密钥(Pairwise Transient Key,PTK),继而得到加密所需各种密钥以进行后面的加密通信。RSN 密钥派生过程如图 10.3 所示。

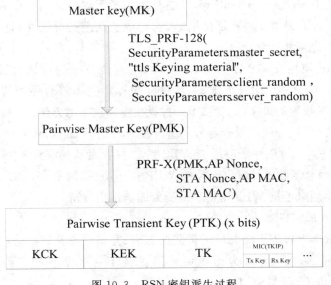

图 10.3　RSN 密钥派生过程

四步握手密钥协商机制是密钥管理系统中最主要的步骤,目的是确定申请者和认证者得到的 PMK 是相同的,并且是最新的,以保证可以获得最新的 PTK。同时,通过四步握手的结果通知申请者是否可以加载加密壁体性校验机制。四步握手密钥协商过程如图 10.2 流程图的最后四步所示,这类消息采用 EAPOL—Key 进行封装。

　　由此可见,802.1x 提供了用户身份识别和强认证、动态密钥生成、相互认证、每个数据包认证。该机制可以适合于各种接入设备,同时依靠 EAP 的扩展性,可以方便地支持未来的认证方法。

　　但是 802.1x 也不是完美无缺的,许多相关研究已经证实了它还是会受到一定的攻击。802.11 与 802.1x 的结合并不能提供强健的无线安全环境,因此,必须有高层的清晰的交互认证协议来加强它的安全性,而且就 802.1x 本身而言也为实现高层的认证提供了基本架构。

10.2.4　802.1x 认证机制分析

　　802.1x 本身并不是认证方法,它依赖于扩展认证协议 EAP 和用于认证的具体协议,在实际应用中安全认证主要由认证服务器来完成。可扩展认证协议 EAP 是 PPP (Point to Point Protocol)认证中一个通用的协议,特点是 EAP 在链路控制协议(Link Control Protocol,LCP)阶段没有选定一种具体的认证机制,而是把这一步推迟到认证阶段。由此可见 EAP 可以支持多种认证机制,它利用后端的认证服务器来实现各种认证机制的具体操作,认证者只需传递认证信息,这样使得 EAP 协议本身具有良好的可扩展性和灵活性。

　　在基于 802.11i 的无线局域网中,802.1x 协议的核心内容是应用于无线局域网的 EAP,称为 EAPOL(EAP over LAN)。802.1x 体系结构包括了三个层次的协议:(1)802.1x(EAPOL)协议和 AAA 协议(RADIUS/ DIAMETER);(2)EAP协议;(3)用于认证的具体协议。基于 802.1x EAP 认证的协议栈如图 10.4 所示。

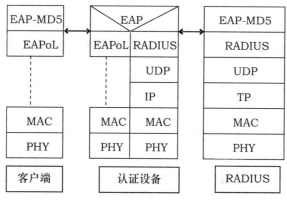

图 10.4　802.1x 实体协议栈

基于 802.1x 的 WLAN 接入认证在请求者和认证者之间传递 EAPOL 协议，在认证者和认证服务器之间传递 RADIUS/DIAMETER 协议，EAPoL、RADIUS或 DIAMETER 数据包中封装了 EAP 数据包。在请求者和认证服务器之间传递的是 MD5、TLS 等真正用于用户认证的数据，这些具体的用户认证数据是根据具体的用户认证协议封装在数据包中然后封装在 EAP 中的。EAP 协议支持智能卡、Kerberos、公钥、数字证书、一次性口令等多种认证机制。

目前也有许多认证协议可以用于无线、有线网络上的用户认证，其中针对 WLAN 的主要认证方式有：MD5（基于消息询问的单向认证）、TLS（基于证书的传输层认证）、TTLS（通道 TLS）、PEAP（受保护的护展认证，类似于 TTLS）、LEAP（轻量级扩展认证，由 Cisco 公司开发）等。这些 EAP 认证技术都是根据实际情况实现的认证技术，为了实现 WLAN 和 GSM 网络以及 3G 网络的互通，用户身份模块认证（SIM）和 AKA 认证协议也应运而生，这是网络融合互通的趋势。

由于 EAP-MD5 和 EAP-OPT 只能提供客户端到服务器的单向认证，不能提供端到端的双向认证，故存在伪装服务器攻击的危险。相比之下，EAP-TLS 既能提供双向的认证，又能提供动态密钥分发，是当前最可用的实现标准，而且基于 802.1x 协议，采用 EAP-TLS 的认证方式，基本上可以满足当前无线局域网的安全需求。已经有很多文章讨论了采用 EAP-TLS 认证方式的无线局域网接入认证技术，一种可运营于无线局域网的 EAP-TLS 认证流程也被提出来了。IEEE802.11i 中采用 EAP-TLS 的认证流程如图 10.5 所示。

EAP-TLS 认证基于公钥基础设施（Public Key Infrastructure，PKI）。正如图 10.5 所示，认证的时候双方需要交换证书。这样在无线网络中，用户必须拥有认证服务器能够认证的证书，同样认证服务器也必须拥有用户能够认证的证书，这对公钥基础设施是个挑战，因为目前的公钥基础设施不成熟，所以用户证书的分发维护以及管理都非常困难。因此，对于大多数公共应用来说，用户 ID 和密码也许是一种更为实际的做法。

我们也可以考虑用 TLS 提供的安全链路，在其上通过简单的 EAP 认证方法来实现对用户的认证，如由智能卡提供的用户名和密码认证机制，认证信息在安全的 TLS 链路上传到后端的认证服务器。EAP-SRP 是一种 TLS 很有希望的选择。EAP-SRP 支持基于认证的用户 ID 和密码，这样实现起来比较容易，因为它不需要证书中心 CA 提供的证书，但仍要有共享密钥。EAP-SRP 草案支持单方向的加密，所以它需要被扩展以支持清晰的交互认证。

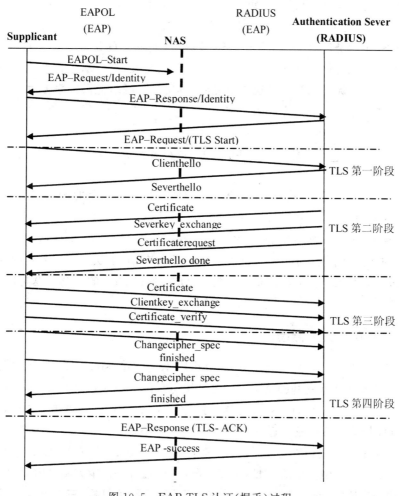

图 10.5 EAP-TLS 认证(握手)过程

10.2.5 结语

本节详细论述了 802.11i 提出的 RSN 中规定的无线局域网接入控制和认证机制,对其中 802.1x EAP 认证框架和认证流程进行了分析,并从 EAP 协议中现存的众多认证方法中挑选了一个应用到该认证框架中,讨论了其局限性和可能的其他认证方法。虽然 802.1x、EAP 等协议可以很好地解决身份认证问题,但是协议本身还是有缺陷的,不能彻底地解决无线局域网的接入控制和认证问题,但是通过对这些协议加以一定的改进,采取一些其他方法也能很好地实现接入控制和认证。

目前,有一种发展趋势就是考虑将无线局域网和广域网或者移动通信网等其

他网络相互融合起来,以扬长避短;这种趋势对无限局域网的接入控制和认证机制有一定的影响,比如 EAP-AKA 就是专门为 WLAN 与 3G 网络互通提出的认证方案;EAP-SIM 就是针对 WLAN 与 GSM 网络互通提出的认证方案。目前对于无线局域网与其他网络的互通性研究还在进一步的发展中,当真正有了统一的接口,用户可以在整个无线网络中实现自由漫游,享用各个网络提供的服务时,无线局域网的优势和前途才能得到充分的体现。

10.3　WAPI 安全标准

安全问题一直是困扰在 WLAN 灵活便捷的优势之上的阴影,已成为阻碍WLAN 进入信息化应用领域的最大障碍。国际标准为此采用了 WEP、WPA、802.1x、802.11i、VPN 等方式来保证 WLAN 的安全,但都没有从根本上解决WLAN 的安全问题。我国在 2003 年 5 月份提出了无线局域网国家标准GB15629.11,引入一种全新的安全机制 WAPI,使 WLAN 的安全问题再次成为人们关注的焦点。

10.3.1　WAPI 安全概念

WAPI 是 WLAN Authentication and Privacy Infrastructure 的英文缩写,即无线局域网鉴别和保密基础结构。同红外线、蓝牙、GPRS、CDMA1X 等协议一样,是无线传输协议的一种,只不它是无线局域网(WLAN)中的一种传输协议,与现行的 802.11i 传输协议比较相近。

WAPI 是经调查和研究之后,充分考虑各种应用模式,在中国无线局域网国家标准 GB15629.11 中提出的 WLAN 安全解决方案。同时,本方案已由 ISO/IEC 授权的机构 IEEE Registration Authority(IEEE 注册权威机构)审查并获得认可,分配了用于 WAPI 协议的以太类型字段,这也是中国目前唯一获得批准的在计算机宽带无线网络通信领域自主创新并拥有知识产权的安全接入技术标准。WAPI 能为用户的 WLAN 系统提供全面的安全保护,它由无线局域网鉴别基础结构 WAI(WLAN Authentication Infrastructure)和无线局域网保密基础结构 WPI(WLAN Privacy Infrastructure)组成,分别实现对用户身份的鉴别和对传输数据的加密。其中,WAI 采用基于椭圆曲线的公钥证书体制,无线客户端 STA 和接入点 AP 通过鉴别服务器 AS 进行双向身份鉴别。而在对传输数据的保密方面,WPI 采用了国家商用密码管理委员会办公室提供的对称密码算法进行加密和解密,充分保障了数据传输的安全。

WAPI 充分考虑了市场应用,根据无线局域网应用的不同情况,可以以单点式、集中式等不同的模式工作,同时也可以和现有的运营商系统结合起来,支持大规模的运营级服务。此外,用户的使用场景不同,WAPI 的实现和工作方式也略有差异。

10.3.2 WAI

无线局域网鉴别基础结构 WAI 能提供更可靠的链路层以下安全系统。其认证机制是完整的无线用户和无线接入点的双向认证,身份凭证为基于公钥密码体制的公钥数字证书,使用 192/224/256 位的椭圆曲线签名算法;灵活的认证管理和证书管理,认证过程简单易实现。

WAI 中定义了三个实体。

(1) 鉴别器实体 AE(Authenticator Entity):为鉴别请求者在接入服务之前提供鉴别操作的实体。该实体驻留在 AP 中。

(2) 鉴别请求者实体 ASUE(Authentication SUpplicant Entity):要求与 AE 进行身份鉴别的实体。该实体驻留在 STA 中。

(3) 鉴别服务实体 ASE(Authentication Service Entity):为鉴别器和鉴别请求者提供身份鉴别服务的实体。该实体驻留在 ASU 中。

WAI 鉴别系统结构如图 10.6 所示。从图中可以看出,WAI 中也采用了双端口机制。这里的受控端口和非受控端口与 IEEE802.1x 中的类似,可以理解为连接到同一物理端口的两个逻辑端口,所有通过物理端口的数据都可以到达受控端口和非受控端口,根据受控端口的状态来决定数据的实际流向。

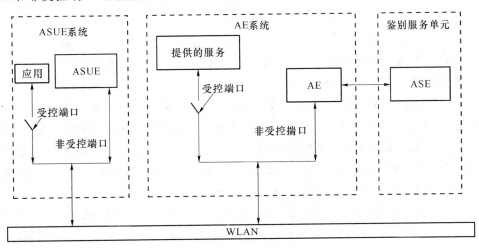

图 10.6 WAI 鉴别系统结构

认证服务单元(ASU)是基于公钥密码技术的 WAI 认证基础结构中最为重要

的组成部分,其基本功能是实现对用户证书的管理和用户身份的认证等。

ASU 作为可信和具有权威性的第三方,保证公钥体系中证书的合法性。ASU 为每个用户颁发公钥数字证书,并为使用该证书的用户提供公钥合法性的证明。ASU 的数字签名确保证书不被伪造或者篡改。ASU 负责管理所有参与网上信息交换的各方所需的数字证书,是实现电子信息安全交换的核心。在 WLAN 中,基于 ASU 的 WAI 逻辑拓扑结构如图 10.7 所示。

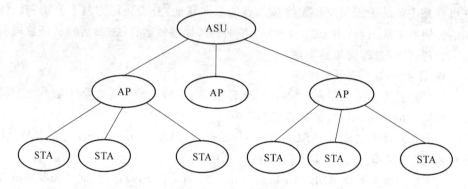

图 10.7 WAI 逻辑拓扑结构

证书的认证过程如下。

(1) 鉴别激活。当 MT 关联至 AP 时,由 AP 向 MT 发送鉴别激活以启动整个鉴别过程。

(2) 接入鉴别请求。MT 向 AP 发出接入鉴别请求,即将 MT 证书与 MT 的当前系统时间发往 AP,其中系统时间称为接入鉴别请求时间。

(3) 证书鉴别请求。AP 收到 MT 接入鉴别请求后,向 AS 发出证书鉴别请求,即将 MT 证书、接入鉴别请求时间、AP 证书及 AP 的私钥对它们的签名构成证书鉴别请求报文发送给 AS。

(4) 证书鉴别响应。AS 收到 AP 的证书鉴别请求后,首先验证 AP 的签名,若不正确,则鉴别过程失败,否则进一步验证 AP 和 MT 证书的合法性。验证完毕后,AS 将 MT 证书鉴别结果信息(包括 MT 证书、鉴别结果以及 AS 对它们的签名)、AP 证书鉴别结果信息(包括 AP 证书、鉴别结果、接入鉴别请求时间及 AS 对它们的签名)构成证书鉴别响应报文发回给 AP。

(5) 接入鉴别响应。AP 对 AS 返回的证书鉴别响应进行签名验证,得到 MT 证书的鉴别结果。AP 将证书鉴别响应报文发送至 MT。MT 验证 AS 的签名后,得到 AP 证书的鉴别结果。MT 根据该鉴别结果决定是否接入该 AP。

(6) 密钥协商请求。若 MT 的证书验证通过,AP 向 MT 发送密钥协商请求,其中包含用 MT 公钥加密的协商数据和 AP 的签名信息以及算法协商信息。

（7）密钥协商响应。MT 接收到密钥协商响应后，首先验证 AP 的签名，若验证通过，生成密钥协商数据，利用 AP 公钥加密后返回给 AP。双方利用密钥协商数据生成单播会话密钥。

（8）组播密钥通告。单播密钥协商成功后，AP 向 MT 发送组播密钥通告，通知 AP 发送的组播数据信息加密使用的密钥。

（9）组播密钥响应。MT 验证 AP 发送的组播密钥通告的有效性后，向 AP 返回组播密钥响应。

由此可见，WAI 采用双向认证技术，这样不仅可以防止非法移动终端 STA 接入 AP 访问网络和占用资源，而且可以防止移动终端 STA 登录至非法 AP 而造成信息泄露。

10.3.3　WPI

WPI 采用国家密码管理委员会办公室批准的用于 WLAN 的 SSF43 对称分组加密算法对 MAC 子层的 MSDU 进行加/解密处理，有两种工作模式：用于数据保密的 OFB 模式和用于完整性校验的 CBC-MAC 模式。

数据发送时，WPI 的封装过程为：

（1）利用加密密钥和数据分组序号 PN，通过工作在 OFB 模式的加密算法对 MSDU（包括 SNAP）数据进行加密，得到 MSDU 密文；

（2）利用完整性校验密钥与数据分组序号 PN，通过工作在 CBC-MAC 模式的校验算法对完整性校验数据进行计算，得到完整性校验码 MIC；

（3）封装后再组帧发送。

数据接收时，WPI 的解封装过程为：

（1）判断数据分组序号 PN 是否有效，若无效，则丢弃该数据；

（2）利用完整性校验密钥与数据分组序号 PN，通过工作在 CBC-MAC 模式的校验算法对完整性校验数据进行本地计算，若计算得到的值与分组中的完整性校验码 MIC 不同，则丢弃该数据；

（3）利用解密密钥与数据分组序号 PN，通过工作在 OFB 模式的解密算法对分组中的 MSDU 密文进行解密，恢复出 MSDU 明文；

（4）去封装后将 MSDU 明文递交至上层处理。

与其他无线局域网安全体制相比，WAPI 的优越性集中体现在以下几个方面。

（1）WAPI 真正实现双向认证。认证的目的是为了在一个合理的时间内证明对方身份的合法性。WAPI 使用双向认证，为移动终端和无线接入点之间建立相互信任关系提供了一条渠道，移动终端和无线接入点在公信第三方（鉴别服务器 AS）的控制下进行互相认证，它们的地位是平等的：不仅无线接入点可以验证移动终

端的合法性,移动终端也同样可以验证无线接入点的合法性。这样,一个假冒的移动终端(无线接入点)无法欺骗合法的无线接入点(移动终端)。而在 IEEE802.11i 中,移动终端和无线接入点是客户端与服务器的关系,移动终端无法对无线接入点的身份进行认证。这样,一个非法的无线接入点很容易冒充合法无线接入点欺骗移动终端,使其相信与之通信的无线接入点是合法的。单向认证机制必然会存在这种安全漏洞和隐患,而使用双向认证就不存在这样的安全问题。

(2) WAPI 使用数字证书。WAPI 使用数字证书作为身份的凭证,使得认证过程简单易行。在认证过程中,移动终端和无线接入点的地位是平等的,不仅使无线接入点实现了对用户的接入控制,而且保证无线用户接入的安全性。利用WAPI所支持的多证书机制,可以为不同的访问权限设定相应的证书,利用统一的AS,可方便地实现用户在各个无线接入点间的安全切换,这使得对移动办公需求的满足建立在安全的基础上。而且,证书的使用提供了方便的安全管理机制,当系统成员(无线接入点或移动终端)退出系统或有新的成员加入系统,只需吊销其证书或颁发新的证书即可,管理非常方便。而且 AS 易于扩充,允许用户异地接入。而在 IEEE802.11i 中,使用用户名和口令作为用户的身份凭证,用户身份凭证简单,易被盗取。对用户的身份认证是通过 AP 后端的 RADIUS 服务器来进行的,需要首先在 AP 和 RADIUS 服务器之间建立共享密钥,共享密钥建立过程可手动设置或在移动终端和 AS 认证后建立,但需进行多轮消息交换;而在 WAPI 中,AS验证用户数字证书的合法性后,就可使用自身私钥进行认证。因此,IEEE 802.11i 的认证过程较 WAPI 复杂,系统管理代价更高。

(3) WAPI 采用集中的密钥管理。WAPI 采用集中式的密钥管理,局域网内的证书由统一的 AS 负责管理。当增加一个移动终端或无线接入点时,只需由 AS颁发一个数字证书;反之,当一个移动终端或无线接入点被删除时,只需由 AS 吊销其相应的数字证书。而在 IEEE802.11i 中,接入点和 RADIUS 服务器间需要手工建立共享密钥,系统扩充时代价较高。并且 IEEE802.11i 只定义了无线接入点和移动终端之间的认证体系结构,不同厂商的具体实现方式是多样化的,具体设计不兼容。为实现兼容性,厂商需要同时实现多种方案,实现兼容性的成本较高。

(4) WAPI 构建和扩展应用很便利。WAPI 使用数字证书作为身份凭证,并采用由局域网内 AS 统一管理的密钥管理方式,当需要增加一个无线接入点时,AS 只需为其颁发一个数字证书即可,而且 AS 系统本身也易于扩充。而在 IEEE802.11i 中,RADIUS 服务器需要和所有的无线接入点确定共享密钥,以此作为无线接入点的身份凭证。当需要增加一个无线接入点时,RADIUS 服务器需要和其手工确定共享密钥,效率较低,并且不易操作。并且当 RADIUS 服务器系统本身需要扩充时,也需和每一个无线接入点手工设置共享密钥。WAPI 较 IEEE802.11i 而言,扩充性和可用性更强。

（5）WAPI 鉴别协议相当完善。在 WAPI 中使用数字证书作为用户身份凭证，在认证过程中采用椭圆曲线签名算法，并使用安全的消息杂凑算法保障消息的完整性，攻击者难以对鉴别信息进行修改和伪造，安全强度高。而在 IEEE802.11i 中，用户身份凭证简单、易被盗取，共享密钥管理模式存在安全缺陷，并且鉴别协议本身也存在缺陷，由于鉴别成功信息不包含完整性校验，攻击者可以对其中的某些部分进行修改，而消息的接收者不对消息的完整性进行验证，因而不能区分所收到的消息是否是意定的消息发送者发送的原消息。鉴别消息易被篡改对网络构成安全威胁。

但是，WAPI 协议也存在以下缺陷。

（1）STA 给 AP 发送数字证书时存在安全缺陷

在证书鉴别阶段，STA 向 AP 发出接入鉴别请求，将自己的证书与 STA 的当前系统时间提交给 AP，STA 是以明文形式将自己的数字证书发送给 AP 的，这样就会泄露 STA 的身份信息，让所有可以探测到 STA 的 SP 都可以很容易地获得 STA 的数字证书，从而不能有效地保护 STA 的身份信息。

（2）ASU 验证 STA 的数字证书时存在安全缺陷

由于 ASU 对 STA 的身份鉴别只是验证其数字证书是否合法，而不管证书的持有者是否合法，任何具有合法证书的用户都可以通过 ASU 的身份认证，有可能带来潜在的安全缺陷。

（3）STA 同 AP 在密钥协商阶段存在安全缺陷

由于 STA 的数字证书等数据信息并没有在密钥协商中使用，而且密钥协商时没有对 STA 和 AP 的会话信息进行认证，也没有对会话密钥进行确认，从而导致 STA 同 AP 的密钥协商过于简单。该密钥协商算法缺乏相应的安全属性。假如在密钥一致性攻击中，攻击者截获 STA 发来的消息，选用另一随机数 rm 发送给 AP；同样，也截获 AP 发来的消息，用随机数 rn 取代 r2，将消息发送给 STA。最终导致 STA 与 AP 生成不一样的会话密钥（Session－Key－STA＝r1 $\oplus$ rn，Session－Key－AP＝r2 $\oplus$ rm），而导致它们之间的协商失败，同样地，该协议无法抵抗重放攻击。

（4）密钥协商算法存在安全缺陷

在密钥协商过程中，STA 和 AP 各自产生两个随机数，这两个随机数异或运算后就产生出会话密钥。会话密钥的安全性是基于 STA 和 AP 对随机数的加密算法，而不是建立在已知的数学 NP 难题上，加密算法的破解就能导致整个协议的安全性受到威胁；除此之外，随机数的异或运算可能使会话密钥与随机数间保持一种代数关系，在产生的会话密钥中可能有以不可忽略的概率存在被预测到的弱密钥，

导致其安全性受到威胁。

（5）使用系统时间戳来抵抗重放攻击存在缺陷

为了抵抗重放攻击，ASU 鉴别 STA 证书的时候采用了系统时间戳，但是时间戳技术主要依赖于时间的同步，这一点的实现目前还是很困难的，而且安全性上也存在安全缺陷，所以在理论上是行不通的，在实现时也有困难。

10.3.4　总结

WAPI 的制定和实施，正是兼顾信息安全和发展的典范。WAPI 作为我国自主研发的 WLAN 安全标准，一举解决了 WLAN 国际标准长期以来的安全缺陷，为该产业的持续发展扫清了道路。同时 WAPI 与国际上发展速度较快的 WLAN 传输标准完全兼容，因而能够很好地满足电子政务建设中对先进信息技术的采用原则。

10.4　可信无线网络

随着无线网络规模的不断扩大和承载于无线网络的新业务（如 VoIP、网上银行、移动电子商务等）的不断涌现，安全成为制约其进一步发展的关键因素。IEEE 组织于 2004 年提出 IEEE 802.11i 标准作为 WLAN 安全方面的补充，该标准在很大程度上解决了 IEEE 802.11 中存在的安全问题，但在实施过程中依然存在安全隐患，如果网络中存在具有 AP 功能的终端设备，那么该方案会遭受反射攻击。如何保证用户终端平台的安全，以确保网络源头安全，成为近年来的研究热点。

由可信计算组织（Trusted Computing Group，TCG）制定了一系列标准，其中的可信网络连接（Trusted Network Connect，TNC）架构，规定网络连接的建立要从终端的完整性开始，有效增强了无线网络接入认证协议的安全性，为当前网络安全的问题提供了一个新的解决思路。

可信网络连接（Trusted Network Connect，TNC）是对可信平台应用的扩展，也是可信计算机制与网络接入控制机制的结合，其思想是在终端接入网络之前提供安全性保证和完整性认证。通过认证服务器收集和评估终端主机的安全状态和可信信息，对请求访问网络的节点进行安全性和完整性认证，确定网络节点的安全级别和访问权限的判定，并依据判定结果执行访问策略，最终实现可信的网络访问控制机制，防止不安全终端接入和破坏网络。

10.4.1　可信平台模块

本节主要介绍由可信计算组织（Trusted Computing Group，TCG）定义的可信平台模块(Trusted Platform Module，TPM)，它是一种置于计算机中的新的嵌入式安全子系统。

随着信息技术的飞速发展，可信计算机在安全方面的优越性越来越受到国内外计算机领域工作者的重视。可信计算机的核心部件是可信计算平台模块 TPM。TPM 是一个带密码运算功能的安全芯片，通过总线与 PC 芯片集结合在一起，并且提供一系列密码处理功能。如密钥生成器、HMAC 引擎、随机数发生器、SHA-1 算法引擎以及密钥协处理器等。这些功能都在 TPM 硬件内部执行，TPM 外部的硬件和软件代理不能干预 TPM 内部的密码函数的执行。一般来讲，TPM 的体系结构中包括的部件如图 10.8 所示。

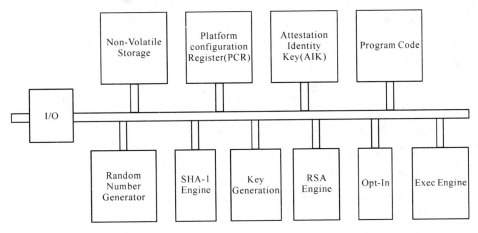

图 10.8 TPM 体系结构图

其中，I/O 部件负责管理通信总线，主要任务包括执行内部总线和外部总线之间进行转换的通信协议，执行对 TPM 进行操作的安全策略等。密码协处理器负责 RSA 运算的实现，它内含一个执行运算的 RSA 引擎，提供对内对外的数字签名功能，内部存储和传输数据的加密解密功能，以及密钥的产生、安全存储和使用等管理功能。密钥生成器负责生成密钥对，TPM 可以无限制地生成密钥。HMAC 引擎通过确认报文数据是否正确的方式为 TPM 提供信息，它可以发现数据或者命令错误或者被篡改的情况。HMAC 引擎仅仅提供运算功能，不负责管理数据或命令传输机制。随机数发生器负责产生各种运算所需要的随机数，它通过一个内部的状态机和单向散列函数将一个小预测的输入变成 32 字节长度的随机数，其输入数据源可以是时钟、噪音等，该数据源对外不可见。SHA-1 引擎负责完成一种基本的 HASH 运算，其 HASH 接口对外暴露，可以被调用，它的输出是 160 位二进制位。TPM 要求能够感应任何电源状态的变化，TPM 电源与可信计算平台电源关联在一起，电源检测帮助 TPM 在电源状态发生变化的时候采取适当的限制

措施。选项控制提供了对 TPM 功能开启与关闭的机制,通过改变一些永久性的可变标志位,可以设置 TPM 的功能选项,但这种设置必须是 TPM 的所有者或者经所有者授权的情况下才能进行,原则上不允许远程进行设置改变。执行部件负责执行经过 I/O 传送给 TPM 的命令,在执行命令之前应确信命令执行环境是隔离的和安全的。非挥发性的存储器用于存放一些永久性的数据。以上若干部件构成一个有机统一的安全执行环境,作为嵌入式的芯片部件,它们高度集成,并且功能非常强大。

可信计算的目的是保护最敏感的信息,如私钥和对称密钥不被窃取或不被恶意代码使用。可信计算假定客户端软件在其使用过程中可能会遭到破坏,当攻击发生时,敏感的密钥将被保护起来。TCG TPM 的设计目的是对漂浮在软件海洋中的船只——客户端提供一只锚。此外,TPM 的设计非常灵活,可以应用于安全领域的任何问题。

TPM 保护终端安全是通过下面几个方面进行的。

- 保证私钥安全。
- 检测恶意代码。
- 阻止恶意代码使用私钥。
- 保证加密密钥安全。

TCG 芯片通过以下三个主要功能来达到这些目标。

- 公钥认证功能。
- 完整性度量功能。
- 证明功能。

公钥认证功能包括:采用硬件随机数产生器在芯片内产生密钥对,以及公钥签名、验证、加密和解密等。通过在芯片中生成私钥,并在其要传送至芯片外部时进行加密等方法,TPM 可以保证恶意软件完全不能访问密钥。因为密钥在芯片外,所以即使是密钥拥有者也无法取得私钥,从而避免网络钓鱼攻击。同时,还因为恶意代码可能会使用 TPM 芯片中的私钥,因此必须采取一些保护措施来确保恶意代码不能使用任何密钥。

完整性度量功能,可以防止恶意代码获取密钥。在可信引导过程中,引导序列中的配置信息的散列值被存储到芯片中的平台配置寄存器(Platform Configuration Register, PCR)中。一旦平台启动,数据(如私钥)就在当时 PCR 值的情况下被密封,仅当 PCR 值与数据被密封的值相同时,才能被解封。因此,如果启动一个非正常系统,或者病毒在操作系统中留有后门,由于 PCR 的值无法匹配,则不能解封,从而保护数据不被恶意代码访问。

证明功能可以收集提交给 PCR 的所有软件度量的列表,然后用只有 TPM 知道的私钥进行签名。这样,一个可信的客户端就可以向第三方证明其软件没有危险。

所有这些功能都可以抵御前面所描述的各种威胁。通过检查 PCR 度量值的变化,拥有 TPM 的平台能够发现间谍软件、木马等恶意程序的存在,一旦发现恶意代码,平台会命令 TPM 拒绝对敏感数据的解密操作或者使用私钥来签名或解密的操作。与此类似,如果存在漏洞或者配置错误的程序被攻击,那么 TPM 平台能检查到攻击对文件造成的影响变化,从而保护敏感数据。由于 TPM 所有者的授权私钥不会被泄露,因此任何企图获取授权私钥的恶意行为(如网络钓鱼或网络嫁接)都会遭到阻断。对于攻击者而言,由 TPM 保护的密钥进行加密的数据其安全强度是极高的,如果试图获取通过 TPM 密封的数据,需要打开 TPM 芯片来获取存储根密钥(即使这种攻击是可能的,其攻击代价也是非常高昂的)。类似地,如果加密密钥通过 TPM 进行交换或存储,那么加密通信也能够有效地抵御窃听攻击。

10.4.2　可信网络连接

可信网络连接(Trusted Network Connect,TNC)框架是由可信网络连接工作组(TNC-WG)制定的,包括了开放的终端完整性架构和一套网络互操作标准。网络操作遵循指定的策略来确定终端的安全性,从而决定是否允许终端访问网络资源,终端的完整性策略可能涉及硬件、固件、软件和系统配置等。

可信网络连接基于可信计算技术,因此也可以应用可信平台模块(Trusted Platform Model,TPM)来增强系统的安全性。

可信网络连接框架可以分为 3 个逻辑层:网络访问控制层、完整性评估层和完整性度量层,如图 10.9 所示。网络访问控制层属于传统的网络连接和安全功能,用于支持各种传统的网络连接技术,如 VPN、802.1X 等。完整性评估层遵循一定的访问策略来评估访问请求者的完整性状态。完整性度量层用来收集和校验请求访问者的完整性信息。

可信网络连接定义了 5 个实体,分别在可信网络架构中执行相应的任务。每个实体由几个组件构成,如图 10.9 所示。每层的组件分别和目的实体的对应组件通信。

(1) 访问请求者(Access Requstor,AR)

访问请求者代表终端,请求访问受 TNC 保护的网络资源。访问请求者由网络访问请求者(Network Access Requestor,NAR),可信网络连接客户端(TNC Client,TNCC)和完整性度量收集器(Intergrity Measurement Collectors,IMCs)组成。

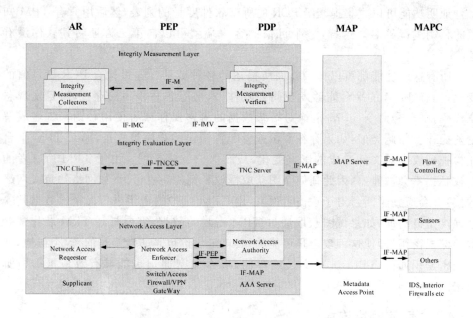

图 10.9　可信网络连接框架

IMCs 是一系列独立的模块,每个模块分别收集特定的完整性度量信息,如操作系统的补丁情况、反病毒软件的数据库版本等。TNC 客户端负责收集 IMCs 的完整性度量信息并将度量值传输到策略决定点。NAR 负责建立网络访问,为上层的 TNC 数据传输提供安全的传输信道。

(2) 策略执行点(Policy Enforcement Point,PEP)

策略执行点是 TNC 框架中一个可选的实体,它被用来作为受保护网络的入口点,负责接收访问请求者的连接请求并将其转发给策略决定点进行验证。PEP 只有网络访问执行者(Network Access Enforcer,NAE)一个组件,用来控制对受保护网络的访问。

(3) 策略决定点(Policy Decision Point,PDP)

策略决定点的任务是验证从访问请求者发来的完整性度量信息,它由网络访问授权者(Network Access Authority,NAA)、可信网络连接服务器(TNC Server,TNCS)和完整性度量验证器(Integrity Measurement Verifiers,IMVS)组成。

NAA 组件从网络层收取数据表,提取其中的 TNCCS 消息并转发给 TNC Server 组件。TNC server 根据收到的消息调用合适的 IMV,每一个 IMV 对应访问请求者中相应的 IMC,确定收到的完整性度量值是否满足策略需求。终端的完整性验证结束以后,PDP 发送相应的建议到 PEP 端。

（4）元数据访问点（Metadata Access Point）

原数据访问点也是可选实体，只有元数据访问服务器（Metadata Access Point Server，MAPS）一个组件，用于统一集中存储网络终端的各种安全状态信息、策略信息，它为 TNC 架构提供安全信息共享和动态策略调整功能，其他 TNC 组件可以通过元数据访问点发布、收集和搜索反应 TNC 状态的数据。

（5）元数据访问客户端（MAP Client）

包括流控制器（Flow Controller）、传感器（Sensor）等，用来向 MAP 实时提交端点设备的动态安全信息，并根据 MAP 中的安全策略信息动态调整对网络访问行为的控制策略。

TNC 框架制定了一系列的接口，用来定义实体间的消息交互规范，自顶向下描述如下。

（1）完整性度量收集接口（Integrity Measurement Collector Interface，IF-IMC）

IMCs 和 TNC 客户端（TNCC）之间的接口，主要用来从 IMCs 收集完整性度量信息并通过 TNC 客户端传递到 IMVs，实现 IMCs 和 IMVs 间的信息交互。

（2）完整性度量验证接口（Integrity Measurement Verifier Interface，IF-IMV）

IMVs 和 TNC 服务器（TNCS）之间的接口，主要用于从客户端的 IMCs 传递完整性度量信息到相应的 IMVs，它能够在 IMC 和 IMV 之间交换信息，并允许 IMV 向 TNCS 提供建议。

（3）TNC 客户端服务器接口（IF-TNCCS）

TNC 客户端和 TNC 服务器直接的接口，用于传递完整性度量信息和会话管理信息。

（4）供应商标识 IMV-IMV 消息接口

用来处理 IMCs 和 IMVs 间可能发生的供应商的具体信息交换。

（5）网络授权传输协议接口（IF-T）

用于处理网络访问请求者和网络访问授权者间的信息传输。

（6）策略执行者接口（IF-PEP）

策略执行点和策略决定点之间的接口，用于 PEP 和 PDP 之间的通信。

（7）元数据访问协议接口（IF-MAP）

可信网络连接组件与传统网络安全设备之间信息交互的标准接口，提供发布、订阅、搜索接口，在网络终端安全状态和安全策略层面实现信息共享。

10.4.3　具有 TPM 模块的可信网络连接框架

可信网络连接架构没有强制要求终端具有 TPM 模块,但针对具有 TPM 模块的终端的特性,TNC 也提供了相应的接口。具有 TPM 模块的可信网络连接框架如图 10.10 所示。除了 TPM 模块外,具有 TPM 模块的 TNC 架构自底向上拥有额外的 TCG 软件栈(TCG Software Stack，TSS)、平台可信服务(Platform Trust Service,PTS)层和 IF-PTS 接口。

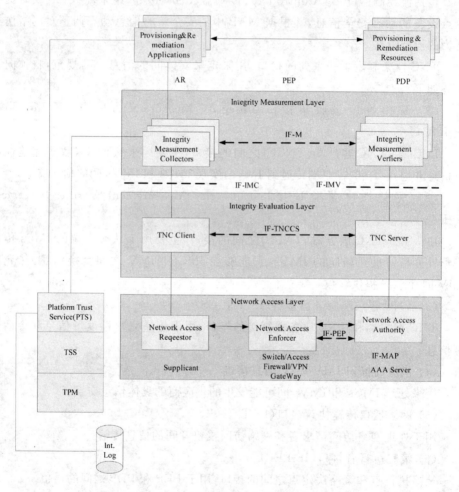

图 10.10　具有 TPM 模块的可信网络连接架构

(1) TCG 软件栈

为高层应用程序使用底层的 TPM 功能提供接口。

（2）平台可信服务

为高层的 TNC 组件提供可信平台服务，包括 TNC 组件完整性服务、平台认证、可信传输和加密支持四类。

（3）IF-PTS 接口

提供平台可信服务，确保 TNC 各个组件都是可信的。任何 TNC 组件访平台可信服务都需要通过 IF-PTS 接口。

按照用户认证、平台认证、完整性验证的次序，一次完整的 TNC 工作流程如图 10.11 所示。在网络连接和完整性验证握手前，TNCC 必须首先根据平台相关配置加载相应的 IMC 模块，初始化各个 IMC 模块，确保 TNCC 和 IMC 模块间的连接状态有效。同时，TNCS 也必须加载相应的 IMV 模块并初始化。

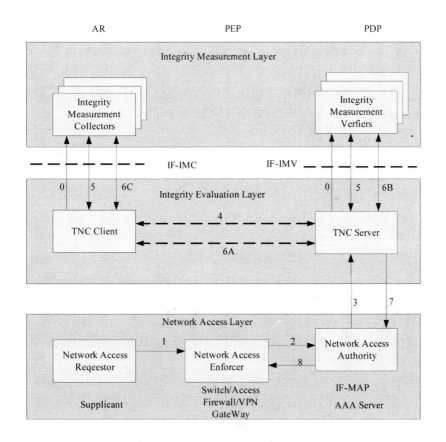

图 10.11 TNC 架构基本工作流程

（1）客户端的网络访问请求者（NAR）在链路层和网络层发出网络连接请求。

（2）策略执行点收到来自 NAR 的请求后，发送一个网络访问决定请求到网络

访问授权者(NAA),NAA 按照设定好的认证次序依次执行用户认证、平台认证和完整性验证,只要三个认证流程中的一个认证失败,此次网络连接请求即宣告失败,认证过程终止;否则继续执行直到成功。

(3) 假设 AR 和 NAA 之间的用户身份认证成功,NAA 通知 TNC 服务器(TNCS)处理本次网络连接请求。

(4) TNC 服务器和 TNC 客户端交互来执行双向的平台身份认证。

(5) 如果平台身份认证通过,继续执行完整性验证。

(6) TNC 服务器和 TNC 客户端开始交换完整性验证信息。TNCS 对接收到的每个 IMC 消息通过 IF-IMV 接口传递到相应的 IMV 模块,由 IMV 模块分析该消息并作出判断:需要更多信息还是作出评估结果,并通过 IFIMV 接口反馈给 TNCS。相应的,TNC 客户端也通过 IF-IMC 接口和 IMC 模块交换消息,将接收的 TNCS 消息发送到相应的 IMC 模块并把 IMC 模块收集的信息发送到 TNCS。

(7) 当 TNCS 完成完整性验证后,发送 TNCS 建议到 NAA,由 NAA 作出相应的网络访问决定。

(8) NAA 发送做出的网络访问决定到 NAE,由 NAE 加以执行。同时 NAA 也将它的最终决定发送给 TNCS,并由 TNCS 通知 TNC 客户端。

参 考 文 献

[1] 朱里,李乔亮,张婷,汪国有.基于结构相似性的图像质量评价方法[J].
光电工程.2007(11).

[2] 蒋铭,孙水发,汪京培,郑胜.视觉自适应灰度级数字水印算法[J].武汉
大学学报(理学版).2009(1).

[3] 同鸣,闫涛,姬红兵.一种抵抗强剪切攻击的鲁棒性数字水印算法[J].西
安电子科技大学学报.2009(1).

[4] 楼偶俊,王钲旋.基于特征点模板的 contourlet 域抗几何攻击水印算法
研究[J].计算机学报.2009(2).

[5] 毛家发,林家骏,戴蒙.基于图像攻击的隐藏信息盲检测技术[J].计算机
学报.2009(2).

[6] 和红杰,张家树.对水印信息篡改鲁棒的自嵌入水印算法[J].软件学报.
2009(2).

[7] 吕皖丽,郭玉堂,罗斌.一种基于 tchebichef 矩的半脆弱图像数字水印算
法[J].中山大学学报(自然科学版).2009(1).

[8] 孙文静,孙亚民,张学梅.基于直接位平面替换的 lsb 信息隐藏技术[J].
计算机科学.2008(12).

[9] 张晓威,赵琳琳,翁志娟.定量控制虚警概率的数字水印算法[J].哈尔滨
工程大学学报.2008(12).

[10] 袁征.可证安全的数字水印方案[J].通信学报.2008(09).

[11] 陆璐,刘发贵.基于 Web 的远程监控系统.北京:清华大学出版
社,2008.

[12] 麦克卢尔,等.钟向群,郑林,译.黑客大曝光.北京:清华大学出版
社,2010.

[13] 西蒙斯基,等.陈逸,等,译.Sniffer Pro 网络优化与故障检修手册.北
京:电子工业出版社,2004.

[14] 张同光,等.信息安全技术使用教程.北京:电子工业出版社,2008.

[15] 科瑞奥.吴溥峰,等,译.Snort 入侵检测实用解决方案.北京:械工业出
版社,2005.

［16］ 弗拉海,黄著.王喆,罗进文,白帆,译.SSL 与远程接入 VPN.北京:人民邮电出版社,2009.

［17］ 唐正军,李建华.入侵检测技术.北京:清华大学出版社,2004.

［18］ 熊华,郭世泽,吕慧勤.网络安全:取证与蜜罐.北京:人民邮电出版社,2003.

［19］ 吴秀梅.防火墙技术及应用教程.北京:清华大学出版社,2010.

［20］ 郭渊博.无线局域网安全:设计及实现.北京:国防工业出版社,2010.

［21］ 马建峰,吴振强.无线局域网安全体系结构.北京:高等教育出版社,2008.5

［22］ 汪定,马春光,翁臣,贾春福.强健安全网络中间人攻击研究.计算机应用,2012,32(1):42-44,65.

［23］ 宋宇波,胡爱群,等.802.11i认证协议可验安全性形式化分析.中国工程科学,2010,12(1):1320-1326.